"十二五"职业教育国家规划教材

经全国职业教育教材审定委员会审定

国家级精品课程建设成果系列教材

全国高职高专机械设计制造类工学结合"十二五"规划教材

丛书顾问　陈吉红

数控机床电气控制与联调
（第二版）

主　编　王北平　　徐良雄　　陈泽宇

副主编　陈　参　舒雨锋　张　涛　雷楠南

参　编　杨彦伟

华中科技大学出版社

中国·武汉

内 容 简 介

本书是编者根据高职高专人才培养目标，总结近年来的教学改革与实践，参照当前有关技术标准编写而成的。本书为项目化教材，全书内容共分为 7 个项目共 13 个学习任务，分别介绍了数控机床常用低压电器的结构原理及选用、数控机床的组成及常用元器件、数控系统的接口及通信连接、数控机床电气控制系统的分析与设计、数控机床伺服驱动系统、数控系统连接及参数调试、数控机床的 PLC 系统的编译与调试等内容。

本书可作为高职高专机械及近机械类专业基础课程教材，也可供工程技术人员参考。

图书在版编目(CIP)数据

数控机床电气控制与联调/王北平，徐良雄，陈泽宇主编.—2 版.—武汉：华中科技大学出版社，2014.12(2022.1重印)
ISBN 978-7-5609-9786-5

Ⅰ.①数… Ⅱ.①王… ②徐… ③陈… Ⅲ.①数控机床-电气控制-高等职业教育-教材
②数控机床-调试程序-高等职业教育-教材 Ⅳ.①TG659

中国版本图书馆 CIP 数据核字(2014)第 307320 号

数控机床电气控制与联调（第二版）　　　　　　王北平　徐良雄　陈泽宇　主编

策划编辑：严育才
责任编辑：姚同梅
封面设计：范翠璇
责任校对：何　欢
责任监印：张正林
出版发行：华中科技大学出版社（中国·武汉）　　电话：(027)81321913
　　　　　武汉市东湖新技术开发区华工科技园　　邮编：430223
录　　排：武汉市洪山区佳年华文印部
印　　刷：武汉邮科印务有限公司
开　　本：710mm×1000mm　1/16
印　　张：18.5
字　　数：367 千字
版　　次：2012 年 8 月第 1 版　2022 年 1 月第 2 版第 3 次印刷
定　　价：36.00 元

全国高职高专机械设计制造类工学结合"十二五"规划系列教材

编委会

序

目前我国正处在改革发展的关键阶段,深入贯彻落实科学发展观,全面建设小康社会,实现中华民族伟大复兴,必须大力提高国民素质,在继续发挥我国人力资源优势的同时,加快形成我国人才竞争比较优势,逐步实现由人力资源大国向人才强国的转变。

《国家中长期教育改革和发展规划纲要(2010—2020 年)》提出:"发展职业教育是推动经济发展、促进就业、改善民生、解决'三农'问题的重要途径,是缓解劳动力供求结构矛盾的关键环节,必须摆在更加突出的位置。职业教育要面向人人、面向社会,着力培养学生的职业道德、职业技能和就业创业能力。"

高等职业教育是我国高等教育和职业教育的重要组成部分,在建设人力资源强国和高等教育强国的伟大进程中肩负着重要使命并具有不可替代的作用。自从 1999 年党中央、国务院提出大力发展高等职业教育以来,培养了 1300 多万高素质技能型专门人才,为加快我国工业化进程提供了重要的人力资源保障,为加快发展先进制造业、现代服务业和现代农业作出了积极贡献;高等职业教育紧密联系经济社会,积极推进校企合作、工学结合人才培养模式改革,办学水平不断提高。

"十一五"期间,在教育部的指导下,教育部高职高专机械设计制造类专业教学指导委员会根据《高职高专机械设计制造类专业教学指导委员会章程》,积极开展国家级精品课程评审推荐、机械设计与制造类专业规范(草案)和专业教学基本要求的制定等工作,积极参与了教育部全国职业技能大赛工作,先后承担了"产品部件的数控编程、加工与装配"、"数控机床装配、调试与维修"、"复杂部件造型、多轴联动编程与加工"、"机械部件创新设计与制造"等赛项的策划和组织工作,推进了双师队伍建设和课程改革,同时为工学结合的人才培养模式的探索和教学改革积累了经验。2010 年,教育部高职高专机械设计制造类专业教学指导委员会数控分委会起草了《高等职业教育数控专业核心课程设置及教学计划指导书(草案)》,并面向部分高职高专院校进行了调研。根据各院校反馈的意见,教育部高职高专机械设计制造类专业教学指导委员会委托华中科技大学出版社联合国家示范(骨干)高职院校、部分重点高职院校、武汉华中数控股份有限公司和部分国家精品课程负责人、一批层次较高的高职院校教师组成编委会,组织编写全国高职高专机械设计制造类工学结合"十二五"规划系列教材。

本套教材是各参与院校"十一五"期间国家级示范院校的建设经验以及校企

结合的办学模式、工学结合的人才培养模式改革成果的总结,也是各院校任务驱动、项目导向等教学做一体的教学模式改革的探索成果。因此,在本套教材的编写中,着力构建具有机械类高等职业教育特点的课程体系,以职业技能的培养为根本,紧密结合企业对人才的需求,力求满足知识、技能和教学三方面的需求;在结构上和内容上体现思想性、科学性、先进性和实用性,把握行业岗位要求,突出职业教育特色。

具体来说,力图达到以下几点。

(1)反映教改成果,接轨职业岗位要求。紧跟任务驱动、项目导向等教学做一体的教学改革步伐,反映高职高专机械设计制造类专业教改成果,引领职业教育教材发展趋势,注意满足企业岗位任职知识、技能要求,提升学生的就业竞争力。

(2)创新模式,理念先进。创新教材编写体例和内容编写模式,针对高职高专学生的特点,体现工学结合特色。教材的编写以纵向深入和横向宽广为原则,突出课程的综合性,淡化学科界限,对课程采取精简、融合、重组、增设等方式进行优化。

(3)突出技能,引导就业。注重实用性,以就业为导向,专业课围绕高素质技能型专门人才的培养目标,强调促进学生知识运用能力,突出实践能力培养原则,构建以现代数控技术、模具技术应用能力为主线的实践教学体系,充分体现理论与实践的结合,知识传授与能力、素质培养的结合。

当前,工学结合的人才培养模式和项目导向的教学模式改革还需要继续深化,体现工学结合特色的项目化教材的建设还是一个新生事物,处于探索之中。随着这套教材投入教学使用和经过教学实践的检验,它将不断得到改进、完善和提高,为我国现代职业教育体系的建设和高素质技能型人才的培养作出积极贡献。

谨为之序。

教育部高职高专机械设计制造类专业教学指导委员会主任委员

国家数控系统技术工程研究中心主任

华中科技大学教授、博士生导师

陈吉红

2012年1月于武汉

前　　言

为了满足新形势下高职教育高素质技能型专门人才培养要求,在总结近年来工作过程导向人才教学实践的基础上,恩施职业技术学院等多所院校的教学一线教师编写了本书。

本书在内容的选择上注意与企业对人才的需求紧密结合,力求满足学科、教学和社会三方面的需求;同时根据本专业培养目标和学生就业岗位实际情况,在广泛调研基础上,选取来自生产实践的典型工作任务为教学载体,并以工作过程为导向,结合高职学生的认知规律,分13个学习任务介绍了数控机床常用低压电器的结构原理及选用,数控机床的组成及常用元器件,数控系统的接口认识及通信连接,机床电气原理图的画法规则、阅读及设计,三相异步电动机控制电器的线路安装与调试,机床典型电气控制电路及常见故障的分析,步进电动机结构及驱动,伺服电动机结构及驱动,数控机床主轴系统,数控系统的连接及常见故障处理,数控系统的参数调试,数控机床系统 PLC 编程与调试等内容。

本书为全国高职高专机械设计制造类工学结合"十二五"规划教材,为项目化教材,本书具有以下特点:

(1) 打破了传统的章节经典教学体系,以项目为载体、任务为驱动,理论学习目的性强,知识以够用、实用为准则;

(2) 工学结合,理论实践紧密结合,为学生零距离就业奠定了良好基础;

(3) 注重培养学生的动手能力,由浅入深,循序渐进,易学易懂。

本书可作为高职高专数控技术专业、电气自动化专业、机电一体化等相近专业的课程或相近课程的教材,也可供工程技术人员参考。

本书由恩施职业技术学院王北平、武汉交通职业学院徐良雄、广州铁路职业技术学院陈泽宇任主编,河南广播电视大学陈参、东莞职业技术学院舒雨锋、安徽机电职业技术学院张涛、三门峡职业技术学院雷楠南任副主编,参加本书编写的还有咸宁职业技术学院杨彦伟。具体编写分工为:项目一由王北平、徐良雄编写;项目二由王北平编写;项目三由王北平、陈泽宇编写;项目四由徐良雄编写;项目五由张涛编写;项目六由雷楠南、舒雨锋编写;项目七由陈参编写。全书编写工作由王北平统筹安排,由王北平、陈泽宇统稿与定稿。

本书的编写得到了教育部高职高专机械设计制造类教学指导委员会主任委员陈吉红教授的亲切指导,以及各参编院校领导的大力支持,在此表示衷心的感谢。

由于项目化教学尚在探索之中,且编者水平有限,书中定有错误和不足之处,恳请广大读者给予批评指正。

编　者
2012 年 4 月

目　　录

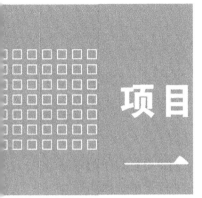

项目一

常用低压电器的结构原理及选用

项目描述

▶低压电器在电力拖动系统和机床控制系统中发挥着重要作用,本项目以数控机床控制电路常用的电器元件为对象,学习常用的低压电器如断路器、接触器、继电器、熔断器、变压器、主令电器等的作用与分类、结构及工作原理、选用原则等内容,为学习数控机床电气控制系统打下十分重要的基础。

学习目标

▶低压电器的作用与分类。

▶低压电器的结构及工作原理。

▶低压电器的技术参数及选用。

能力目标

▶熟悉数控机床常用低压电器的作用、分类、结构及其工作原理,了解它们的图形和文字符号、作用和用途,为继电-接触器控制电路的设计奠定基础。重点掌握低压电器的应用范围、主要技术性能和实际应用。

任务1 常用低压电器的结构原理及选用

知识目标

(1)掌握低压电器的作用与分类。

(2)掌握低压电器基本结构和工作原理。

(3)掌握常用低压电器主要技术参数。

(4)了解低压电器的选用原则。

能力目标

(1)能认识常用低压电器及测试其性能好坏。

（2）能对常用低压电器进行拆装与检修。

（3）能正确选用机床常用低压电器。

第1部分　知识学习

一、低压电器的作用与分类

（一）低压电器的定义与作用

所谓低压电器是指工作在交流 1 200 V、直流 1 500 V 额定电压以下的电路中，能根据外界信号(如机械力、电动力和其他物理量)，自动或手动接通或断开电路的电器。其作用是实现对电路或非电对象的切换、控制、保护、检测和调节。低压电器可分为手动低压电器和自动低压电器。随着电子技术、自动控制技术和计算机技术的飞速发展，自动电器越来越多，不少传统低压电器将被电子线路所取代。然而，即使是在以计算机为主的工业控制系统中，继电-接触器控制技术仍占有相当重要的地位，因此学习低压电器仍然具有必要性。

（二）低压电器的分类

低压电器的用途广泛、种类繁多、功能多样，其规格、工作原理也各不相同。低压电器的分类方法有以下几种。

1. 按工作原理分类

按工作原理不同，低压电器可分为以下三种。

（1）电磁式电器　根据电磁感应原理动作的电器，如接触器、继电器、电磁铁等。

（2）电子式电器　利用电子元件的开关效应，即导通和截止来实现电路的通、断控制的电器，如接近开关、霍尔开关、电子式时间继电器、固态继电器等。

（3）非电量控制电器　依靠外力或非电量信号(如速度、压力、温度等)的变化而动作的电器，如转换开关、行程开关、压力继电器、温度继电器等。

2. 按操作方式分类

按操作方式不同，低压电器可分为以下两种。

（1）自动电器　通过电磁(或压缩空气)做功来完成接通、分断、启动、反向和停止等动作的电器称为自动电器。常用的自动电器有接触器、继电器等。

（2）手动电器　通过人力做功来完成接通、分断、启动、反向和停止等动作的电器称为手动电器。常用的手动电器有刀开关、转换开关和按钮等。

3. 按用途和控制对象分类

按用途和控制对象不同，低压电器可分为以下两种。

（1）配电电器　用于低压电力网的配电电器包括刀开关、转换开关、空气断路器和熔断器等。对配电电器的主要技术要求是：断流能力强，限流效果好，在系统发生故障时保护动作准确,工作可靠,有足够的热稳定性和动稳定性。

(2)控制电器 用于电力拖动及自动控制系统的控制电器,包括接触器、启动器和各种控制继电器等。对控制电器的主要技术要求是操作频率高、寿命长,有相应的转换能力。

二、低压电器的结构、工作原理、技术参数及选用

(一)交流接触器

1. 交流接触器的作用

接触器是一种用来频繁地接通和断开(交、直流)负荷电流的电磁式自动切换电器,主要用于控制电动机、电焊机、电容器组等设备,具有低压释放的保护功能,适用于频繁操作和远距离控制,是电力拖动自动控制系统中使用最广泛的电气元器件之一。

2. 交流接触器的结构

交流接触器主要由电磁机构、触点系统、灭弧装置和其他辅助部件四大部分组成。交流接触器的外形与结构分别如图 1-1 和图 1-2 所示。交流接触器图形及文字符号如图 1-3 所示,要注意的是,在绘制电路图时,同一电器必须使用同一文字符号。

图 1-1 交流接触器外形图

(1)电磁机构 电磁机构由线圈、铁芯和衔铁组成,用于产生电磁吸力,带动触点动作。

(2)触点系统 触点分为主触点及辅助触点。主触点用于接通或断开主电路或大电流电路,一般有三极。辅助触点用于控制电路,起控制其他元件接通或断开及电气联锁作用,常用的有常开、常闭触点各两对;主触点容量较大,辅助触点容量较小。辅助触点结构上常开和常闭触点通常是成对的。当线圈得电后,衔铁

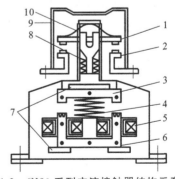

图 1-2 CJ20 系列交流接触器结构示意图

1—动触点;2—静触点;3—衔铁;4—弹簧;
5—线圈;6—铁芯;7—垫毡;8—触点弹簧;
9—灭弧罩;10—触点压力弹簧

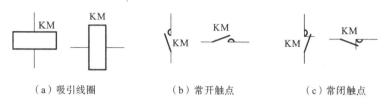

（a）吸引线圈 　　　　（b）常开触点 　　　　（c）常闭触点

图 1-3　交流接触器图形及文字符号

在电磁吸力的作用下吸向铁芯,同时带动动触点移动,使其与常闭触点的静触点分开,与常开触点的静触点接触,实现常闭触点断开,常开触点闭合。辅助触点不能用来断开主电路。主、辅触点一般采用桥式双断点结构。

（3）灭弧装置　容量较大的接触器都有灭弧装置。对于大容量的接触器,常采用窄缝灭弧及栅片灭弧;对于小容量的接触器,常采用电动力吹弧、灭弧罩灭弧等。

（4）其他辅助部件　其他辅助部件包括反力弹簧、缓冲弹簧、触点压力弹簧、传动机构、支架及底座等。

3. 接触器的工作原理

交流接触器的工作原理是:当吸引线圈通电后,线圈电流在铁芯中产生磁通,该磁通对衔铁产生克服复位弹簧反力的电磁吸力,使衔铁带动触点动作。触点动作时,常闭触点先断开,常开触点后闭合。当线圈中的电压值降低到某一数值时(无论是正常控制还是欠电压、失电压故障,一般降至线圈额定电压的85%),铁芯中的磁通下降,电磁吸力减小,当减小到不足以克服复位弹簧的反力时,衔铁在复位弹簧的反力作用下复位,使主、辅触点的常开触点断开,常闭触点恢复闭合。这也是接触器的失压保护功能。

直流接触器的结构和工作原理与交流接触器基本相同。

4. 接触器的主要技术数据、型号及选用

目前,我国常用的交流接触器主要有 CJ20、CJX1、CJX2 和 CJ24 等系列;引进产品应用较多的有德国 BBC 公司的 B 系列、西门子公司的 3TB 和 3TF 系列,法国 TE 公司的 LC1 和 LC2 系列等。常用的直流接触器有 CZ18、CZ21、CZ22、CZ10 和 CZ2 等系列。

CJ20 系列交流接触器的型号含义如下。

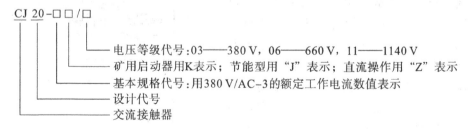

CZ18 系列直流接触器的型号含义如下。

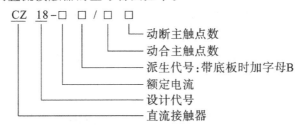

（1）额定电压　接触器铭牌上标注的额定电压是指主触点的额定电压。交流接触器常用的额定电压等级有 110 V、220 V、380 V、500 V 等；直流接触器常用的额定电压等级有 110 V、220 V 和 440 V、660 V 等。

（2）额定电流　接触器铭牌上标注的额定电流是指主触点的额定电流，即允许长期通过的最大电流。交流接触器常用的额定电流等级有 5 A、10 A、20 A、40 A、60 A、100 A、150 A、250 A、400 A 和 600 A 等。

（3）线圈的额定电压　交流接触器线圈常用的额定电压等级有 36 V、110 V、220 V 和 380 V 等；直流接触器线圈常用的额定电压等级有 24 V、48 V、220 V 和 440 V 等。

（4）额定操作频率　额定操作频率指每小时的操作次数（次/时），交流接触器的最高为 600 次/时，而直流接触器的最高为 1 200 次/时。操作频率直接影响接触器的电寿命和灭弧罩的工作条件，对于交流接触器还影响线圈的温升。一般交流负载选用交流接触器，直流负载选用直流接触器，但交流负载在频繁动作时可采用直流线圈的交流接触器。

（5）接通和分断能力　接通和分断能力是指主触点在规定条件下能可靠地接通和分断电流的值。在此电流值下，接通时主触点不应发生熔焊，分断时主触点不应发生长时间燃弧。电路中超出此电流值的分断任务则由熔断器、自动开关等保护电器承担。

另外，接触器还有使用类别的问题。这是由于接触器用于不同负载时，对主触点的接通和分断能力的要求不一样，而不同类别接触器是根据其不同控制对象（负载）的控制方式所规定的。根据低压电器基本标准的规定，在电力拖动控制系统中，接触器的使用类别及典型用途如表 1-1 所示。

表 1-1　接触器的使用类别及典型用途

电流种类	使用类别代号	典型用途
AC	AC-1	无感或微感负载、电阻炉
	AC-2	绕线式电动机的启动和中断
	AC-3	笼型电动机的启动和中断
	AC-4	笼型电动机的启动、反接制动、反向和点动
DC	DC-1	无感或微感负载、电阻炉
	DC-3	并励电动机的启动、反接制动、反向和点动
	DC-5	串励电动机的启动、反接制动、反向和点动

接触器的使用类别代号通常标注在产品的铭牌或工作手册中。表 1-1 中要求接触器主触点达到的接通和分断能力为：AC-1 和 DC-1 类允许接通和分断额定电流；AC-2、DC-3 和 DC-5 类允许接通和分断 4 倍的额定电流；AC-3 类允许接通 6 倍的额定电流和分断额定电流；AC-4 类允许接通和分断 6 倍的额定电流。

（6）接触器的选择与使用　接触器的选择要考虑如下几点。

① 接触器的类型选择　根据接触器所控制负载的轻重和负载电流的类型，来选择交流接触器或直流接触器。

② 额定电压的选择　接触器的额定电压应大于或等于负载回路的电压。

③ 额定电流的选择　接触器的额定电流应大于或等于被控回路的额定电流。对于电动机负载，其计算公式为

$$I_C = \frac{P_N \times 10^3}{K U_N}$$ （1-1）

式中：I_C——流过接触器主触点的电流（A）；

　　　P_N——电动机的额定功率（kW）；

　　　U_N——电动机的额定电压（V）；

　　　K——经验系数，一般取 1～1.4。

接触器的额定电流应大于等于 I_C。如使用在电动机频繁启动、制动或正反转的场合，一般将接触器的额定电流降一个等级。

④ 吸引线圈的额定电压选择　吸引线圈的额定电压应与所接控制电路的额定电压相一致。对简单控制电路可直接选用交流 380 V、220 V 电压，对复杂、使用电器较多者，应选用 110 V 或更低的控制电压。

⑤ 接触器的触点数量、种类选择　接触器的触点数量和种类应根据主电路和控制电路的要求选择。若辅助触点的数量不能满足要求，可通过增加中间继电器的方法解决。

安装接触器前应检查线圈额定电压等技术数据是否与实际相符，并要将铁芯极面上的防锈油脂或黏在极面上的锈垢用汽油擦净，以免多次使用后被油垢黏住，造成接触器断电时不能释放。然后再检查各活动部分是否有卡阻、歪曲现象，各触点是否接触良好。另外，接触器一般应垂直安装，其倾斜角不得超过 5°。注意不要把螺钉等其他零件掉落到接触器内。

（二）继 电 器

继电器主要用于控制和保护电路中的信号转换，是根据某种输入信号的变化来接通或断开控制电路，实现自动控制和保护的电器。其输入量可以是电压、电流等电气量，也可以是温度、时间、速度、压力等非电气量。

继电器种类很多，常用的有电压继电器、电流继电器、中间继电器、时间继电器、速度继电器、温度继电器、压力继电器、计数继电器、频率继电器等。本节仅

介绍机床控制和自动控制系统常用的继电器。

1. 电磁式继电器的作用、结构、工作原理、技术参数及选用

电磁式继电器是应用得最早、最多的一种继电器，其结构和工作原理与接触器大体相同，也由铁芯、衔铁、线圈、复位弹簧和触点等部分组成。根据外来信号（如电压、电流等），利用电磁原理使衔铁产生闭合动作，从而带动触点动作，使控制电路接通或断开，实现控制电路的状态改变。

值得注意的是，继电器的触点不能用来接通和分断负载电路，这也是继电器与接触器的区别。电磁式继电器的外形如图 1-4 所示，典型结构如图1-5 所示。

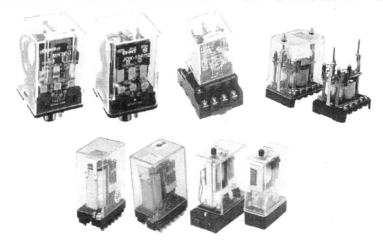

图 1-4　电磁式继电器的外形

电磁式继电器按输入信号的性质可分为电磁式电流继电器、电磁式电压继电器和电磁式中间继电器。图 1-6 所示为电磁式继电器的图形及文字符号。

（1）电磁式电流继电器　触点的动作与线圈的电流大小有关的电磁式继电器称为电磁式电流继电器，电磁式电流继电器的线圈工作时与被测电路串联，以响应电路中电流的变化而动作。电流继电器常用于电动机的过载及短路保护、直流电动机的磁场控制及失磁保护。电流继电器分为过电流继电器和欠电流继电器两种。

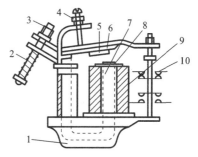

图 1-5　电磁式继电器的典型结构

1—底座；2—反力弹簧；3,4—调节螺栓；
5—非磁性垫片；6—衔铁；7—铁芯；
8—极靴；9—电磁线圈；10—触点系统

（2）电磁式电压继电器　触点的动作与线圈的电压大小有关的电磁式继电器称为电磁式电压继电器。电磁式电压继电器的结构与电磁式电流继电器相似，不同的是电压继电器线圈为并联的电压线圈，所以匝数多、导线细、阻抗大。

吸引线圈　　　　　　　　常开触点　　　　　　　常闭触点

图 1-6　电磁式继电器的图形及文字符号

电压继电器按动作电压值的不同,有过电压继电器、欠电压继电器和零电压继电器之分。过电压继电器在电压为额定电压的 $110\%\sim115\%$ 以上时有保护动作;欠电压继电器在电压为额定电压的 $40\%\sim70\%$ 时有保护动作;零电压继电器在电压降至额定电压的 $5\%\sim25\%$ 时有保护动作。

　　(3)电磁式中间继电器　中间继电器的吸引线圈属于电压线圈,但它的触点数量较多(一般有 4 对常开、4 对常闭),触点容量较大(额定电流为 $5\sim10$ A),且动作灵敏。其主要用途是:当其他继电器的触点数量或触点容量不够时,可借助中间继电器来扩大触点容量(触点并联)或触点数量,起到中间转换的作用。

　　(4)电磁式继电器主要技术参数及选用　下面给出两个系列常用电磁式继电器的主要技术参数。

　　① JTX 通用型小型电磁式继电器的主要技术参数如表 1-2 所示。

表 1-2　JTX 通用型小型电磁式继电器的主要技术参数

额定工作电压/V	DC:6、12、24、48、110、220
吸动电压	DC:≤75% ;AC:≤80%
释放电压	DC:≥10% ;AC:≥30%
功耗	DC:≤2W;AC:≤3.5V・A 防尘型
触点最大控制容量	$(\cos\varphi=1)$ AC 250V 7.5A;DC 28V 7.5A
触点形式	2C,3C
电气寿命/次	1×10^{5}
机械寿命/次	1×10^{7}
介质耐压/V	≥1 500
绝缘电阻/MΩ	≥500
温度范围/℃	$-25\sim45$
振动频率/Hz	$10\sim55$
双振幅/mm	1.0
质量/g	≤125
装置方式	插座式
外形尺寸/cm	$35\times35\times55$

② 常用中间继电器有 JZ7 系列。以 JZ7-62 为例,JZ 为中间继电器的代号,7 为设计序号,有 6 对常开触点、2 对常闭触点。JZ7 系列中间继电器的主要技术数据如表 1-3 所示。

表 1-3　JZ7 系列中间继电器的主要技术数据

| 型号 | 触点数量及参数 | | | | | | 操作频率/(次/时) | 线圈消耗功率/W | 线圈电压/V |
	常开	常闭	电压/V	电流/A	断开电流/A	闭合电流/A			
JZ-44	4	4	380		3	13			
JZ-62	6	2	220	5	4	13	1 200	12	12,24,36,48,110,127,220,380,420,440,500
JZ-80	8	0	127		4	20			

2. 时间继电器的结构、工作原理技术参数及选用

时间继电器是在敏感元器件获得信号后,执行器件要延迟一段时间才动作的继电器。时间继电器常用于按时间原则进行控制的场合。时间继电器按工作方式可分为通电延时型和断电延时型,一般具有瞬时触点和延时触点两种触点。时间继电器的图形及文字符号如图 1-7 所示。

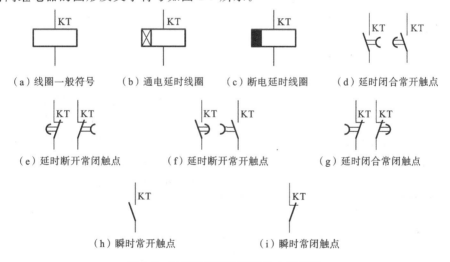

（a）线圈一般符号　　（b）通电延时线圈　　（c）断电延时线圈　　（d）延时闭合常开触点

（e）延时断开常闭触点　　（f）延时断开常开触点　　（g）延时闭合常闭触点

（h）瞬时常开触点　　　　（i）瞬时常闭触点

图 1-7　时间继电器的图形及文字符号

通电延时型继电器当有输入信号时,延迟一定时间,输出信号才会发生变化;在输入信号消失后,输出信号瞬时复原。断电延时型继电器当有输入信号时,瞬时产生相应的输出信号;输入信号消失后,延迟一定时间,输出信号才会复原。

时间继电器种类很多。按工作原理划分,时间继电器可分为电磁式时间继电器、空气阻尼式时间继电器、晶体管式时间继电器和数字式时间继电器等。下面对继电-接触器控制系统中常用的空气阻尼式时间继电器和晶体管式时间继电器分别加以介绍。

1) 空气阻尼式时间继电器

(1) 空气阻尼式时间继电器的结构及工作原理 空气阻尼式时间继电器利用空气阻尼原理达到延时的目的。它由电磁机构、延时机构和触点组成。其中电磁机构有交、直流两种,分为通电延时型和断电延时型。JS7-A 系列时间继电器如图 1-8 所示。

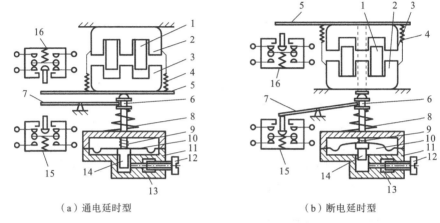

(a) 通电延时型   (b) 断电延时型

图 1-8 JS7-A 系列时间继电器

1—线圈;2—铁芯;3—衔铁;4—反力弹簧;5—推板;6—活塞杆;7—杠杆;8—塔形弹簧;9—弱弹簧;
10—橡皮膜;11—空气室壁;12—调节螺钉;13—进气孔;14—活塞;15、16—微动开关

(2) 空气阻尼式时间继电器的技术参数及选用 空气阻尼式时间继电器的优点是延时范围大、结构简单、寿命长、价格低廉。其缺点是延时误差大,没有调节指示,很难精确地整定延时值。在延时精度要求高的场合不宜使用。国产 JS7-A 系列空气阻尼式时间继电器技术数据如表 1-4 所示。

表 1-4 JS7-A 系列空气阻尼式时间继电器技术数据

型号	瞬时动作触点数量		有延时的触点数量				触点额定电压 /V	触点额定电流 /A	线圈电压 /V	延时范围 /s	额定操作频率 /(次/时)
			通电延时		断电延时						
	常开	常闭	常开	常闭	常开	常闭					
JS7-1A	—	—	1	1			380	5	24,36	0.4~60 及 0.4~180	600
JS7-2A	1	1	1	1					110,127		
JS7-3A					1	1			220,380		
JS7-4A	1	1			1	1			420		

2) 晶体管时间继电器

晶体管时间继电器除了执行继电器外,均由电子元器件组成,没有机械部件,因而具有较长的寿命和较高精度,并具有体积小、延时时间长、调节范围宽、控制功率小等优点。

图 1-9 所示为单结晶体管通电延时电路结构框图,全部电路由延时环节、鉴幅器、输出电路、电源和指示灯五部分组成,其电路如图 1-10 所示。

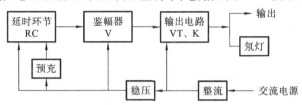

图 1-9　单结晶体管通电延时电路结构框图

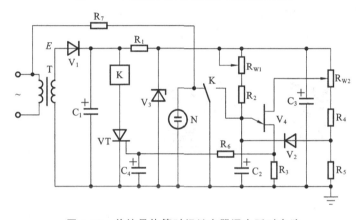

图 1-10　单结晶体管时间继电器通电延时电路

电源的稳压部分由 R_1 和稳压管 V_3 构成,供给延时和鉴幅。输出电路中的晶闸管 VT 和继电器 K 则由整流电源直接供电。电容 C_2 的充电回路有两条,一条通过电阻 R_{W1} 和 R_2,另一条是通过由低阻值电阻 R_{W2}、R_4、R_5 组成的分压器经二极管 V_2 向电容 C_2 提供的预充电路。

该电路的工作原理是,当接通电源后,经二极管 V_1 整流、电容 C_1 滤波以及稳压管 V_3 稳压的直流电压通过 R_{W2}、R_4、V_2 向电容 C_2 以极小的时间常数充电。与此同时,也通过 R_{W1} 和 R_2 向电容充电。电容 C_2 上的电压相当于在 R_5 两端预充电压的基础上按指数规律逐渐升高。当此电压大于单结晶体管 V_4 的峰值电压时,单结晶体管导通,输出电压脉冲触发晶闸管 VT,VT 导通后使继电器 K 吸合,除用其触点来接通或断开电路外,还利用其另一常开触点将 C_2 短路,使之快速放电,为下次使用做准备。此时氖指示灯 N 启辉。当切断电源时 K 释放,电路恢复原态,等待下次动作。

由于电路设有稳压环节,且延时环节 RC 与鉴幅器共用一个电源,因此电源电压波动基本上不产生延时误差。为了减小由温度变化引起的误差,采用了钽电解电容器,其电容量和漏电流为正温度系数,而单结晶体管的 U_P 略呈负温度系数,二者可以适当补偿,所以综合误差不大于 10%。至于抗干扰能力,JS20 型在晶闸管 VT 和单结晶体管 V_4 处分别接有电容 C_4 和 C_3,用来防止电源电压的突变而引起的误导通。

3. 热继电器的作用、结构、工作原理、技术参数及选用

热继电器是一种利用电流热效应而使触点动作的保护电器,常用于电动机的长期过载保护。当电动机长期过载时,热继电器的常闭触点动作,断开相应的回路,使电动机得到保护。热继电器由发热元件(电阻丝)、双金属片、传导部分和常闭触点组成,当电动机过载时,通过发热元件上的电流增加,双金属片受热弯曲,带动常闭触点动作。由于双金属片的热惯性,即不能迅速对短路事故进行反应,而这个热惯性也是合乎要求的,因为在电动机启动或短路过载时,热继电器不会动作,避免了电动机的不必要停车。图 1-11 所示为热继电器外形图,图 1-12 所示为热继电器的图形及文字符号。

图 1-11　热继电器外形图

图 1-12　热继电器的图形
及文字符号

1) 热继电器的结构、工作原理和保护特性

热继电器主要由热元件、双金属片和触点三部分组成。热继电器中产生热效应的发热元件,应串联在电动机绕组电路中,这样,热继电器便能直接反映电动机的过载电流。其触点应串联在控制电路中,一般有常开和常闭的两种,用于过载保护时常使用其常闭触点串联在控制电路中。

热继电器的敏感元件是双金属片。双金属片是将两种线膨胀系数不同的金属片以机械碾压方式而形成的。线膨胀系数大的称为主动片,线膨胀系数小的称为被动片。双金属片受热后产生线膨胀,由于两层金属的线膨胀系数不同,且两层金属又紧紧地黏合在一起,因此,双金属片向被动片一侧弯曲,如图 1-13 所示。由双金属片弯曲产生的机械力便带动触点动作。热继电器的结构原理如图 1-14 所示。

2) 热继电器的主要技术数据

常用的热继电器有 JR0 及 JR10 系列。表 1-5 所示为 JR0-40 型热继电器的技术数据。它的额定电压为 500 V,额定电流为 40 A,可以配用 $0.64\sim40$ A 范围内 10 种电流等级的热元件。每一种电流等级的热元件都有一定的电流调节范围,一般应调节到与电动机额定电流相等,以便更好地起过载保护作用。

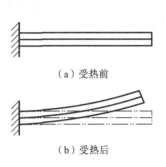

（a）受热前

（b）受热后

图 1-13　双金属片工作原理

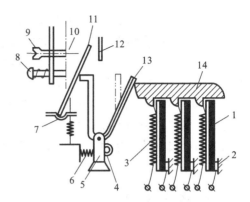

图 1-14　热继电器的结构原理

1—双金属片；2—双金属片固定支点；3—发热元件；

4—调节旋钮；5—支承；6—压簧；7—推杆；

8—复位按钮；9—复位调节；10—常开触点；11—动触点；

12—常闭触点；13—补偿双金属片；14—导板

表 1-5　JR0-40 型热继电器的技术数据

型　　号	额定电流/A	热元件等级	
		额定电流/A	电流调节范围/A
JR0-40	40	0.64	0.4～0.64
		1	0.64～1
		1.6	1～1.6
		2.5	1.6～2.5
		4	2.5～4
		6.4	4～6.4
		10	6.4～10
		16	10～16
		25	16～25
		40	25～40

3）热继电器的选用

（1）原则上热继电器的额定电流应按电动机的额定电流选择。对于过载能力较差的电动机,其配用的热继电器(主要是发热元件)的额定电流可适当小些。通常,选取热继电器的额定电流(实际上是选取发热元件的额定电流)为电动机额定电流的 60%～80%。

（2）在不频繁启动场合,要保证热继电器在电动机的启动过程中不产生误动作。通常,当电动机启动电流为其额定电流 6 倍以及启动时间不超过 6 s 时,若很少连续启动,就可按电动机的额定电流选取热继电器。

（3）当电动机为重复短时工作时，首先注意确定热继电器的允许操作频率。因为热继电器的操作频率是有限的，如果用它保护操作频率较高的电动机，效果很不理想，有时甚至不能使用。对于可逆运行和频繁通断的电动机，不宜采用热继电器保护，必要时可将温度继电器装入电动机的内部。

4. 速度继电器的作用、结构及工作原理

速度继电器是利用速度原则对电动机进行控制的自动电器，常用作笼型异步电动机的反接制动转速过零时自动断开反相序电源，所以有时也称为反接制动继电器。

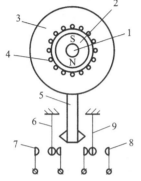

图 1-15　感应式速度继电器
的结构

1—转轴；2—转子；3—定子；4—线圈；
5—摆锤；6、9—簧片；7、8—静触点

速度继电器是依靠电磁感应原理实现触点动作的，因此，它的电磁系统与一般电磁式电器不同，而与交流电动机的电磁系统相似。速度继电器的结构如图 1-15 所示，主要由定子、转子和触点三部分组成。使用时继电器轴与电动机轴相耦合，但其触点接在控制电路中。

转子是一个圆柱形永久磁铁，其轴与被控制电动机的轴相耦合。定子是一个笼型空心圆环，由硅钢片叠成，并装有笼形线圈。定子空套在转子上，能独自偏摆。当电动机转动时，速度继电器的转子随之转动，这样就在速度继电器的转子和定子圆环之间的气隙中产生旋转磁场而产生感应电动势并产生电流，此电流与旋转的转子磁场作用产生转矩，使定子偏转，其偏转角度与电动机的转速成正比。当偏转到一定角度时，与定子连接的摆锤推动动触点，使常闭触点断开；电动机转速进一步升高，摆锤继续偏摆，使常开触点闭合。当电动机转速下降时，摆锤偏转角度随之下降，动触点在簧片作用下复位（常开触点断开、常闭触点闭合）。

一般速度继电器的动作速度为 120 r/min，触点的复位速度在 100 r/min 以下，转速在 3 000～3 600 r/min 之间时能可靠地工作，允许操作频率不超过 30 次/小时。

速度继电器主要根据电动机的额定转速来选择。使用时，速度继电器的转轴应与电动机同轴连接，安装接线时，正、反向的触点不能接错，否则不能起到反接制动时接通和断开反向电源的作用。

速度继电器的图形及文字符号如图 1-16 所示。

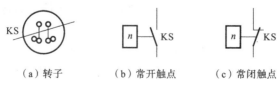

（a）转子　　　　　　（b）常开触点　　　　（c）常闭触点

图 1-16　速度继电器的图形及文字符号

（三）变压器及直流稳压电源

1. 机床控制变压器

1）机床控制变压器的结构、工作原理

变压器是一种将某一数值的交流电压变换成频率相同但数值不同的交流电压的静止电器。机床控制变压器适用于 50～60 Hz、输入电压不超过 660 V 的交流电路，作为各类机床、机械设备等一般电器的控制电源、步进电动机驱动器、局部照明及指示灯的电源。图 1-17 所示为机床控制变压器外形图和变压器电路图形及文字符号，表 1-6 所示为 JBK 系列控制变压器电压形式，表 1-7 所示为 BK 系列控制变压器规格参数及尺寸。

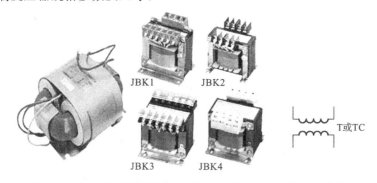

图 1-17　机床控制变压器外形图和变压器电路图形及文字符号

表 1-6　JBK 系列控制变压器电压形式

规　格	初级电压/V	次级电压/V		
40 V·A		控制	照明	指示灯信号
63 V·A				
160 V·A	220 或 380	110(127、220)	24(36、48)	6(12)
400 V·A				
1000 V·A				

表 1-7　BK 系列控制变压器规格参数及尺寸

型　号	初级电压/V	次级电压/V	安装尺寸 $(A \times C)$/mm	安装孔 $(K \times J)$/mm	外形尺寸 $(B \times D \times E)$/mm
BK-25	220、380 或根据用户需求而定	6.3、12、24、36、110、127、220、380 根据用户需求而定	62.5×46	5×7	80×75×89
BK-150			85×73	6×8	105×103×110
BK-700			125×100	8×11	153×146×160
BK-1500			150.5×159	8×11	185×234×210
BK-5000			196.5×192	8×11	245×286×265

注：BK 系列控制变压器适用于 50～60 Hz 的交流电路，作为机床和机械设备中一般电器的控制电源、局部照明及指示电源。

JBK 系列机床控制变压器型号含义如下：

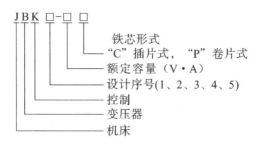

BK 系列控制变压器型号含义如下：

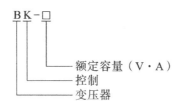

2）三相变压器的结构、工作原理

在普遍采用的三相交流系统中，三相电压的变换可用三台单相变压器或一台三相变压器执行，从经济性和减小安装体积等方面考虑，可优先选择三相变压器。在数控机床中三相变压器主要是给伺服动力设备等供电。图 1-18 所示为三相变压器外形图，图 1-19 所示为三相变压器（星形-三角形连接）图形及文字符号。

图 1-18　三相变压器外形图

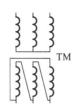

图 1-19　三相变压器（星形-三角形连接）图形及文字符号

3）变压器的选择

选择变压器的主要依据是变压器的额定值，根据设备的需要，变压器有标准和非标准两类。下面介绍变压器的选择方法。

（1）根据实际情况选择初级（原边）额定电压 U_1（如 380 V、220 V），再选择次级额定电压 U_2、U_3、$\cdots$、U_n（次级额定值是指初级加载额定电压时，次级的空载输出，次级带有额定负载时输出电压下降 5%，因此所选择的输出额定电压应略高于负载额定电压）。

（2）根据实际负载情况，确定次级绕组额定电流 I_2、I_3、$\cdots$、I_n，一般绕组的额定输出电流应大于或等于额定负载电流。

（3）次级额定容量由总容量确定。总容量算法为

$$P_2 = U_2 I_2 + U_3 I_3 + U_4 I_4 + \cdots + U_n I_n$$

根据次级电压、电流（或总容量）来选择变压器，三相变压器也可按以上方法进行选择。

2. 直流稳压电源的作用、工作原理及应用

直流稳压电源的功能是将非稳定交流电源变成稳定直流电源。

在数控机床的控制系统中，需要稳压电源给驱动器、控制单元、小直流继电器、信号指示等提供直流电源，数控机床中主要使用开关电源和一体化电源。

1）开关电源

开关电源被称为高效节能电源，因为内部电路工作在高频开关状态，所以自身消耗的能量很低，电源效率可达 80% 左右，比普通线性稳压电源的效率高近一倍。目前生产的无工频变压器式中、小功率开关电源，仍普遍采用脉冲宽度调制器（简称脉宽调制器，PWM）或脉冲频率调制器（简称脉频调制器，PFM）专用集成电路。它们是利用体积很小的高频变压器来实现电压变化及电网隔离的，因此能省掉笨重且损耗较大的工频变压器，如图 1-20 所示的 GZM-U40 型开关电源。图 1-21 所示为直流稳压电源的图形符号，其主要性能指标如下。

图 1-20　开关电源外形图

输入 AC 电压——85～264 V；输入频率——47～63 Hz；冷态冲击电流——20 A/115 V，30 A/220 V；过流保护——电流为 105%～150% 的额定值时开始保护；过压保护、过功率保护、短路保护自动恢复；启动时间——500 ms；上升时间——50 ms；保持时间——大于 20 ms；抗电强度——输入与输出之间、输入与大地之间可承受 AC 1.5 kV/min；绝缘电阻——输入与大地、输入与输出之间加载 DC 500 V 电压时绝缘电阻的阻值大于 50 MΩ；工作环境温度———10～45 ℃，60 ℃时可用功率 60%，70 ℃时可用满功率 35%；效率——65%～87%；纹波噪声——小于输出电压 1%；存储温度———20～85 ℃；输出电压调整——±10% 范围内，总调整率（线形及负载）小于±2%；安规标准——参考 UL1950。

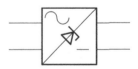

图 1-21　直流稳压电源的图形符号

2）一体化电源

一体化电源是采用传导冷却方式的 AC/DC 开关电源，应用于数字电路、工业仪表、交通运输、通信设备、工控机等大型设备及科研与实验设备，作为直流供

电电源。一体化电源外形如图 1-22 所示。

图 1-22　一体化电源外形

　　表 1-8 所示为是 4NIC 系列电源的主要参数(所有电参数测试均在环境温度 25 ℃下进行)。

表 1-8　4NIC 系列电源的主要参数

输入参数	AC(220±10%) V/47~63 Hz(单相)或 AC(380±10%) V/50 Hz(三相)
输出参数	DC5~300 V
电流/A	0.5~20
功率/W	2~2 000
电压调整率	≤0.5%　(5 V 时≤1%)
电流调整率	≤1.0%　(5 V 时≤2%)
纹波系数	≤1.0%
工作频率/kHz	50~100

　　具有过热、过流、短路保护;可另加过、欠压保护;负载率 0~100%;使用率为 80%;效率为 80%。

　　一般参数隔离电压:输入对外壳为 AC1 500 V/min,漏电流≤10 mA。

　　输入对输出为 AC1 000 V/min,漏电流≤10 mA。

　　绝缘电阻:输入对输出、输入对外壳电压为 DC1 000 V 时,绝缘电阻阻值≥200 MΩ,输出对外壳电压为 DC250 V 时,绝缘电阻阻值≥200 MΩ;输出对输出电值为 DC250 V 时,绝缘电阻阻值≥200 MΩ。

　　物理参数:外壳铝合金黑氧化,六面金属屏蔽。

　　4NIC 系列电源型号定义如下:

　　例如,4NIC-K480 表示输出功率为 480 W 的开关集成一体化电源,其输出电压/电流可以是 48 V/10 A、60 V/8 A、24 V/20 A、80 V/6 A 等。对于自带风机的隧道风冷外壳,其型号的最后加一个字母"F"。

3）电源的选择

选择电源时需要考虑的问题主要有电源的输出功率、输出电路数、电源的尺寸、电源的安装方式和安装孔位、电源的冷却方式、电源在系统中的位置及走线、环境温度、绝缘强度、电磁兼容和环境条件。

（1）为了提高系统的可靠性，建议电源工作在 $50\%\sim80\%$ 的额定负载下，即假设所用功率为 20 W，应选用输出功率为 $25\sim40$ W 的电源。

（2）尽量选用厂家的标准电源，包括标准的尺寸和输出电压。厂家的标准电源一般都会有库存，送样及以后的订货、交货都比较快；相对而言，选用特殊的尺寸和特殊的输出电压，会增加开发时间及成本。

（3）目前多电路输出的电源以三路、四路输出较为常见，所需电源的输出电压路数越多，挑选标准电源的机会就越小，同时增加输出电压路数会使成本增加。所以，在选择电源时应该尽量减少输出路数，尽量选用多路输出共地的电源。

（4）明确输入电压范围。以交流输入为例，常用的输入电压规格有 110 V、220 V，所以相应就有了 110 V、220 V 交流切换，以及通用输入电压（AC85～264 V）三种规格。在选择输入电压规格时应明确系统将会用到的地区，如果要出口美、日等市电为 110 V 交流的国家，可以选择 110V 交流输入的电源，只在国内使用时可以选择 220 V 交流输入的电源。

（5）电源在工作时会消耗一部分功率，并以热量的形式释放出来，所以用户在进行系统设计时（尤其是封闭的系统）应考虑电源的散热问题。如果系统能形成良好的自然对流风道，且电源位于风道上，可以考虑选择自然冷却的电源；如果系统的通风比较差，或系统内部温度比较高，应考虑选择风冷的电源。

（6）如果不是在很恶劣的环境或电气柜中（符合防护等级 IP54）使用，可选用普通电源；如果在条件恶劣的环境中使用，如油污、潮湿、腐蚀等，最好选用全密封的一体化电源。

（四）熔断器

熔断器是一种结构简单、使用方便、价格低廉的保护电器。主要用于电路或用电设备的短路保护，有时对严重过载也可起到保护作用。

1. 熔断器的结构类型及作用原理

熔断器由熔体（俗称保险丝）和安装熔体的熔管（或熔座）两部分组成。其中熔体是关键部分，它既是感测元件又是执行元件，由低熔点的金属材料（如铅、锡、锌、铜、银及其合金等）制成，其形状有丝状、带状、片状等；熔管的作用是安装熔体及在熔体熔断时熄灭电弧，多由陶瓷、绝缘钢纸或玻璃纤维材料制成。

熔断器的熔体串联在被保护电路中，当电路正常工作时，熔体中通过的电流不会使其熔断；当电路发生短路或严重过载时，熔体中通过的电流很大，使其发热，当温度达到熔点时熔体瞬间熔断，切断电路，起到保护作用。

熔断器的种类很多，按用途分为一般工业用熔断器、半导体器件保护用快速熔断器和特殊熔断器(如具有两段保护特性的快慢动作熔断器、自复式熔断器等)。熔断器按结构可分为半封闭瓷插式、螺旋式、无填料密封管式和有填料密封管式,其外形、图形及文字符号如图 1-23 至图 1-27 所示。

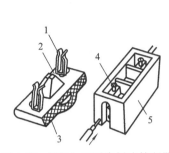

图 1-23　RC1A 系列瓷插式熔断器

1—动触点;2—熔丝;3—瓷盖;

4—静触点;5—瓷底

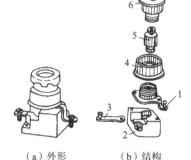

（a）外形　　　（b）结构

图 1-24　RL1 系列螺旋式熔断器

1—上接线柱;2—瓷底;3—下接线柱;

4—瓷套;5—熔芯;6—瓷帽

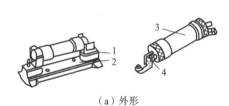

（a）外形　　　　　　　　（b）结构

图 1-25　RM10 系列无填料密封管式熔断器

1、4、10—夹座;2—底座;3—熔断器;5—硬质绝缘管;6—黄铜套管;

7—黄铜帽;8—插刀;9—熔体

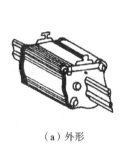

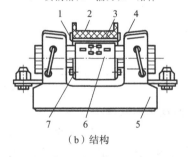

（a）外形　　　（b）结构

图 1-26　RT0 有填料密封管式熔断器

1—熔断指示器;2—硅砂(石英砂)填料;3—熔丝;

4—插刀;5—底座;6—熔体;7—熔管

FU

图 1-27　熔断器的图形

及文字符号

2. 熔断器的技术参数

（1）额定电压　额定电压是指熔断器长期工作和断开后能够承受的电压,其值应大于或等于电气设备的额定电压。

（2）额定电流 额定电流是指熔断器长期工作时，被保护设备温升不超过规定值时所能承受的电流。为了减少生产厂家熔断器额定电流的规格，熔断器的额定电流等级比较少，而熔体的额定电流等级比较多，即一个额定电流等级的熔断器可安装多个额定电流等级的熔体，但熔体的额定电流最大不能超过熔断器的额定电流。

（3）极限分断能力 极限分断能力是指熔断器在规定的额定电压和功率因数（或时间常数）下，能断开的最大电流。在电路中出现的最大电流一般是指短路电流，所以，极限分断能力也反映了熔断器分断短路电流的能力。

RT18 系列熔断隔离器型号及其含义如下：

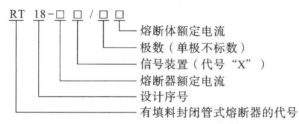

RT18 系列熔断隔离器的主要技术参数如表 1-9 所示。

表 1-9　RT18 系列熔断隔离器主要技术参数

型号	熔断体额定电流/A	尺寸/cm					质量/kg
		A	B	D	E	F	
RT18-32	2，4，6，10，16，20，25，32	82	78	60	77	18	0.075
RT18-32X	2，4，6，10，16，20，25，32	82	78	60	77	18	0.075
RT18-63	2，4，6，10，16，20	106	103	80	110	26	0.18
RT18-63X	2，4，6，10，16，20	106	103	80	110	26	0.18

RS1 系列熔断器主要技术参数如表 1-10 所示。

表 1-10　RS1 系列熔断器主要技术参数

型号	额定电流/A	额定电压/V	质量/kg
RS14	0.5，1，2，3，4，6，8，10，16，20	500，660	0.0045
RS15	0.5，1，2，3，4，5，6，8，10，16，25，30，35	500，660	0.009
RS16	1，2，3，4，5，6，8，10，16，20，25，30，32，40，50，63	500，660	0.022
RS17	2，4，6，8，10，12，16，20，25，32，40，50，63，80，100	500，660	0.06

3. 熔断器的选择

熔断器主要是根据其额定电压、额定电流及熔体的额定电流来选择其类型。

（1）熔断器的额定电压应大于或等于线路的工作电压。

（2）熔断器的额定电流应大于或等于熔体的额定电流。

（3）熔体额定电流的选择方法如下。

① 用于保护照明或电热设备的熔断器,因为负载电流比较稳定,所以熔体的额定电流应等于或稍大于负载的额定电流,取 $I_{re} \geq I_e$,式中 I_{re} 为熔体的额定电流,I_e 为负载的额定电流。

② 用于保护单台长期工作电动机(供电支线)的熔断器,考虑电动机启动时不应熔断,取 $I_{re} \geq (1.5 \sim 2.5)I_e$,式中 I_{re} 为熔体的额定电流,I_e 为电动机的额定电流,轻载启动或启动时间比较短时,系数可接近 1.5,带重载启动时间比较长时,系数应接近 2.5。

③ 用于保护频繁启动电动机(供电支线)的熔断器,考虑频繁启动时发热,熔断器也不应熔断,取 $I_{re} \geq (3 \sim 3.5)I_e$,式中 I_{re} 为熔体的额定电流,I_e 为电动机的额定电流。

④ 用于保护多台电动机(即供电干线)的熔断器,在出现尖峰电流时也不应熔断。通常,将其中容量最大的一台电动机启动、其余电动机运行时出现的电流作为其尖峰电流,为此,熔体的额定电流应满足下述关系:

$$I_{re} \geq (1.5 \sim 2.5)I_{emax} + \sum I_e$$

式中:I_{re}——熔体的额定电流;

$\quad I_{emax}$——多台电动机中容量最大的一台电动机额定电流;

$\quad \sum I_e$——其余电动机额定电流之和。

⑤ 为防止发生越级熔断,上、下级(供电干、支线)熔断器间应有良好的协调配合,为此,应使上一级(供电干线)熔断器的熔断额定电流比下一级(供电支线)熔断器的大 1~2 个级差。

(五) 开关电器

1. 低压开关

低压开关主要用于低压配电系统及电气控制系统中,对电路和电器设备进行不频繁地通断、转换电源或控制负载,有的还可用于小容量笼型异步电动机的直接启动控制,主要有刀开关、组合开关、转换开关等。下面以 HK2 系列刀开关为例作一些说明。

HK2 系列瓷底胶盖刀开关(俗称闸刀)的结构如图 1-28 所示,由熔丝、触刀、触点座、操作手柄和底座组成。在使用时进线座接电源端的进线,出线座接负载端导线,靠触刀与触点座的分合来接通和断开电路。图 1-29 所示为刀开关的图形及文字符号。

安装刀开关时,手柄要向上,不得倒装或平装。倒装时手柄有可能因自重而下滑引起误合闸,造成人身安全事故。接线时,将电源线接在熔丝上端,负载线接在熔丝下端,拉闸后刀开关与电源隔离,便于更换熔丝。

2. 低压断路器

1) 低压断路器的结构及工作原理

低压断路器又称自动空气开关,可用来分配电能、不频繁地启动异步电动机、

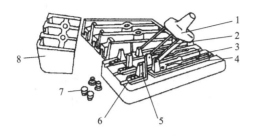

图1-28 HK2系列瓷底胶盖刀开关

1—瓷柄;2—动触点;3—出线座;4—瓷底座;

5—静触点;6—进线座;7—胶盖紧固螺钉;8—胶盖

图1-29 刀开关的图形及文字符号

（a）单极　（b）双极　（c）三极

保护电动机及电源等,具有过载、短路、欠电压保护等功能,低压断路器的结构原理如图1-30所示。低压断路器在使用时,电源接线图中的L1、L2、L3端为负载接线端。手动合闸后,动、静触点闭合,脱扣连杆9被锁扣7的锁钩钩住,连杆9又将合闸连杆5钩住,使触点保持在闭合状态。发热元件14与主电路串联,有电流流过时发出热量,使热脱扣器6的下端向左弯曲。发生过载时,热脱扣器6弯曲,使脱扣锁钩推离脱扣连杆,从而松开合闸连杆,动、静触点受弹簧3的作用而迅速分开。电磁脱扣器8有一个匝数很少的线圈与主电路串联。发生短路时,电磁脱扣器8使铁芯脱扣器上部的吸力大于弹簧的反力,脱扣锁钩向左转动,最后也使触点断开。同时电磁脱扣器兼有欠压保护功能,这样断路器在电路发生过载、短路和欠压时就可起到保护作用。如果要求手动脱扣,按下按钮2就可使触点断开。脱扣器的脱扣量值都可以进行整定,只要改变热脱扣器所需要的弯曲程度和电磁脱扣器铁芯机构的气隙大小就可以了。当低压断路器由于过载而断开时,应等待2～3 min才能重新合闸,以保证热脱扣器回到原位。

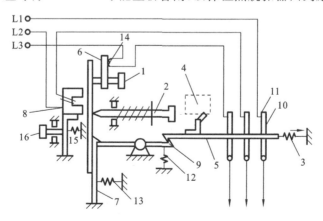

图1-30 低压断路器的结构原理

1—热元件连接推杆;2—手动脱扣按钮;3,12,13,15—弹簧;4—定位装置;5—合闸连杆;6—热脱扣器;

7—锁扣;8—电磁脱扣器;9—脱扣连杆;10—动触点;11—静触点;14—发热元件;16—合闸按钮

2) 塑料外壳式断路器

塑料外壳式断路器由手柄、操作机构、脱扣装置、灭弧装置及触点系统等组成,均安装在塑料外壳内组成一体。

机床常用 DZ10、DZ15、DZ5-20、DZ5-50 等系列塑料外壳式断路器(以下简称断路器),适用于交流电压 500 V、直流电压 220 V 以下的电路,用于不频繁地接通或断开电路。

塑料外壳式断路器外形如图 1-31 所示,断路器图形及文字符号如图 1-32 所示。以 DZ15 系列为例,其适用于交流 50 Hz、额定电压为 220 V 或 380 V、额定电流为 100 A 的电路,用于配电、电动机的过载及短路保护,亦可用于线路不频繁转换及电动机不频繁启动的场合。表 1-11 所示为 DZ15 系列规格及参数。

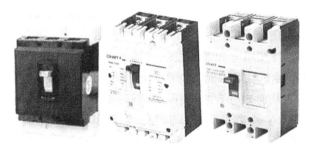

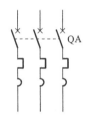

图 1-31　塑料外壳式断路器外形图　　　图 1-32　断路器图形及文字符号

表 1-11　DZ15 系列规格及参数

型　　号	额定电流/A	额定电压/V	极　　数	脱扣器额定电流/A	额定短路通断能力/kA
DZ15-40/1901		220	1		
DZ15-40/2901		380	2	6,10,16,	
DZ15-40/3901	40	380	3	20,25,	3
DZ15-40/3902		380	3	32,40	
DZ15-40/4901		380	4		
DZ15-63/1901		220	1		
DZ15-63/2901		380	2	10,16,20,	
DZ15-63/3901	63	380	3	25,32,40,	5
DZ15-63/3902		380	3	50,63	
DZ15-63/4901		380	4		

DZ15 系列型号意义如下：

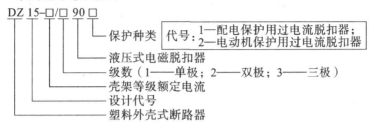

3）小型断路器

小型断路器主要用于照明配电系统和控制回路，其外形如图 1-33 所示，其图形及文字符号如图 1-34 所示。

图 1-33　小型断路器外形图

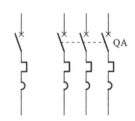

图 1-34　小型断路器图形及文字符号
（单极和三极）

机床常用 MB1-63、DZ30-32、DZ47-60 等系列小型断路器。以 DZ47-60 高分断小型断路器为例，其适用于照明配电系统（C 型）或电动机的配电系统（D 型），主要用于交流 50～60 Hz，单极 230 V，二、三、四极 400 V 线路的过载、短路保护，同时也可以在正常情况下不频繁地通断电器装置和照明线路。

DZ47-60 系列型号意义如下：

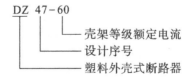

DZ47-60 系列分类：按额定电流 I_N 分有 1 A、2 A、3 A、4 A、5(6) A、10 A、15(16) A、20 A、25 A、32 A、40 A、50 A、60 A 断路器等几种；按极数分为单极、二极、三极、四极断路器等几种；按断路器瞬时脱扣器的形式分为 C 型（(5～10)I_N）、D 型（(10～14)I_N）断路器等几种。DZ47-60 系列技术参数如表 1-12、表 1-13 所示。

4）低压断路器的选择

选择低压断路器应注意以下几点。

表 1-12 过电流保护特性

序号	脱扣器额定电流 I_n/A	起始状态	试验电流	规定时间	预期结果	备 注
A	1～60	冷态	$1.13I_n$	$t \geqslant 1$ h	不脱扣	
B	1～60	紧接着A项实验后进行	$1.45I_n$	$t < 1$ h	脱扣	电流在5 s内稳定地上升至规定值
C	≤32	冷态	$2.55I_n$	1s<t<60 s	脱扣	
	>32	冷态	$2.55I_n$	1s<t<120 s	脱扣	
D	1～60	冷态	$5I_n$	$t \geqslant 0.1$ s	不脱扣	C 型
E	1～60	冷态	$10I_n$	$t < 0.1$ s	脱扣	C 型
F	1～60	冷态	$10I_n$	$t \geqslant 0.1$ s	不脱扣	D 型
G	1～60	冷态	$14I_n$	$t < 0.1$ s	脱扣	D 型

表 1-13 额定短路通断能力

型 号	额定电流 I_n/A	极 数	电压/V	通断能力/A
DZ47-60(C)型	1～40	1P	230	6 000
	1～40	2,3,4P	400	6 000
	50～60	1P	230	4 000
	50～60	2,3,4P	400	4 000
DZ47-60(D)型	1～60	1P	230	4 000
	1～60	2,3,4P	400	4 000

（1）低压断路器的额定电流和额定电压应大于或等于线路、设备的正常工作电压和工作电流。

（2）低压断路器的极限通断能力应大于或等于电路的最大短路电流。

（3）欠电压脱扣器的额定电压等于线路的额定电压。

（4）过电流脱扣器的额定电流应大于或等于线路的最大负载电流。

（5）使用低压断路器来实现短路保护比使用熔断器优越,因为当三相电路短路时,很有可能只有一相的熔断器熔断,造成单相运行。对低压断路器来说,只要造成短路都会使开关跳闸,将三相同时切断。

5）低压断路器的使用应注意的问题

（1）在安装低压断路器时,应把来自电源的母线接到开关灭弧罩一侧的端子上,来自电气设备的母线接到另外一侧的端子上。

（2）低压断路器投入使用时,应先进行整定,按照要求整定热脱扣器的动作电流,以后就不应随意旋动有关的螺钉和弹簧。

（3）发生断、短路事故的动作后,应立即对触点进行清理,检查有无熔坏,清除金属熔粒、粉尘等,特别要把散落在绝缘体上的金属粉尘清除干净。

（4）在正常情况下，每六个月应对开关进行一次检修，清除灰尘。

（六）主令电器

主令电器是在自动控制系统中发出指令或信号的电器，用来控制接触器、继电器或其他电器线圈，使电路接通或断开，以达到控制生产机械的目的。

1. 控制按钮

1）控制按钮的结构

按钮是一种结构简单、使用广泛的手动主令电器，在低压控制电路中，用来发出手动指令远距离控制其他电器，再由其他电器去控制主电路或转移各种信号，也可以直接用来转换信号电路和电器联锁电路等。

一般用红色按钮作为停止按钮，绿色按钮作为启动按钮。其外形图及结构图如图1-35所示，图形及文字符号如图1-36所示。

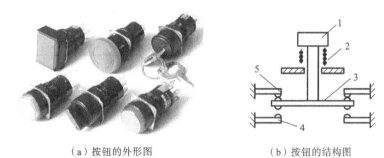

（a）按钮的外形图　　　　　　（b）按钮的结构图

图 1-35　按钮的外形图及结构图

1—按钮帽；2—复位弹簧；3—动触点；4—常开触点的静触点；5—常闭触点的静触点

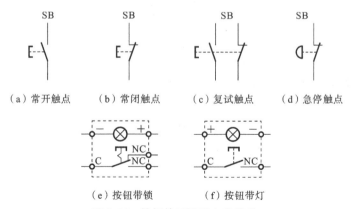

（a）常开触点　（b）常闭触点　（c）复试触点　（d）急停触点

（e）按钮带锁　　　　（f）按钮带灯

图 1-36　按钮的图形及文字符号

当按下按钮时，常闭触点先断开，常开触点后接通。按钮释放后，在复位弹簧作用下使触点复位，所以，按钮常用来控制电器的点动。按钮接线没有进线和出线之分，直接将所需的触点连入电路即可。在按钮没有按下时，接在常开触点接线柱上的线路是断开的，接在常闭触点接线柱上的线路是连通的；当按下按钮时，两种触点的状态改变，同时也使与之相连的电路状态改变。按钮的颜色代码及其含义如表 1-14 所示。

表 1-14　按钮的颜色代码及其含义

颜色	含义	说　明	应 用 示 例
红	紧急	情况危险或紧急时操作	急停
黄	异常	情况异常时操作	干预制止异常情况 干预重新启动中断了的自动循环
绿	正常	启动正常时操作	
蓝	强制性的	要求强制动作的情况下操作	复位功能
白	未赋予特定含义	除急停以外的一般功能的启动	启动/接通(优先) 停止/断开
灰			启动/接通 停止/断开
黑			启动/接通 停止/断开(优先)

注:如果使用代码的辅助手段(如形状、位置、标记等)来识别按钮操作件,则白、灰或黑同一颜色可用于不同功能(如白色用于启动/接通和停止/断开)。

2) 按钮的技术参数

按钮型号标志组成及其含义如下:

结构形式代号的含义为:K 为开启式,S 为防水式,J 为紧急式,X 为旋钮式,H 为保护式,F 为防腐式,Y 为钥匙式,D 为带灯按钮。

按钮的主要技术参数有额定绝缘电压 U_i、额定工作电压 U_N、额定工作电流 I_N,如表 1-15 所示。

表 1-15　LA19 系列按钮的技术参数

型号规格	额定电压/V		约定发热电流/A	额定工作电流/A		信号灯		触点对数		结构形式
	交流	直流		交流	直流	电压/V	功率/W	常开	常闭	
LA19-11	380	220	5	380V/0.8	220V/0.3	—	—	1	1	一般式
LA19-11D	380	220	5	—	—	6	1	1	1	带指示灯式
LA19-11J	380	220	5	220V/1.4	110V/0.6	—	—	1	1	蘑菇式
LA19-11DJ	380	220	5			6	1	1	1	蘑菇带灯式

3）按钮的选择

按钮主要根据使用场合、用途、控制需要及工作状况等进行选择。

（1）根据使用场合，选择控制按钮的种类，如开启式、防水式、防腐式等。

（2）根据用途，选用合适的形式，如钥匙式、紧急式、带灯式等。

（3）根据控制回路的需要，确定不同的按钮数，如单钮、双钮、三钮、多钮等。

（4）根据工作状态指示和工作情况的要求，选择按钮及指示灯的颜色。

2. 指示灯

指示灯用来发出下列信息。

（1）指示：引起操作者注意或指示操作者完成某种任务。红、黄、绿和蓝色通常用于这种方式。

（2）确认：用于确认一种指令、一种状态或情况，或者用于确认一种变化或转换阶段的结束。蓝色和白色通常用于这种方式，某些情况下也可用绿色。

图 1-37 所示为指示灯外形图，图 1-38 所示为指示灯图形及文字符号。指示灯的颜色应符合表 1-16 的要求。

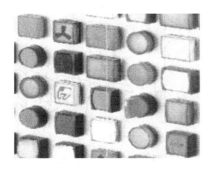

HL

图 1-37　指示灯外形图　　　　图 1-38　指示灯图形及文字符号

表 1-16　指示灯的颜色及其相对应机械状态的含义

颜色	含义	说　　明	操作者的动作
红	紧急	危险情况	立即动作去处理危险情况（如操作急停）
黄	异常	异常情况，紧急临界情况	监视和（或）干预（如重建需要的功能）
绿	正常	正常情况	任选
蓝	强制性	指示操作者需要动作	强制性动作
白	无确定性质	其他情况	监视

3. 行程开关的结构及工作原理

行程开关也称限位开关或位置开关，用于检测工作机械的位置，是一种利用生产机械某些运动部件的撞击来发出控制信号的主令电器，所以称为行程开关。将行程开关安装于生产机械行程终点处，可限制生产机械的行程。主要用于改变生产机械的运动方向、行程大小及位置保护等。

行程开关的种类很多,按动作方式分为瞬动型和蠕动型;按其头部结构可分为直动式(如 LX1、JLXK1 系列)、滚轮式(如 LX2、JLXK2 系列)和微动式(如 LXW-11、JLXK1-11 系列)三种。

直动式行程开关的结构原理如图 1-39 所示,它的动作原理与按钮相同。但它的触点分合速度取决于生产机械的移动速度。当移动速度低于 0.4 m/min 时,触点断开太慢,易受电弧烧损。为此,应采用有盘形弹簧机构瞬时动作的滚轮式行程开关,如图 1-40 所示。当生产机械的行程比较小且作用力也很小时,可采用具有瞬时动作和微小动作的微动开关,其结构原理如图 1-41 所示。行程开关的图形及文字符号如图 1-42 所示。

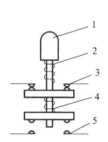

图 1-39 直动式行程开关的结构原理

1—顶杆;2—弹簧;3—常闭触点;
4—触点弹簧;5—常开触点

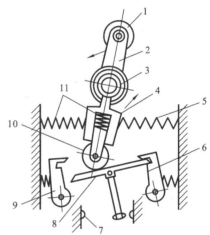

图 1-40 滚轮式行程开关

1—滚轮;2—上轮臂;3、5、11—弹簧;4—套架;
6、9—压板;7—触点;8—触点推杆;10—小滑轮

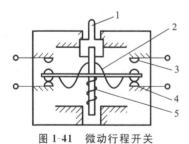

图 1-41 微动行程开关

1—推杆;2—弯形片状弹簧;3—常开触点;
4—常闭触点;5—复位弹簧

(a) 常开触点 (b) 常闭触点

图 1-42 行程开关的图形及文字符号

4. 接近开关的结构及工作原理

接近开关又称无触点行程开关,当运动的物体与之接近至达到一定距离时,它就发出动作信号,从而进行相应的操作,不像机械行程开关那样需要施加机

械力。

晶体管接近开关的外形及图形符号如图 1-43 所示。晶体管停振型接近开关的原理框图如图 1-44 所示。

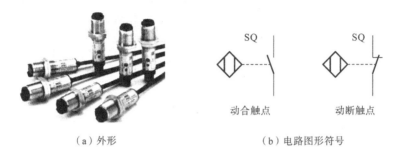

（a）外形　　　　　　　　（b）电路图形符号

图 1-43　晶体管接近开关的外形及图形符号

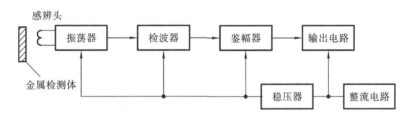

图 1-44　晶体管停振型接近开关的原理框图

第 2 部分　任务分析与实施

子任务 1　常用低压电器的认识、测试及拆装

一、任务描述

通常将低压电器在数控机床电气控制系统中作为基本组成元件使用。了解低压电器的结构原理、质量优劣、功能好坏，并能对低压电器进行正确的选用、检测和调整，对分析掌握数控机床电气控制原理、处理一般故障及维修有着非常重要的意义。本任务包括以下内容。

（1）根据低压电器实物写出各电器的名称及型号。

（2）根据低压电器实物写出各电器的作用及工作原理。

（3）用万用表测试电器，以确定电器能否正常工作并认识比较。

二、任务实施

填写常用低压电器及相关设备的规格型号于表 1-17 中。

表 1-17　常用低压电器及相关设备的规格型号

名　　称	规 格 型 号	数　量	备　注
三相异步电动机		1 台	
接触器		2 个	
时间继电器		1 个	
电磁式中间继电器		1 个	
万用表		1 只	
转换开关		1 个	
熔断器		5 个	
控制按钮		2 个	
工具		1 套	

子任务 2　常用低压电器的拆装与检修

一、任务描述

本任务主要完成常用低压电器的拆装检修和对比认识。具体内容如下。

（1）交流接触器、继电器的拆装与检修。

（2）组合开关的拆装与检修。

（3）按钮的识别与检修。

二、任务实施

（一）交流接触器、继电器的拆装与检修

1. 接触器(继电器)拆卸步骤

（1）卸下灭弧罩紧固螺钉,取下灭弧罩。

（2）拉紧主触点定位弹簧夹,取下主触点及主触点压力弹簧片。拆卸主触点时,必须将主触点侧转 45°后取下。

（3）松开辅助常开静触点的线螺钉,取下常开静触点。

（4）松开接触器底部的盖板螺钉,取下盖板。在松盖板螺钉时,要用手按住螺钉并慢慢放松。

（5）取下静铁芯缓冲绝缘纸片及静铁芯。

（6）取下静铁芯支架及缓冲弹簧。

（7）拔出线圈接线端的弹簧夹片,取下线圈。

（8）取下反作用弹簧。

（9）取下衔铁和支架。

（10）从支架上取下动铁芯定位销。

（11）取下动铁芯及缓冲绝缘纸片。

2. 检修步骤

（1）检查灭弧罩有无破裂或烧损,清除灭弧罩内的金属飞溅物和颗粒。

（2）检查触点的磨损程度,磨损严重时应更换触点;若不需更换,则清除触点表面上烧毛的颗粒。

（3）清除铁芯端面的油垢,检查铁芯有无变形,以及端面接触是否平整。

（4）检查触点压力弹簧及反作用弹簧是否变形或弹力不足,如有需要则更换弹簧。

（5）检查电磁线圈是否有短路、断路及发热变色现象。

3. 装配步骤

按拆卸的逆序进行装配。

4. 自检方法

用万用表欧姆挡来检查线圈及各触点是否良好;用兆欧表测量各触点间及主触点对地电阻是否符合要求;用手按动主触点动作指示器检查运动部分是否灵活,以防产生接触不良、振动和噪声。

5. 分析比较

分析和比较接触器、继电器的电磁机构动作原理等,记录于表 1-18 中。

表 1-18 接触器、继电器的比较认识

比较内容	接触器	继电器	备注
电器型号			
电磁机构			
触点系统			
灭弧装置			
适应场合			
其他机构			

（二）组合开关的拆装与检修

1. 拆卸步骤

（1）卸下手柄紧固螺钉,取下手柄。

（2）卸下支架上紧固螺母,取下顶盖、转轴弹簧和凸轮等操作机构。

（3）抽出绝缘杆,取下绝缘垫板上盖。

（4）拆卸三对动、静触点。

（5）检查触点有无损坏,视损坏程度进行修理或更换。

（6）检查转轴弹簧是否松脱和消弧垫是否有严重磨损,根据实际情况确定是

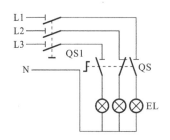

图 1-45　组合开关的校验电路图

否调换。

（7）将任一相的动触点旋转 90°，然后按拆卸的逆序进行装配。

（8）装配时，应注意动、静触点的相互位置是否符合改装要求及叠片连接是否紧密。

（9）装配结束后，先用万用表测量各对触点的通断情况，如果符合要求，按图 1-45 所示连接线路进行通电校验。

（10）通电校验必须在 1 min 内连续进行五次分合试验，如五次试验全部成功则为合格，否则须重新拆装。

2. 注意事项

（1）拆卸时，应备有盛放零件的容器，以防丢失零件。

（2）拆卸过程中，不允许硬撬，以防损坏电器。

（3）通电校验时，必须将组合开关紧固在校验板（台）上，并有教师监护，以确保用电安全。

（三）按钮的识别与检修

1. 拆卸步骤

（1）观察各种不同种类、不同结构形式按钮的外形和结构特点。

（2）将其中一种按钮拆开，观察按钮的结构和工作特点，并整修不好的触点。

（3）装配按钮。

（4）学会按钮的选择与常见故障的处理办法。

2. 故障及其处理

按钮的常见故障及其处理方法如表 1-19 所示。

表 1-19　按钮的常见故障及其处理方法

故障现象	产生原因	修理方法
按下启动按钮时有触电感觉	1. 按钮的防护金属外壳与连接导线接触； 2. 按钮帽的缝隙间充满铁屑，使其与导电部分形成通路	1. 检查按钮内连接导线； 2. 清理按钮及触点
按下启动按钮不能接通电路，控制失灵	1. 接线头脱落； 2. 触点磨损松动，接触不良； 3. 动触点弹簧失效，使触点接触不良	1. 检查启动按钮连接线； 2. 检修触点或调换按钮； 3. 重绕弹簧或调换按钮
按下停止按钮不能断开电路	1. 接线错误； 2. 尘埃或机油、乳化液等流入按钮形成短路； 3. 绝缘击穿短路	1. 更改接线； 2. 清扫按钮并相应采取密封措施； 3. 调换按钮

子任务3 电器材料与元件的选用

一、任务描述

正确合理选择控制电路中的电器元件、材料及型号,是使电路正常运行的根本保障。下面给出部分常用电器元件及材料的选型依据和计算方法。

(一)线材

线材按导电材料类型可分为两类:铝芯线和铜芯线。计算导线的安全载流量时,铝芯导线按 5 A/mm² 计算,铜芯导线的安全载流量比铝芯高一个规格,1 mm² 的铜芯线的载流量相当于 1.5 mm² 铝芯线的载流量。

表 1-20 所示为铝芯线和铜芯线载流量经验值。由于存在环境温度和穿管时散热不好的情况,载流量可能降低 10%~20%。

表 1-20 铝芯线和铜芯线载流量经验值

线 材	规格/mm²	载流量/A	线 材	规格/mm²	载流量/A
铝	1	5	铜	1	7.5
铝	1.5	7	铜	1.5	12.5
铝	2.5	12.5	铜	2.5	20
铝	4	20	铜	4	30
铝	6	30	铜	6	50
铝	10	50	铜	10	70

(二)电动机电流经验算法

以三相异步电动机(380 V)为例,1 kW 额定功率额定电流为 2 A,电动机功率电流经验值如表 1-21 所示,电动机启动电流为额定电流的 4~6 倍。具体可以查阅电动机说明书和电动机铭牌。

表 1-21 电动机功率电流经验值

额定功率/kW	额定电流/A	额定功率/kW	额定电流/A
0.55	1.1	4	8
0.75	1.5	5.5	11
1.2	2.4	7.5	15
1.5	3	10	20
2.2	4.4	30	60

（三）断路器电流经验算法

若负载为电动机,则按额定电流的 1.5～5 倍选择(根据电动机带的负载来决定);若负载为纯电阻,则按额定电流选择。

（四）接触器

1. 接触器的主要指标

（1）触点的额定电流。

（2）线圈的工作电压。

2. 接触器的选型

（1）按负载额定电流选择。

（2）按实际控制电压选择。

具体可以查阅各个接触器生产厂家的型号和规格。

（五）热继电器

按负载额定电流选择相应规格范围的热继电器,具体可以查阅各个接触器生产厂家的型号和规格。

二、任务实施

（1）熟练掌握电器材料与电器元件的相关知识,根据国家标准 GB 5226.1—2008,正确合理地选择电器元件。

（2）查阅《电工手册》和国家标准,正确规范地画出低压电器电气符号(见表1-22)。

（3）查阅国家标准 GB 5226.1—2008,根据实训室电动机型号和要求,把低压电器的选型填入表 1-22 中。

表 1-22   低压电器的选型

名　　　称	电 器 符 号	规 格 型 号	备　　注
三相异步电动机			
断路器			
热继电器			
控制按钮			
线材线型			

第 3 部分　习题与思考

1. 试述电磁式低压电器的一般工作原理。

2. 接触器的作用是什么? 如何根据结构特征区分交流、直流接触器?

3. 如何区分常开与常闭触点? 时间继电器的常开与常闭触点与普通常开与

常闭触有什么不同？

4. 交流接触器在衔铁吸合前的瞬间,为什么在线圈中会产生很大的电流冲击? 直流接触器会不会出现这种现象? 为什么?

5. 交流接触器能否串联使用? 为什么?

6. 选用接触器时应注意哪些问题? 接触器和中间继电器有何差异?

7. 交流接触器在运行中有时线圈断电后,衔铁仍掉不下来,电动机不能停止,这时应如何处理? 故障原因在哪里? 应如何排除?

8. 线圈电压为 220 V 的交流接触器,误接入 380 V 交流电源上会发生什么问题? 为什么?

9. 电压继电器和电流继电器在电路中各起什么作用? 如何接入电路?

10. 什么是继电器的返回系数? 欲提高电压(或电流)继电器的返回系数可采用哪些措施?

11. 低压断路器在电路中的作用是什么?

12. 熔断器的额定电流、熔体的额定电流和熔体的极限分断电流三者有何区别?

13. 电动机的启动电流很大,当电动机启动时,热继电器会不会动作? 为什么?

14. 当发生失压、过载及过电流时,脱扣器起什么作用?

15. 星形连接的三相异步电动机能否采用两相结构的热继电器做断相和过载保护? 三角形三相电动机为什么要采用带有断相保护的热继电器?

16. 既然在电动机的主电路中装有熔断器,为什么还要装热继电器? 装有热继电器是否就可以不装熔断器? 为什么?

17. 主令控制器在电路中各起什么作用?

18. 是否可以用过电流继电器做电动机的过载保护? 为什么?

19. 接近开关有何作用?

20. CJ20 交流接触器有哪些主要技术参数?

21. 怎样选择你所需要的接触器?

22. 试画出接触器的图形符号和文字符号。

23. JZ7 中间继电器有哪些主要技术参数?

24. 试画出通电延时型和断电延时型空气阻尼式时间继电器的图形符号和文字符号。

25. 热继电器有哪些主要技术参数?

26. 选择按钮时,应该考虑哪些主要参数?

27. 熔断器有哪些主要技术参数?

28. 低压断路器有哪些类型? 它们分别用于哪些场合? 在电路中可以起到哪些保护作用? 有哪些主要技术参数?

29. 选择低压断路器应该注意哪些问题?

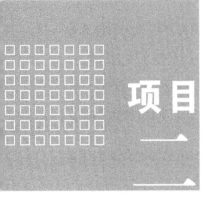

项目一

数控机床的组成及常用元器件

项目描述

▶数控机床(numerically controlled machine tool)是采用数字控制技术对机床的加工过程进行自动控制的机床,它是数控技术的典型应用,通常由数控装置(CNC)、伺服系统、机床强电控制系统(包括 PLC控制系统和继电器接触器控制系统)、机床主体等部分组成。熟悉和了解数控系统的全貌,有利于掌握数控机床的工作性能和加工技能。

学习目标

▶认识数控系统的组成及结构。

▶认识数控机床各部件的及其作用。

▶掌握数控系统的分类。

▶认识数控系统的常用检测装置。

能力目标

▶认识数控机床各部件的型号及功能。

▶熟悉普通数控机床的面板操作。

▶能正确连接数控装置与数控系统的各功能部件。

任务1 数控机床的组成及常用元器件

知识目标

(1)掌握数控系统的基本组成。

(2)了解构成数控系统的各部件的作用原理及用途。

能力目标

(1)认识数控机床各部件的组成与作用。

(2)了解各部件之间的联系。

（3）熟悉普通数控机床操作面板的基本操作。

第1部分　知　识　学　习

一、数控系统的组成及作用

计算机数控系统的组成如图 2-1 所示。

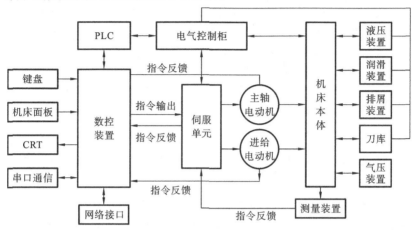

图 2-1　计算机数控系统的组成

（一）计算机数控装置（CNC 装置）

CNC 装置是计算机数控系统的核心，它包括微处理器 CPU、存储器、局部总线、外围逻辑电路以及与 CNC 系统其他组成部分联系的接口及相应控制软件。CNC 装置根据输入的加工程序进行运动轨迹处理和机床输入、输出处理，然后输出控制命令到相应的执行部件，如伺服单元，驱动装置和 PLC 等，使其进行规定的、有序的动作。CNC 装置输出的信号有坐标轴的进给速度、进给方向和位移指令，还有主轴的变速、换向和启停指令，选择和交换刀具的指令，控制冷却液、润滑油启停指令，工件和机床部件松开或夹紧指令，分度工作台转位辅助指令等。这个过程是由 CNC 装置内的硬件和软件协调完成的。

（二）操作面板

操作面板是操作人员与机床数控系统进行交流的工具，它由按钮站、状态灯、按键阵列（功能与计算机键盘类似）和显示器组成。数控系统一般采用集成式操作面板，分为显示区、NC 键盘区、机床控制区三大区域。图 2-2 所示为华中数控 HNC-18iT/19iT 数控装置操作台。

（1）显示器一般位于操作面板的左上部，用于汉字菜单、系统状态、故障报警的显示和加工轨迹的图形显示等。较简单的显示器只有若干个数码管，显示信息也很有限，较高级的系统一般配有 CRT 显示器或点阵式液晶显示器，显示的

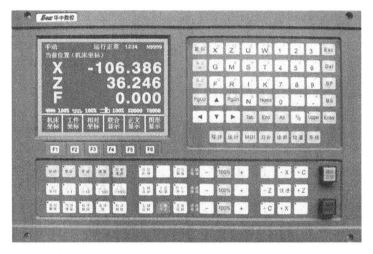

图 2-2　华中数控 HNC-18iT/19iT 数控装置操作台

信息较丰富。低档的显示器或液晶显示器只能显示字符,高档的显示器能显示图形。

（2）NC 键盘包括标准化的字母数字式 NCP 键盘和 F1～F10 十个功能键,用于零件程序的编制、参数的输入、手动数据输入和系统管理操作等。

（3）机床控制面板(MCP)用于直接控制机床的动作或加工过程。一般主要包括:① 急停方式选择按键;② 轴手动按键;③ 速率修调(进给修调、快速修调、主轴修调)按键;④ 回参考点按键;⑤ 手动进给按键;⑥ 增量进给按键;⑦ 手摇进给按键;⑧ 自动运行按键;⑨ 单段运行按键;⑩ 超程解除按键;⑪ 机床动作手动控制,例如冷却启停、刀具松紧、主轴制动、主轴定向、主轴正反转、主轴停止按键等。

（三）输入、输出装置

输入装置的作用是将程序载体上的数控代码变成相应的数字信号,传送并存入数控装置内。输出装置的作用是显示加工过程中必要的信息,如坐标值、报警信号等。数控机床加工过程是机床数控系统和操作人员进行信息交流的过程,输入、输出装置就是人机交互的设备,典型的有键盘和显示器。计算机数控系统还可以用通信的方式与其他计算机系统或其他数控装置进行信息交换,从而实现柔性制造和集成制造。

（四）伺服单元

伺服单元分为主轴伺服和进给伺服,分别用来控制主轴电动机和进给电动机。伺服单元接收来自 CNC 装置的进给指令,这些指令经变换和放大后通过驱动装置转变成执行部件进给的速度、方向、位移。因此伺服单元是数控装置与机床本体的联系环节,它把来自数控装置的微弱指令信号放大成控制驱动装置的大功率信号。根据接收指令的不同,伺服单元有脉冲单元和模拟单元之分。伺服单元就其系统而言又有开环系统、半闭环系统和闭环系统之分,其工作原理也有差别。

（五）驱动装置

驱动装置将伺服单元的输出变为机械运动,与伺服单元一起构成数控装置和机床传动部件间的联系环节,它们有的带动工作台,有的带动刀具,通过几个轴的综合联动,使刀具相对于工件产生各种复杂的运动,加工出形状、尺寸与精度符合要求的零件。与伺服单元对应,驱动装置有步进电动机、直流伺服电动机和交流伺服电动机等。

伺服单元和进给驱动装置合称为进给伺服驱动系统,它是数控机床的重要组成部分,包括机械、电子、电动机等各种部件,涉及强电与弱电的控制。数控机床的运动速度、跟踪及定位精度、加工件表面质量、生产效率及工作可靠性,往往主要取决于伺服系统的动态和静态性能,数控机床的故障也主要出现在伺服系统上。提高伺服系统的技术水平和可靠性,研究与开发高性能的伺服系统一直是现代数控机床的关键技术之一。

（六）可编程逻辑控制器

可编程逻辑控制器(PLC)是一种专为工业环境下的应用而设计的数字运算操作的电子系统。它采用可编程序的控制器,用来执行逻辑运算、顺序控制、定时、计数和算术运算等操作的指令,并通过数字式、模拟式的输入和输出,控制各种类型的机械设备和生产过程。当 PLC 用于控制机床顺序动作时,称为 PMC (programmable machine controller)模块,它在 CNC 装置中接收来自操作面板或机床上的各行程开关、传感器、按钮的有关信号,强电柜中的继电器以及主轴控制、刀库控制的有关信号,经处理后输出有关信号,控制相应器件的运行。

CNC 装置和 PLC 协调配合共同完成数控机床的控制,其中 CNC 装置主要完成与数字运算和管理等有关的功能,如零件程序的编辑、插补运算、译码、位置伺服控制等;PLC 主要完成与逻辑运算有关的一些动作,没有轨迹上的具体要求,它接收 CNC 装置的控制代码 M 指令(辅助功能)、S 指令(主轴转速)、T 指令(选刀、换刀)等顺序动作信息,对其进行译码,转换成对应的控制信号,控制辅助装置完成机床相应的开关动作,如工件的装夹、刀具的更换、冷却液的开与关等一些辅助动作;它还接收机床操作面板的指令,一方面直接控制机床的动作,另一方面将一部分指令送往 CNC 装置,用于加工过程的控制。

（七）机床本体

机床本体即数控机床的机械部件,包括主运动部件、进给运动执行部件(如工作台、拖板及其传动部件等)和支承部件(床身立柱等),还包括具有冷却、润滑、转位和夹紧等功能的辅助装置。加工中心类的数控机床还有存放刀具的刀库、交换刀具的机械手等部件。数控机床机械部件的组成与普通机床相似,只是由于数控机床的高速度、高精度、大切削用量和连续加工要求,其机械部件在精度、刚度、抗振性等方面要求更高。因此,近年来设计数控机床时采用了许多新的提高刚度、减小热变形、提高精度等方面的措施。

（八）华中世纪星 HNC-21S-2 综合试验台 XZ 工作台

华中世纪星 HNC-21S-2 综合试验台 XZ 工作台集成了雷塞 57HS13 四相混合式步进电动机、MSMA022A1C 交流伺服电动机、光栅尺、笔架等。机械部分采用滚珠丝杠传动模块化十字工作台,用于实现目标轨迹和动作。X 轴执行装置采用四相混合式步进电动机,步进电动机没有传感器,不需要反馈,用于实现开环控制。Z 轴执行装置采用交流伺服电动机,交流伺服驱动器和交流伺服电动机组成一个速度闭环控制系统。安装在交流伺服电动机轴上的增量式码盘充当位置传感器,用于间接测量机械部分的移动距离,可构成一个位置半闭环控制系统。也可用安装在十字工作台上的光栅尺直接测量机械部分的移动距离,构成一个位置全闭环控制系统。笔架可绘出工作台的运动轨迹,便于观察数控编程的结果。

（九）刀架

系统发出换刀信号,控制继电器动作,电动机正转,通过蜗轮、蜗杆将销盘上升至一定高度,离合销进入离合盘槽,离合盘带动离合销,离合销带动离合盘,销盘带动上刀体转位;当上刀体转到所需位置时,霍尔元件电路发出到位信号,电动机反转,反靠销进入反靠盘槽,离合销从离合盘槽中爬出,刀架完成初定位,同时销盘下降端齿啮合,完成精定位,将刀架锁紧。

电动刀架的电气控制分强电和弱点两部分,强电部分有三相电源驱动三相

图 2-3　四工位转位刀架的外形

交流异步电动机正、反向旋转,从而实现电动刀架的松开、转位、锁紧等动作;弱电部分主要由位置传感器和发信盘构成,发信盘采用霍尔传感器发信。该数控电动刀架(LDB4)的电动机采用三相异步电动机,功率为 90 W,转速为 1 300 r/min。图 2-3 所示为四工位转位刀架的外形。

（十）软驱单元

软驱单元提供 3.5in 软盘驱动器、RS232 接口、PC 机键盘接口、以太网接口,需要通过转接线与 HNC-21 数控装置连接使用,图 2-4 所示为软驱单元示意图。

（十一）手持单元

手持单元提供急停按钮、使能按钮、工作指示灯、坐标选择(OFF、X、Y、Z、4)、倍率选择(X1、X10、X100)及手摇脉冲发生器。图 2-5 所示为手持单元示意图。

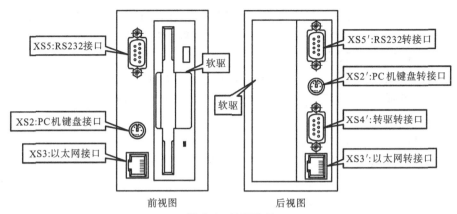

前视图　　　　　　　　后视图

图 2-4　软驱单元

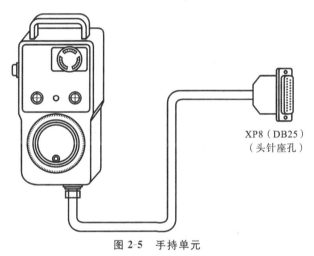

XP8（DB25）
（头针座孔）

图 2-5　手持单元

二、数控系统的分类

（一）按加工工艺方法分类

1. 金属切削类数控机床

与传统的车、铣、钻、磨、齿轮加工相对应的数控机床有数控车床、数控铣床、数控钻床、数控磨床、数控齿轮加工机床等。尽管这些数控机床在加工工艺方法上存在很大差别，具体的控制方式也各不相同，但机床的动作和运动都是数字化控制的，具有较高的生产效率和自动化程度。

普通数控机床加装一个刀库和换刀装置就成为数控加工中心机床。加工中心机床进一步提高了普通数控机床的自动化程度和生产效率。例如铣、镗、钻加工中心，它是在数控铣床基础上增加了一个容量较大的刀库和自动换刀装置而形成的，工件一次装夹后，可以对箱体零件的四面甚至五面大部分加工工序进行铣、镗、钻、扩、铰以及攻螺纹等多工序加工，特别适合箱体类零件的加工。加工

43

中心机床可以有效地避免由于工件多次安装造成的定位误差,减少机床的台数和占地面积,缩短辅助时间,大大提高生产效率和加工质量。

2. 特种加工类数控机床

除了切削加工数控机床以外,数控技术也大量用于数控电火花线切割机床、数控电火花成形机床、数控等离子弧切割机床、数控火焰切割机床以及数控激光加工机床等。

3. 板材加工类数控机床

常见的应用于金属板材加工的数控机床有数控压力机、数控剪板机和数控折弯机等。近年来,其他机械设备中也大量采用了数控技术,如数控多坐标测量机、自动绘图机及工业机器人等。

(二) 按控制运动轨迹分类

1. 点位控制数控机床

点位控制数控机床的特点是机床移动部件只能实现由一个位置到另一个位置的精确定位,在移动和定位过程中不进行任何加工。机床数控系统只控制行程终点的坐标值,不控制点与点之间的运动轨迹,因此几个坐标轴之间的运动无任何联系。可以几个坐标同时向目标点运动,也可以各个坐标单独依次运动。这类数控机床主要有数控坐标镗床、数控钻床、数控冲床、数控点焊机等。点位控制数控机床的数控装置称为点位数控装置。

2. 直线控制数控机床

直线控制数控机床可控制刀具或工作台以适当的进给速度,沿着平行于坐标轴的方向进行直线移动和切削加工,进给速度根据切削条件可在一定范围内变化。直线控制的简易数控车床只有两个坐标轴,可加工阶梯轴。直线控制的数控铣床有三个坐标轴,可用于平面的铣削加工。现代组合机床采用数控进给伺服系统,驱动动力头(带有多轴箱)轴向进给进行钻镗加工,它也可算是一种直线控制数控机床。数控镗铣床、加工中心等机床的各个坐标方向的进给速度能在一定范围内进行调整,兼有点位和直线控制加工的功能,这类机床应该称为点位/直线控制数控机床。

3. 轮廓控制数控机床

轮廓控制数控机床能够对两个或两个以上运动的位移及速度进行连续相关的控制,使合成的平面或空间的运动轨迹能满足零件轮廓的要求。它不仅能控制机床移动部件的起点与终点坐标,而且能控制整个加工轮廓每一点的速度和位移,将工件加工成符合要求的轮廓形状。常用的数控车床、数控铣床、数控磨床就是典型的轮廓控制数控机床。数控火焰切割机、电火花加工机床以及数控绘图机等也采用了轮廓控制系统。轮廓控制系统的结构要比点位/直线控制系统更为复杂,在加工过程中需要不断进行插补运算,然后进行相应的速度与位移控制。现在计算机数控装置的控制功能均由软件实现,增加轮廓控制功能不会带来成本的增加。因此,除少数专用控制系统外,现代计算机数控装置都具有轮廓控制功能。

（三）按驱动装置的特点分类

1. 开环控制数控机床

开环控制数控机床的控制系统没有位置检测元件,伺服驱动部件通常为反应式步进电动机或混合式伺服步进电动机。数控系统每发出一个进给指令,经驱动电路功率放大后,驱动步进电动机旋转一个角度,再经过齿轮减速装置带动丝杠旋转,通过丝杠螺母机构转换为移动部件的直线位移。移动部件的移动速度与位移量是由输入脉冲的频率与脉冲数所决定的。此类数控机床的信息流是单向的,即进给脉冲发出去后,实际移动值不再反馈回来,所以称为开环控制数控机床,其控制框图如图 2-6 所示。

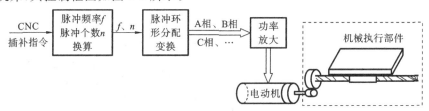

图 2-6　开环控制数控机床控制框图

开环控制系统的数控机床结构简单,成本较低。但是,系统对移动部件的实际位移量不进行监测,也不能进行误差校正。因此,步进电动机的失步、步距角误差、齿轮与丝杠等传动误差都将影响被加工零件的精度。开环控制系统仅适用于加工精度要求不很高的中小型数控机床,特别是简易经济型数控机床。

2. 半闭环控制数控机床

半闭环控制数控机床位置检测元件被安装在电动机轴端或丝杠轴端,通过角位移的测量间接计算出机床工作台的实际运行位置(直线位移),并将其与CNC 装置计算出的指令位置(或位移)相比较,用差值进行控制,其控制框图如图2-7 所示。由于闭环的环路内不包括丝杠、螺母副及机床工作台这些大惯性环节,由这些环节造成的误差不能由环路所矫正,其控制精度不如全闭环控制数控系统,但其调试方便,可以获得比较稳定的控制特性,因此在实际应用中,半闭环控制数控系统的调试比较方便,并且具有很好的稳定性。目前大多将角度检测装置和伺服电动机设计成一体,这样,使其结构更加紧凑。这种方式得到了广泛采用。

3. 全闭环控制数控机床

全闭环控制数控机床是在机床移动部件上直接安装直线位移检测装置,直接对工作台的实际位移进行检测,将测量的实际位移值反馈到数控装置中,与输入的指令位移值进行比较,用差值对机床进行控制,使移动部件按照实际需要的位移量运动,最终实现移动部件的精确运动和定位的机床。从理论上讲,全闭环系统的运动精度主要取决于检测装置的检测精度,与传动链的误差无关,因此其

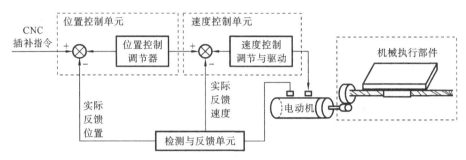

图 2-7　半闭环控制数控机床控制框图

控制精度高。其控制框图如图 2-8 所示。

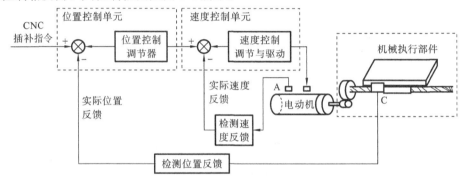

图 2-8　全闭环控制数控机床控制框图

在图 2-8 中,A 为速度传感器、C 为直线位移传感器。当位移指令值发送到位置检测电路时,若工作台没有移动,则没有反馈量,指令值使得伺服电动机转动,通过 A 将速度反馈信号送到速度控制电路,通过 C 将工作台实际位移量反馈回去,在位置比较电路中与位移指令值相比较,用比较后得到的差值进行位置控制,直至差值为零为止。这类控制的数控机床,因把机床工作台纳入了控制环节,故称为全闭环控制数控机床。

全闭环控制数控机床的定位精度高,但实际上位置环内的许多机械传动环节的摩擦特性、刚度和间隙都是非线性的,故很容易造成系统的不稳定,影响系统的精度,导致闭环系统的设计、安装、调试和维修都较困难,系统复杂,成本高。这类系统主要用于精度要求很高的数控镗、铣床,超精车床,超精磨床以及较大型的数控机床等。

4. 混合控制数控机床

将以上三类数控机床的特点结合起来,就形成了混合控制数控机床。混合控制数控机床特别适用于大型或重型数控机床,因为大型或重型数控机床需要较高的进给速度与相当高的精度,其传动链惯量与力矩大,如果只采用全闭环控制,机床传动链和工作台全部置于控制闭环中,闭环调试比较复杂。混合控制系统又分为两种形式。

（1）开环补偿型 该类机床的基本控制选用步进电动机的开环伺服机构，另外附加一个校正电路。用装在工作台的直线位移测量元件的反馈信号校正机械系统的误差。

（2）半闭环补偿型 该类机床是用半闭环控制方式取得高精度控制，再用装在工作台上的直线位移测量元件实现全闭环修正，以获得高速度与高精度的统一的。

（四）按数控系统功能水平分类

（1）经济型数控系统 又称简易数控系统，通常仅能满足一般精度要求的加工，能加工形状较简单的直线、斜线、圆弧及带螺纹类的零件，采用的微机系统为单板机或单片机系统，如经济型数控线切割机床、数控钻床、数控车床、数控铣床及数控磨床等。

（2）普及型数控系统 通常称为全功能数控系统，这类数控系统功能较多，但不追求过多功能，以实用为准。

（3）高档型数控系统 该类数控系统是用于加工复杂形状工件的多轴控制数控系统，其工序集中，自动化程度高，功能强，具有高度柔性，用于具有 5 轴以上的数控铣床、大、中型数控机床、五面加工中心、车削中心和柔性加工单元等。各种类型数控系统不同特征指标如表 2-1 所示。

表 2-1 各种类型数控系统不同特征指标

特征指标	经济型数控机床（低档）	普及型数控系统（中档）	高档型数控系统
CPU	单板机（单片机）	16 位或 32 位 CPU	32 位以上的 CPU
分辨率	10 μm	1 μm	0.5 μm
进给速度	8～15 m/min	15～30 m/min	大于 30 m/min
伺服系统	开环、步进电动机	闭环或半闭环、交流伺服电动机	闭环或半闭环、交流伺服电动机
联动轴数	2～3 轴	3～5 轴以上	3～5 轴以上
通信功能	无通信功能	RS232 串口、DNC 通信、网络接口	RS232 串口、DNC 通信、网络接口
显示功能	CRT 单显	LCD、TFT 液晶彩显	LCD、TFT 液晶彩显
典型系统	大方、西门子 802S	国外：FANUC0、SIEMENS810、802D、国内：HNC-21 系列等	FANUC160i、SIEMENS840D、MAZARK640 等

三、数控系统常用检测装置

（一）数控机床检测装置的作用及要求

数控机床检测装置是数控机床的重要组成部分，它通过对指令值和检测装置的反馈值进行比较来发出控制指令,以控制伺服系统和传动装置驱动机床的运动部件,实现数控机床各种加工过程,保证具有较高的加工精度。

数控机床检测装置的主要作用是检测运动部件的位移和速度,并反馈检测信号。其精度对数控机床的定位精度和加工精度均有很大影响,要提高数控机床的加工精度,就必须提高检测装置和检测系统的精度。所以数控机床对检测装置的要求主要有以下几点。

(1)工作有较高的可靠性和抗干扰能力 检测装置应能抗各种电磁干扰,抗干扰能力强,基准尺对温度和湿度敏感性低,温、湿度变化对测量精度等环境因素的影响小。

(2)满足精度和速度的要求 分辨率应在 0.001~0.01 mm 以内,测量精度应在 $\pm0.002 \sim 0$ mm/m 以内,运动速度应在 0~20 m/min 以内。

(3)便于安装和维护 检测装置安装时要满足一定的安装精度要求,安装精度要合理,考虑到影响整个检测装置要求有较好的防尘、防油污、防切屑等措施。

(4)成本低、寿命长 不同类型的数控机床对检测系统的分辨率和速度有不同的要求,一般情况下,要求检测系统的分辨率或脉冲当量比加工精度高一个数量级。

(二)数控检测装置的分类

(1)按输出信号的形式分类。

数字式:将被测量以数字形式表示,测量信号一般为电脉冲。

模拟式:将被测量以连续变化的物理量来表示(电压相位/电压幅值变化)。

(2)按测量基点的类型分类。

增量式:只测量位移增量,并用数字脉冲的个数表示单位位移的数量。

绝对式:测量的是被测部件在某一绝对坐标系中的绝对坐标位置。

(3)按位置检测元件的运动形式分类。

直线型:测量直线位移。

回转型:测量角位移。

(4)根据运动形式分为旋转型和直线型检测装置。

检测装置根据被测物理量分为位移式、速度式和电流式三种类型;按测量基点分为增量式和绝对式两种,其中增量式的只测量位移增量,并用数字脉冲的个数表示单位位移的数量,绝对值式的测量的是被测部件在某一绝对坐标系中的绝对坐标位置;根据运动形式分为旋转型和直线型检测装置。

(三)数控检测装置的性能指标

(1)精度 检测值与真值的接近程度称为精度,数控用传感器要满足高精度和高速实时测量的要求。

（2）分辨率　分辨率应适应机床精度和伺服系统的要求。分辨率提高，对提高系统其他性能指标和运行平稳性都很重要。

（3）灵敏度　实时测量装置灵敏度要高，输出、输入关系中对应的灵敏度要求一致。

（4）迟滞　对某一输入量，传感器的正行程的输出量和反行程的输出量的不一致，称为迟滞。数控伺服系统的传感器要求迟滞要小。

（5）测量范围　传感器的测量范围要满足系统的要求，并留有余地。

（6）零漂与温漂　传感器的漂移量是其重要性能标志，它反映了随时间和温度的改变，传感器测量精度的微小变化。

（四）位置传感器的测量方式

1. 直接测量和间接测量

位置传感器按形状可分为直线式和旋转式。用直线式位置传感器测直线位移，用旋转式位置传感器测角位移，这种测量方式称为直接测量。由于检测装置要和行程等长，故其在大型数控机床的应用中受到了限制。旋转式位置传感器测量的回转运动只是中间值，由它再推算出与之相关联的工作台的直线位移，那么该测量方式称为间接测量。这种检测方式先由检测装置测量进给丝杠的旋转位移，再利用旋转位移与直线位移之间的线性关系求出直线位移量。由于存在着直线与回转运动间的中间传递误差，故间接测量的准确性和可靠性不如直接测量。其优点是无长度限制。

2. 数字式测量和模拟式测量

数字式测量是以量化后的数字形式表示被测量，得到的测量信号通常是电脉冲信号，以脉冲个数表示位移；模拟式测量是以模拟量表示被测量，得到的测量信号是电压或电流，电压或电流的大小反映位移量的大小。由于模拟量需经A/D转换后才能被计算机数控系统接受，所以目前模拟式测量在计算机数控系统中应用很少。而数字式测量检测装置简单，信号抗干扰能力强，且便于显示和处理，所以目前应用非常普遍。

3. 增量式测量和绝对式测量

增量式测量的特点是只测量位移增量，即工作台每移动一个基本长度单位，检测装置便发出一个测量信号，此信号通常是脉冲形式。这样，一个脉冲所代表的基本长度单位就是分辨率，而通过对脉冲计数便可得到位移量。绝对式测量的特点是每一个被测点都有一个对应的编码，常以二进制数据形式来表示。

（五）旋转编码器

旋转编码器是一种旋转式的角位移检测装置，在数控机床中得到了广泛的应用。旋转编码器通常安装在被测轴上，随被测轴一起转动，直接将被测角位移转换成数字（脉冲）信号，所以也称旋转脉冲编码器，这种测量方式没有累积误差。旋转编码器也可用来检测转速。按输出信号形式,旋转编码器可以分为增量式和绝对式两种类型。

1. 增量式旋转编码器

常用的增量式旋转编码器为增量式光电编码器,其原理如图2-9所示。

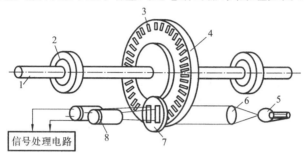

图 2-9　增量式光电编码器原理

1—连接轴;2—轴承;3—光栅;4—光栅盘;5—光源;6—聚光镜;7—光栅板;8—光电管

增量式光电编码器的光栅盘和光栅板用玻璃研磨抛光制成,玻璃的表面镀上了一层不透明的铬,并用照相腐蚀法,在光栅盘的边缘上开出了间距相等的透光狭缝。在光栅板上制有两条狭缝,每条狭缝的后面对应安装了一个光电管。当光栅盘随被测工作轴一起转动时,每转过一个缝隙,光电管就会感受到一次光线的明暗变化,使光电管的电阻值改变,这样就把光线的明暗变化转变成电信号的强弱变化,而这个电信号的强弱变化近似于正弦波的信号,经过整形和放大等处理,变换成脉冲信号。通过计数器计量脉冲的数目,即可测定旋转运动的角位移;通过计量脉冲的频率,即可测定旋转运动的转速,测量结果可以通过数字显示装置进行显示或直接输入数控系统。增量式光电编码器的结构和外形如图2-10(a)和图2-10(b)所示。

实际应用的光电编码器的光栅板上有 A 和 B 两组条纹,A 组与 B 组的条纹彼此错开 1/4 节距,两组条纹相对应的光敏元件所产生的信号彼此相差 90° 相位,用于辨向。此外,在光电码盘的里圈里还有一条透光条纹 C(零标志刻线),用以每转一周时产生一个脉冲,该脉冲信号又称零标志脉冲,作为测量基准。

光电编码器的输出波形如图 2-11 所示。通过光栏板两条狭缝的光信号 A 和 B,相位角相差 90°,通过光电管转换并经过信号的放大整形后,成为两相方波信号。为了判断光栅盘转动的方向,可采用图 2-12 所示的逻辑控制电路,将光电管 A、B 信号(也就是图中的 0° 及 90° 信号)经放大整形变成 a、b 两组方波。a 组分成两路,一路直接微分产生脉冲 d,另一组经反相后再微分得到脉冲 e。d、e 两路脉冲进入与门电路后分别输出正转脉冲 f 和反转脉冲 g(运用数字电子技术知识从时序图可以分析出)。b 组方波作为与门的控制信号,使光电盘正转时 f 有脉冲输出,反转时 g 有脉冲输出,这样就可判别光电编码器的旋转方向。

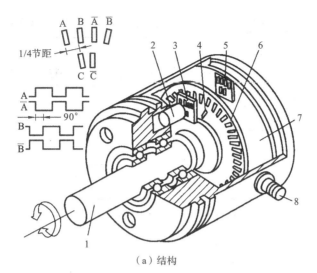

（a）结构

（b）外形

图 2-10 增量式光电编码器结构与外形图

1—转轴；2—LED；3—光栅板；4—零标志槽；5—光敏元件；6—码盘；

7—印制电路板；8—电源及信号线连接座

光电编码器的测量精度取决于它所能分辨的最小角度，而这与光栅盘圆周的条纹数有关，即分辨角

$$\alpha = 360° / 条纹数$$

如果数条纹数为 1 024，则分辨角 $\alpha = 360° / 1 024 = 0.352°$。

2. 绝对式光电编码器

绝对式光电编码器的光盘上有透光和不透光的编码图案，编码方式可以有二进制编码、二进制循环编码、二至十进制编码等。绝对式光电编码器通过读取编码盘上的编码图案来确定位置。

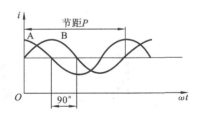

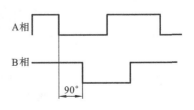

图 2-11 光电编码器的输出波形

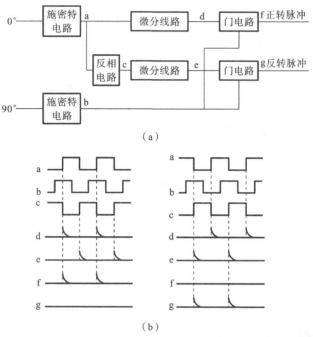

（a）

（b）

图 2-12　光电盘辨向环节逻辑图及波形

　　图 2-13(a)所示为绝对式光电编码器的结构图,图 2-13(b)所示为绝对式光电码盘器的编码盘原理示意图,图 2-13(c)所示为 4 位格雷码盘,图 2-13(b)中码盘上有四圈码道。所谓码道就是码盘上的同心圆。按照二进制分布规律,把每圈码道加工成透明和不透明相间的形式。码盘的一侧安装光源,另一侧安装一排径向排列的光电管,每个光电管对准一条码道。当光源照射码盘时:如果是透明区,则光线被光电管接收,并转换成电信号,输出信号为"1";如果是不透明区,光电管接收不到光线,输出信号为"0"。被测工作轴带动码盘旋转时,光电管输出的信息就代表了轴的对应位置,即绝对位置。

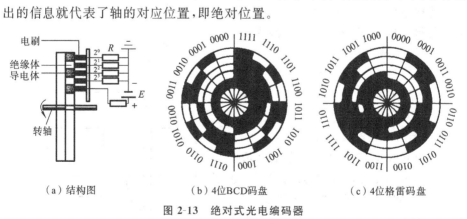

（a）结构图　　　　　　　（b）4位BCD码盘　　　　　　（c）4位格雷码盘

图 2-13　绝对式光电编码器

　　绝对式光电编码器大多采用格雷码编盘,格雷码数码如表 2-2 所示。格雷码的特点是每一相邻数码之间仅改变一位二进制数,这样,即使制作和安装不十分准确,产生的误差最多也只是最低位的一位数。四位二进制码盘能分辨的最小角度(分辨率)为

$$\alpha = 360° / 2^4 = 22.5°$$

码道越多,分辨率越小。目前,码盘码道可做到 18 条,能分辨的最小角度为

$$\alpha = 360° / 2^{18} \approx 0.001\ 4°$$

表 2-2　编码盘的数码表

角　　度	二进制数码	格雷码	对应十进制数
0	0000	0000	0
α	0001	0001	1
2α	0010	0011	2
3α	0011	0010	3
4α	0100	0110	4
5α	0101	0111	5
6α	0110	0101	6
7α	0111	0100	7
8α	1000	1100	8
9α	1001	1101	9
10α	1010	1111	10
11α	1011	1110	11
12α	1100	1010	12
13α	1101	1011	13
14α	1110	1001	14
15α	1111	1000	15

　　格雷码的转换规则为:将二进制码与其本身右移一位后并舍去末位的数码作不进位加法,得出的结果即为格雷码(循环码)。例如将二进制码 0101 转换成对应的格雷码,则为

$$0101(二进制码)$$
$$\underline{\oplus \qquad 010(右移一位并舍去末位)}$$
$$0111(雷格码)$$

　　绝对式光电编码器转过的圈数由 RAM 保存,断电后由后备电池供电,保证机床的位置即使在断电或断电后有移动也能够被正确记录下来。因此采用绝对式光电编码器进给电动机的数控系统只要出厂时建立过机床坐标系,则以后就不用再做回参考点的操作,保证机床坐标系一直有效。绝对式光电编码器与进给驱动装置或数控装置通常采用通信的方式来反馈位置信息。

（六）光栅

1. 光栅的作用及特点

光栅是一种高精度的位移传感器,按结构可分为直线光栅和圆光栅,直线光栅用于测量直线位移,圆光栅用于测量角位移。光栅装置是在数控设备、坐标镗床、工具显微镜 X-Y 工作台上广泛使用的位置检测装置,光栅主要用于测量运动位移、确定工作台运动方向及确定工作台运动的速度。图 2-14 所示为光栅尺的外形与安装示意图,图 2-15 所示为光栅尺的结构原理。

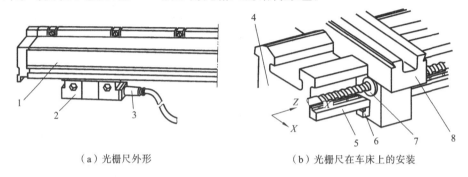

（a）光栅尺外形　　　　　　　　　（b）光栅尺在车床上的安装

图 2-14　光栅尺的外形与安装示意图

1,5—光栅尺;2,6—扫描头;3—电缆;4—床身;7—滚珠丝杠螺母副;8—床鞍

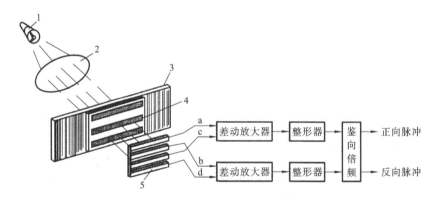

图 2-15　光栅尺的结构原理

1—光源;2—透镜;3—标尺光栅;4—指示光栅;5—光敏元件

光栅与其他位置检测装置相比,主要特点如下。

（1）检测精度高。直线光栅的精度可达 $3~\mu m$,分辨率可达 $0.1~\mu m$。

（2）响应速度较快,可实现动态测量,易于实现检测及数据处理的自动化。

（3）对使用环境要求较高,怕油污、灰尘及振动。

（4）安装、维护困难,成本较高。

2. 光栅的组成结构和检测原理

光栅是一种在透明玻璃上或金属的反光平面上刻上平行、等距的密集刻线而制成的光学元件。数控机床上用的光栅尺,是利用光的透射、衍射原理,通过光敏元件测量莫尔条纹移动的数量来测量机床工作台的位移量的。一般用于机床数控系统的闭环控制。

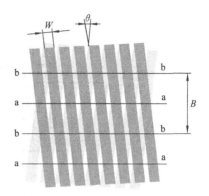

透射光栅的结构主要由标尺光栅和光栅读数头(包括光源、透镜、指示光栅、光敏元件和信号处理电路)两部分组成。标尺光栅与工作台装在一起随工作台移动,光栅读数是利用莫尔条纹的形成原理进行的。图

图 2-16 莫尔条纹形成的原理图

2-16所示为莫尔条纹形成的原理图。将指示光栅和标尺光栅叠合在一起,中间保持0.01~0.1 mm 的间隙,并且指示光栅和标尺光栅的线纹相互交叉保持一个很小的夹角 θ,两条暗带或两条亮带之间的距离称为莫尔条纹的间距 B,设光栅的栅距为 W,两光栅线纹夹角为 θ,则它们之间的几何关系为

$$B=\frac{W}{2\sin(\theta/2)}$$

因为夹角 θ 很小,所以可取 $\sin(\theta/2)\approx\theta/2$,故上式可改写成

$$B=\frac{W}{\theta}$$

由此可见,θ 越小,则 B 越大,相当于把栅距 W 扩大了 $1/\theta$ 倍 。

两块光栅每相对移动一个栅距时,莫尔条纹也相应移动一莫尔条纹的间距 B,即光栅某一固定点的光强按明—暗—明规律交替变化一次。因此,光电元件只要读出移动的莫尔条纹数目,就知道光栅移动了多少栅距,从而也就知道了运动部件的准确位移量。

(七)旋转变压器

旋转变压器属于电磁式位置检测传感器,它将机械转角变换成与该转角成某一函数关系的电信号,可用于角位移测量。在结构上与二相线绕式异步电动机相似,由定子和转子组成。励磁电压接到定子绕组上,转子绕组输出感应电压,输出电压随被测角位移的变化而变化。旋转变压器分为有刷和无刷的两种,无刷旋转变压器的结构如图 2-17 所示。

旋转变压器在结构上保证了定子和转子之间的空气隙内磁通分布符合正弦规律,因此当励磁电压加到定子绕组上时,通过电磁耦合,转子绕组产生感应电动势,如图 2-18 所示。其输出电压的大小取决于转子的角度位置,即随着转子偏转的角度呈正弦变化。当转子绕组的磁轴与定子绕组的磁轴位置转动角度为 θ 时,绕组中产生的感应电动势应为

$$E_1=nU_1\sin\theta=nU_m\sin\omega t\sin\theta$$

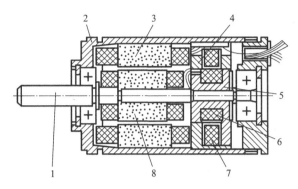

图 2-17　无刷旋转变压器的结构

1—电动机轴;2—外壳;3—分解器定子;4—变压器定子绕组;

5—变压器转子绕组;6—变压器转子;7—变压器定子;8—分解器转子

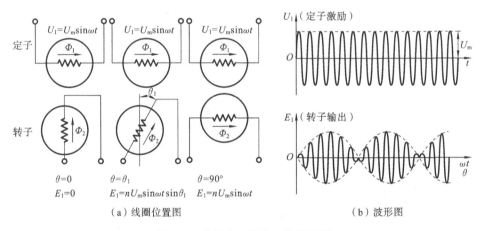

（a）线圈位置图　　　　　　　　　（b）波形图

图 2-18　旋转变压器的工作原理图

式中:n——变压比;

U_1——定子的输出电压;

U_m——定子最大瞬时电压。

当转子转到两磁轴平行时,如图 2-18(a)所示,即 $\theta = 90°$ 时,转子绕组中感应电动势最大,即

$$E_1 = nU_m\sin\omega t$$

因此,旋转变压器转子绕组输出电压的幅值是严格地按转子偏转角 θ 的正弦规律变化的。由此可知,只要测量出旋转变压器转子绕组输出电压的幅值,就能测量出转子偏转角 θ。旋转变压器可单独和滚珠丝杠相连,也可与伺服电动机组成一体。旋转变压器结构简单,动作灵敏,对环境无特殊要求,维护方便,输出信号幅度大,抗干扰性强,并且工作可靠,因此,在数控机床上应用广泛。

（八）感应同步器

感应同步器是利用电磁感应原理制成的位移测量装置。按结构和用途可分为直线式感应同步器和圆盘旋转式感应同步器两类。直线式感应同步器用于测量直线位移,圆盘旋转式感应同步器用于测量角位移,两者的工作原理基本相同。

　　感应同步器具有较高的测量精度和分辨率,工作可靠,抗干扰能力强,使用寿命长。日前,直线式感应同步器的测量精度可达 1.5 μm,测量分辨率可 0.05 μm,并可测量较大位移。因此,感应同步器广泛应用于坐标镗床、坐标铣床及其他机床的定位;旋转式感应同步器常用于雷达天线定位跟踪、精密机床或测量仪器的分度装置等。

1. 感应同步器的结构及用途

　　直线式感应同步器由定尺和滑尺两部分组成,图 2-19 所示为直线式感应同步器结构示意图。定尺和滑尺分别安装在机床床身和移动部件上,定尺或滑尺随工作台一起移动,两者平行放置,保持 0.2~0.3 mm 间隙。标准的感应同步器定尺长 250 mm,尺上有一组感应绕组;滑尺长 100 mm,尺上有两组励磁绕组,一组为正弦励磁绕组(电压为 u_s),一组为余弦励磁绕组(电压为 u_c)。绕组的节距与定尺绕组节距相同,均为 2 mm,用 τ 表示。当正弦励磁绕组与定尺绕组对齐时,余弦励磁绕组与定尺绕组相差 1/4 节距。由于定尺绕组是均匀的,因此,滑尺上的两个绕组在空间位置上相差 1/4 节距,即 $\pi/2$ 相位角。圆盘式感应同步

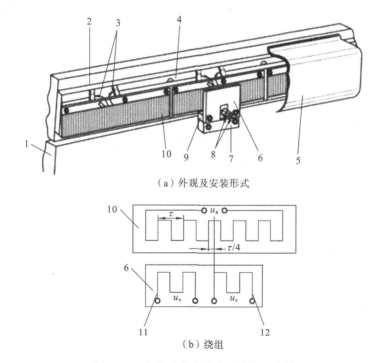

（a）外观及安装形式

（b）绕组

图 2-19　直线式感应同步器结构示意图

1—定部件(床身);2—运动部件(工作台或刀架);3—定尺绕组引线;4—定尺座;5—防护罩;6—滑尺;
7—滑尺座;8—滑尺绕组引线;9—调整垫;10—定尺;11—正弦励磁绕组;12—余弦励磁绕组

器用来测量转角位移,而直线式感应同步器用来测量直线位移。

感应同步器在实际应用时,如果被测量的位移长度比定尺长,怎样解决呢?通常可以采用多块定尺接长,相邻定尺间隔通过调整,使总长度上的累积误差不大于单块定尺的最大偏差。在行程为几米到几十米的中型或大型机床中,工作台位移的直线测量大多数采用感应同步器来实现。

2. 感应同步器的工作原理

感应同步器一般应当在滑尺的正弦绕组加一组交流电压,以产生励磁,绕组中产生励磁电流,并产生交变磁通,这个交变磁通与定尺绕组耦合,在定尺绕组上分别感应出同频率的交流电压。

3. 定尺绕组感应电动势产生原理

表 2-3 所示为滑尺在不同位置时定尺上的感应电压。如果滑尺处于点 a 位置,滑尺绕组与定尺绕组完全对应重合,由电工学知识可知定尺上的感应电压最大。随着滑尺相对定尺作平行移动,感应电压逐渐减小。当滑尺移动至点 b 位置,与定尺绕组刚好错开 1/4 节距时,感应电压为零。再继续移至 1/2 节距处,即点 c 位置时,感应电压为最大的负值电压(即感应电压的幅值与点 a 相同但极性相反)。再移至 3/4 节距即点 d 位置时,感应电压又变为零。当移动到点 e 位置即 1 节距时,又恢复初始状态,即与点 a 情况相同。从表 2-3 所示的感应电压,以及上述分析可以看出,显然在定尺和滑尺的相对位移中,感应电压呈周期性变化,其波形为余弦函数。在滑尺移动 1 节距的过程中,感应电压变化了一个余弦周期。

表 2-3   定尺上的感应电压

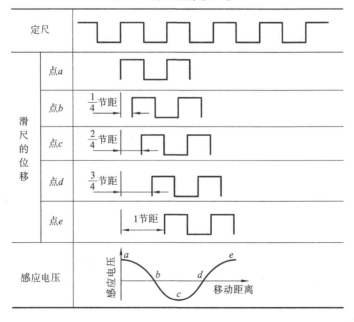

同样,若在滑尺的余弦绕组中通以交流励磁电压,也能得出定尺绕组中感应电压与两尺相位移的关系曲线,它们之间为正弦函数关系。

4. 感应同步器的测量系统

感应同步器作为位置测量装置在数控机床上有两种工作方式:鉴相式和鉴幅式。以鉴相式为例,在该工作方式下,给滑尺的正弦绕组和余弦绕组分别通上幅值、频率相同而相位角相差 π/2 的交流电压

$$U_s = U_m \sin\omega t$$

$$U_c = U_m \cos\omega t$$

激磁信号将在空间产生一个以 ω 为频率移动的电磁波。磁场切割定尺导线,并在其中感应出电动势,该电动势随着定尺与滑尺位置的不同而产生超前或滞后的相位差 θ。根据滑尺在定尺上的感应电压关系,分别在定尺绕组上得到感应电势为

$$U_{Os} = KU_m \sin\omega t \ \cos\theta$$

$$U_{Oc} = -KU_m \cos\omega t \ \sin\theta$$

根据叠加原理可以直接求出感应电动势

$$U_O = KU_m \sin\omega t \ \cos\theta - KU_m \cos\omega t \ \sin\theta = KU_m \sin(\omega t - \theta)$$

式中:U_m——励磁电压幅值(V);

$\quad\quad\omega$——励磁电压角频率(rad/s);

$\quad\quad K$——比例常数,其值与绕组间最大互感系数有关;

$\quad\quad\theta$——滑尺相对定尺在空间的相位角。

设感应同步器的节距为 τ,测量滑尺直线位移量 x 和相位差 θ 之间的关系为

$$\theta = 2\pi x/\tau$$

由此可知,在 1 节距内 θ 与 x 是一一对应的,通过测量定尺感应电动势的相位差 θ,即可测量出滑尺相对于定尺的位移 x。

例如,定尺感应电动势与滑尺励磁电动势之间的相位角 θ=18°,在节距 τ=2 mm 的情况下,滑尺移动了 0.1 mm。

第 2 部分 任务分析与实施

子任务 1 认识数控机床各部件的组成与作用

一、任务描述

认识数控机床各部件的型号、作用及相互联系,熟悉数控机床的操作面板的操作顺序及操作规程,达到认识和了解组成数控机床的各部件及其功能的目的。

二、任务实施

（1）华中数控综合试验台一台(或普通机床一台)。

（2）数控综合试验台(或普通机床)各部件的认识：按照下面的要求，逐步找出试验台的各个部件，并对其相应的型号、功能进行简单的描述，并填入表2-4中。

表 2-4　数控机床部分电器部件

序号	名　称	型　号	功能描述
01	控制变压器		
02	开关电源		
03	数控装置		
04	软驱单元		
05	空气开关		
06	空气开关		
07	空气开关		
08	空气开关		
09	交流接触器		
10	单向灭弧器		
11	三相灭弧器		
12	步进电动机		
13	步进驱动模块		
14	伺服驱动模块		
15	伺服电动机		
16	变频器		
17	PLC 输入板		
18	PLC 输出板		
19	伺服变压器		
20	精密十字滑台		
20	负载试验台		
22	手摇脉冲发生器		
23	光栅尺		
24	三相异步电动机		
25	电动刀架		
26	限位开关		
27	整流桥		
28	磁粉制动(离合)器		
29	电缆线		
30	屏蔽线		

子任务 2　熟悉华中数控系统操作面板

一、任务描述

应用华中数控 HNC-18iT/19iT 机床操作面板熟悉面板操作(也可用 HED-21S-2 实验台)。

1. 工作方式选择按键

数控系统通过工作方式键,对操作机床的动作进行分类。在选定的工作方式下,只能做相应的操作。例如在"手动"工作方式下,只能进行手动移动机床轴、手动换刀等工作,不可能进行连续自动的工件加工。同样,在"自动"工作方式下,只能连续自动加工工件或模拟加工工件,不可能进行手动移动机床轴、手动换刀等工作。

2. 机床操作按键

自动:自动连续加工工件、模拟校验工件程序、在 MDI 模式下运行指令。

手动:通过机床操作键可手动换刀、移动机床各轴,手动松紧卡爪,手动伸缩尾座、主轴正反转等。

增量:定量移动机床坐标轴,移动距离由倍率调整(当倍率为"×1"时,定量移动距离为 1 μm。可控制机床精确定位,但不连续)。

单段:按下循环启动,程序走一个程序段就停下来,再按下循环启动,可控制程序再走一个程序段。

回参考点:可手动返回参考点,建立机床坐标系(机床开机后应首先进行回参考点操作)。

如图 2-20 所示,各个功能键的功能介绍如下。

图 2-20　华中数控 HNC-18iT/19iT 机床操作面板

循环启动:在"自动"、"单段"工作方式下有效。按下该键后,机床可进行自动加工或模拟加工。注意自动加工前应对刀正确。

机床锁住 在手动方式下,按下此键,系统禁止机床所有运动。

主轴正转 在手动/手摇/单段方式下,按下此键,主轴电动机以机床参数设定的速度正向转动启动。但正在反转的过程中,该键无效。

主轴反转 手动/手摇/单步方式下,按下此键,主轴电动机以机床参数设定的速度反向转动启动。但在正转的过程中,该键无效。

选择停 如果程序中使用了 M01 辅助指令,当按下该键后,程序运行到该指令即停止,再按"循环启动"键,继续运行;解除该键,则 M01 功能无效。

主轴点动 在手动方式下,按下此键(指示灯亮),主轴产生连续的转动,松开此按键,主轴减速停止。

主轴停止 手动/手摇/单步方式下,按下此键,主轴停止转动。机床正在作进给运动时,该键无效。

程序跳段 如程序中使用了跳段符号"/",当按下该键后,程序运行到有该符号标定的程序段,即跳过不执行该段程序;解除该键,则跳段功能无效。

卡盘松紧 在手动方式下,按下此键,松开工件(默认为夹紧),可进行更换工件操作,再按下此键,夹紧工件,如此循环。

内卡外卡 选择要操作的卡盘类型(默认为内卡盘),按下此键选择外卡盘,再按下此键选择内卡盘,如此循环。

冷却开停 在手动/手摇/单步方式下,按下此键,打开冷却开关,同带自锁的按钮,进行"开-关-开"切换(默认值为关)。

润滑开停 在手动/手摇/单步方式下,按下此键,打开润滑开关,同带自锁的按钮,进行"开-关-开"切换(默认为关)。

− 100% + 按下此键可调节主轴修调、快速修调、进给修调的速率,按下修调的"100%"按键(指示灯亮),修调倍率被置为 100%,按一下"+"按键,修调倍率递增 2%,按一下"−",修调倍率递减 2%。

3. NCP 键盘

×1 ×10 ×100 ×1000 倍率选择键:在"增量"和"手摇"工作方式下有效。通过该类键选择定量移动的距离量。

NCP 键盘包括 45 个按键,有标准化的字母、数字键、编辑操作键和亮度调节键,如图 2-21 所示,其中的大部分具有上挡键功能,当 Upper 键有效时(指示灯亮),输入的是上挡键。NC 键盘用于零件程序的编制、参数输入、MDI 及系统管理操作等。

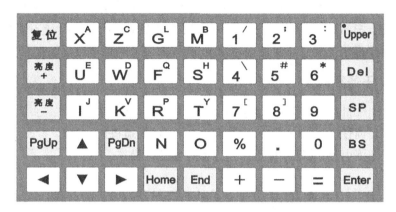

图 2-21　华中数控 HNC-18iT/19iT NCP 键盘

下面介绍部分按键的功能。

复位 清除报警信息,CNC 复位。

亮度+ 亮度- 调节显示屏的亮度。

BS 光标向前移并删除前面的字符。

Upper 上挡键有效。

4. 主菜单功能键
主菜单功能键主要用于选择各种显示页面,如图 2-22 所示。

SP 光标向后移并空一格。

PgDn PgUp 向后翻页或向前翻页。

图 2-22　主菜单功能键

5. 子菜单功能键
子菜单功能键位于液晶显示屏的下方,如图 2-23 所示。

用户操作主菜单功能键时,通过子菜单功能键 F1～F6 来完成系统所对应

图 2-23　子菜单功能键

主菜单功能下的子功能。由于菜单采用层次结构,即按下一个主菜单功能键后,数控装置会显示该功能下的子操作,通过按下子菜单功能键来执行不同的操作。用户应根据操作需要及菜单的显示功能,操作对应的功能软键。

二、任务实施

(1)训练目标:熟练掌握普通机床操作面板的操作规程。

(2)实训设备:华中数控综合试验台一台(或普通机床一台)。

(3)训练内容:熟练数控机床操作面板的基本操作。

子任务 3　熟悉西门子 SINUMERIK 802S/C 操作界面

一、任务描述

西门子 SINUMERIK 802S/C 操作界面如图 2-24 所示,NC 键盘区域的按键符号和名称(左侧)如表 2-5 所示,机床操作面板区域按键符号和名称如表 2-6 所示,屏幕划分如图 2-25 所示,屏幕定义如表 2-7 所示。本任务要求熟悉西门子 802S/C 操作面板。

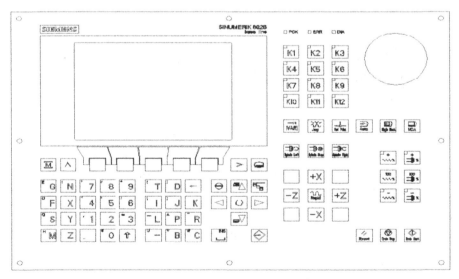

图 2-24　西门子 SINUMERIK 802S/C 操作界面

表 2-5 NC 键盘区域的按键符号和名称(左侧)

按 键 符 号	名　称	按 键 符 号	名　称
	软键		垂直菜单键
M	加工显示键		报警应答键
∧	返回键		选择/转换键
>	菜单扩展键		回车/输入键
	区域转换键	⇧	上挡键
▲	光标向上键 上挡:向上翻页键	▼	光标向下键 上挡:向下翻页键
◀	光标向左键	▶	光标向右键
←	删除键(退格键)	INS	空格键(插入键)
0　9	数字键 上挡键转换对应字符	－ Z	字符键 上挡键转换对应字符

表 2-6　机床操作面板区域按键符号和名称(右侧)

按 键 符 号	名　　称	按 键 符 号	名　　称
	复位键		主轴反转
	程序停止键		主轴停
	程序启动键		快速运行叠加
K1　K12	用户定义键,带 LED	+X　-X	X 轴点动
	用户定义键,不带 LED	+Z　-Z	Z 轴点动
	增量选择键		轴进给正,带 LED
	点动键		轴进给 100%, 不带 LED
	回参考点键		轴进给负,带 LED
	自动方式键		主轴进给正,带 LED
	单段运行键		主轴进给 100%, 不带 LED
	手动数据键		主轴进给负,带 LED
	主轴正转		

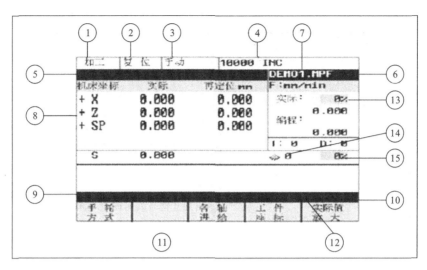

图 2-25 802S/C 屏幕划分

表 2-7 802S/C 屏幕定义

图 2-25 中元素	缩 略 图	定 义
① 当前操作区域	MA	加工
	PA	参数
	PR	程序
	DI	通信
	DG	诊断
② 程序状态	STOP	程序停止
	RUN	程序运行
	RESET	程序复位
③ 运行方式	JOG	点动方式
	MDA	手动输入,自动执行
	AUTO	自动方式
④ 状态显示	SBL	单段运行
	M1	程序停止
	SKP	对于有跳转指令的程序段,在其段号之前用一斜线表示,这些程序段在程序运行时跳过不执行
	DRY	空运行,轴在运行时将执行设定数据"空运行进给率"中规定的进给值
	ROV	快速修调,修调开关对于快速进给也生效
	PRT	程序测试(无指令给驱动)
	1_1000 INC	步进增量

续表

图 2-25 中元素	缩　略　图	定　　义
⑤ 操作信息	—	—
⑥ 程序名	—	—
⑦ 报警显示行	—	在有 NC 或 PLC 报警时才显示报警信息
⑧ 工作窗口	—	工作窗口和 NC 显示
⑨ 返回键	∧	软件菜单中出现此符号表明存在上一级菜单
⑩ 扩展键	>	出现此符号表明同级菜单中存在其他扩展菜单
⑪ 软件界面		
⑫ 垂直菜单	⌐	出现此符号表明存在其他功能菜单
⑬ 进给轴速度倍率	0%	在此显示当前进给轴的速度倍率
⑭ 齿轮级	⚙ 0	在此显示主轴当前齿轮级
⑮ 主轴速度倍率	0%	在此显示当前进给轴的速度倍率

二、任务实施

(1) 训练目标:掌握西门子 802S/C 数控车床操作面板的操作规程。

(2) 实训设备:西门子 802S/C 数控车床 1 台。

(3) 训练内容:熟悉西门子 802S/C 数控车床操作面板的基本操作。

第 3 部分　习题与思考

1. 计算机数控(CNC)系统由哪几部分组成? 各有什么作用?

2. 计算机数控(CNC)装置由哪几部分组成? 各有什么作用?

3. 数控机床按其功能可分为哪几类?

4. 试述闭环数控机床的控制原理。它与半闭环、开环数控机床分别有什么差异?

5. 试说明增量式光电编码器与绝对式光电编码器的相同点与不同点。

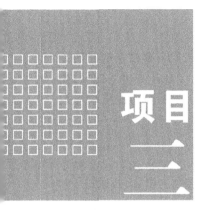

项目三

数控系统接口认识及通信连接

项目描述

▶华中世纪星 HNC-21 系列数控单元(HNC-21T、HNC-21M)采用先进的开放式体系结构,内置嵌入式工业 PC,配置彩色液晶显示屏和通用工程面板,集成进给轴接口、主轴接口、手持单元接口内嵌式 PLC 接口于一体,支持硬盘、电子盘等程序存储方式以及软驱、DNC、以太网等程序交换功能,具有低价格、高性能、配置灵活、结构紧凑、易于使用、可靠性高的特点,主要应用于小型车、铣加工中心。

学习目标

▶了解数控装置及基本接口的定义和主要作用。

▶熟悉数控系统各部件的接口的功能及连接。

▶了解常见数控系统。

能力目标

▶认识华中数控系统综合实验台的接口及功能。

▶熟悉华中数控系统的硬件及通信连接。

任务 1　数控系统的接口认识及通信连接

知识目标

(1) 了解数控系统的接口种类。

(2) 掌握数控系统的基本接口及其功能。

能力目标

(1) 认识数控装置与各功能部件间的接口。

(2) 掌握数控系统基本接口的连接及作用。

第1部分　知识学习

计算机数控装置(以下简称数控装置)的接口是数控装置与数控系统的功能部件(如主轴模块、进给伺服模块、PLC模块等)和机床进行信息传递、交换和控制的端口,称为接口。接口在数控系统中占有重要的位置。不同功能模块与数控系统相连接,采用与其相应的输入/输出(I/O)接口。

一、数控装置的接口电路的主要任务

数控装置与数控系统各个功能模块和机床之间不能直接连接,而要通过I/O接口电路连接起来。I/O接口电路的主要任务如下。

(1) 进行电平转换和功率放大。因为一般数控装置的信号是TTL逻辑电路产生的电平,而控制机床的信号则不一定是TTL电平,且负载较大,因此,要进行必要的信号电平转换和功率放大。

(2) 提高数控装置的抗干扰性能,防止外界的电磁干扰噪声而引起的误动作。接口采用光电耦合器件或继电器。

(3) 输入接口接收机床操作面板的各开关信号、按钮信号、机床上的各种限位开关信号及数控系统各个功能模块的运行状态信号,若输入的是触点输入信号,注意要消除其振动。

(4) 输出接口是将各种机床工作状态灯的信息送至机床操作面板上显示,将控制机床辅助动作信号送至电气柜,从而控制机床的主轴单元、刀库单元、液压单元、冷却单元等的继电器和接触器。

二、数控系统接口的分类

数控系统接口按功能可分为:电源接口;键盘类接口;通信类接口(如以太网接口、串口接口、软驱接口等);扩展类接口(如远程I/O板、SV板扩展等);手持单元接口;主轴控制类接口;I/O类开关量接口;进给轴控制类接口(如模拟式、脉冲式、串行式等)。

三、华中世纪星HNC-21数控系统的接线及数控装置的接口

(一)华中世纪星HNC-21系列数控系统的接线

华中世纪星HNC-21系列数控单元(HNC-21T、HNC-21M)采用先进的开放体系结构(华中世纪星HNC-21/22数控系统连接示意图如图3-1所示),采用HNC-21的数控设备的结构框图如图3-2所示,HNC-21的数控设备的接线示意图如图3-3所示。

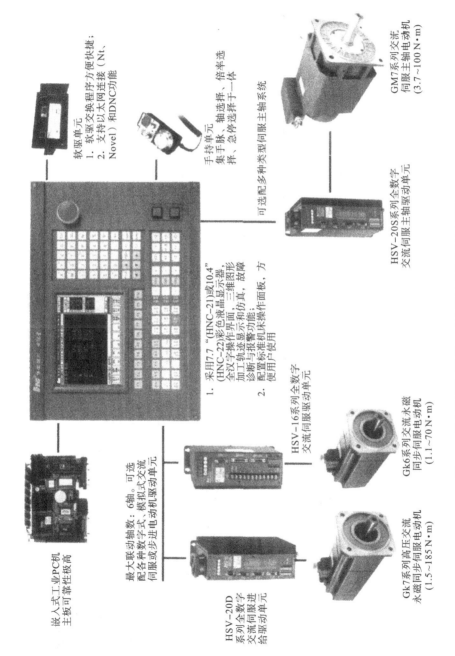

图 3-1 华中世纪星 HNC-21/22 数控系统连接示意图

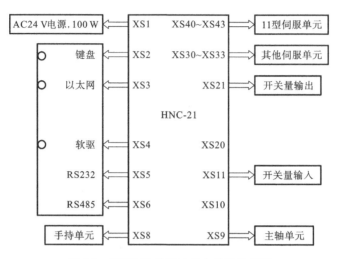

图 3-2   HNC-21 的数控设备的结构框图

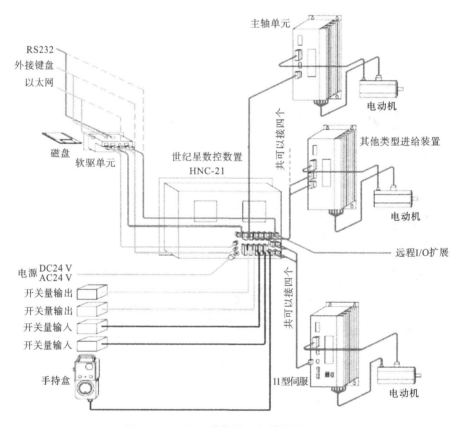

图 3-3   HNC-21 的数控设备的接线示意图

（二）华中世纪星 HNC-21 数控装置的接口

HNC-21 数控装置的所有接口如图 3-4 所示。

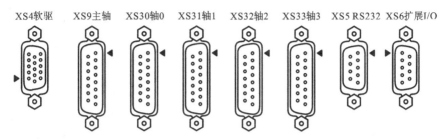

XS4软驱　XS9主轴　XS30轴0　XS31轴1　XS32轴2　XS33轴3　XS5 RS232　XS6扩展I/O

XS3以太网口　输出(0~15)　输出(16~31)　输入(0~19)　输入(20~39)　XS8手操盒　XS40轴串口0　XS41轴串口1

XS2键盘

XS1电源

XS42轴串口2　XS43轴串口3

XS20　　XS21　　XS10　　XS11

图 3-4　HNC-21 数控装置的所有接口

（三）华中世纪星 HNC-21 数控装置接口引脚图和引脚分配表

1. 电源接口

XS1 的引脚如图 3-5 所示,引脚分配如表 3-1 所示。

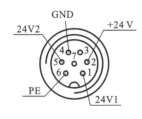

图 3-5　XS1 的引脚

1—AC24V1;2—DC24V;3—空;

4—DC24V 地;5—AC24V2;6—PE;7—空

表 3-1　XS1 引脚分配

引脚号	信号名	说　明
1、5	AC 24V1/2	交流 24 V 电源
2	DC 24 V	直流 24 V 电源
3	空	—
4	DC24 V	地
6	PE	地
7	空	—

注意:XS1 的 6 脚在内部已与数控装置的机壳接地端子连通。由于电源线

电缆中的地线较细,因此,必须单独增加一根截面积不小于 $2.5\ \mathrm{mm^2}$ 的黄绿铜导线作为地线与数控装置的机壳接地端子相连。

2. PC 键盘接口

XS2 的引脚如图 3-6 所示,引脚分配如表 3-2 所示。

图 3-6　XS2 的引脚
1—DATA;2—空;3—GND;
4—VCC;5—CLOCK;6—空

表 3-2　XS2 引脚分配

引脚号	信号名	说　明
1	DATA	数据
2	空	—
3	GND	电源地
4	VCC	电源
5	CLOCK	时钟
6	空	—

注意:可以直接接 PC 键盘,也可以通过软驱单元进行转接。

3. 以太网接口

XS3 的引脚如图 3-7 所示 ,引脚分配如表 3-3 所示。

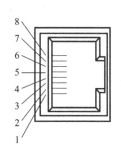

图 3-7　XS3 的引脚
1—TX_D1+;2—TX_D1−;
3—RX_D2+;4—BI_D3+;5—BI_D3−;
6—RX_D2−;7—BI_D4+;8—BI_D4−

表 3-3　XS3 引脚分配

引脚号	信号名	说　明
1	TX_D1+	发送数据
2	TX_D1−	发送数据
3	RX_D2+	接收数据
4	BI_D3+	空置
5	BI_D3−	空置
6	RX_D2−	接收数据
7	BI_D4+	空置
8	BI_D4−	空置

通过以太网接口与外部计算机连接是一种快捷、可靠的方式。

在硬件上,可以直接使用 HNC-21 背面的以太网接口连接,也可以通过软驱单元转接后,用软驱单元上的以太网接口连接。

4. 软驱接口

XS4 的引脚如图 3-8 所示,引脚分配如表 3-4 所示。

5. RS232 接口

XS5(DB9 头空针)的引脚如图 3-9 所示,引脚分配如表 3-5 所示。

表 3-4　XS4 引脚分配

引脚号	信号名	说　明
1	L1	减小写电流
2	L2	驱动器选择 A
3	L3	写数据
4	L4	写保护
5	+5 V	驱动器电源
6	L5	驱动器 A 允许
7	L6	步进
8	L7	0 磁道
9	L8	盘面选择
10	GND	驱动器电源地、信号地
11	L9	索引
12	L10	方向
13	L11	写允许
14	L12	读数据
15	L13	更换磁盘

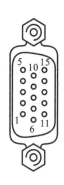

图 3-8　XS4 的引脚

1—L1;2—L2;3—L3;4—L4;
5—+5 V;6—L5;7—L6;
8—L7;9—L8;10—GND;
11—L9;12—L10;13—L11;
14—L12;15—L13

表 3-5　-XS5 引脚分配

引脚号	信号名	说　明
1	—DCD	载波检测
2	RXD	接收数据
3	TXD	发送数据
4	—DTR	数据终端准备好
5	GND	信号地
6	—DSR	数据装置准备好
7	—RTS	请求发送
8	—CTS	准许发送
9	—R1	振零指示

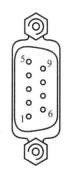

图 3-9　XS5 的引脚

1——DCD;2—RXD;3—TXD;
4——DTR;5—GND;6——DSR;
7——RTS;8——CTS;9——R1

6. 远程 I/O 接口

XS6 的引脚如图 3-10 所示,引脚分配如表 3-6 所示。

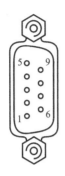

图 3-10 XS6 的引脚

1—EN+;2—SCK+;3—Dout+;4—Din+;5—GND;

6—EN—;7—SCK—;8—Dout—;9—Din—

表 3-6 XS6 引脚分配

引脚号	信号名	说　明
1	EN+	使能
2	SCK+	时钟
3	Dout+	数据输出
4	Din+	数据输入
5	GND	地
6	EN—	使能
7	SCK—	时钟
8	Dout—	数据输出
9	Din—	数据输入

7. 手持单元接口

XS8 的引脚如图 3-11 所示,引脚分配如表 3-7 所示。

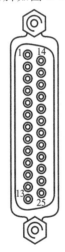

图 3-11 XS8 的引脚

1—24 VG;2—24 VG;3—24 V;4—ESTOP2;

5—空;6—I38;7—I36;8—I34;9—I32;10—O30;

11—O28;12—HB;13—5 VG;14—24 VG;

15—24 VG;16—24 V;17—ESTOP3;18—I39;

19—I37;20—I35;21—I33;22—O31;23—O29;

24—HA;25—+ 5V

表 3-7 XS8 引脚分配

信号名	说　明
24V、24VG	DC24V 电源输出
ESTOP2、ESTOP3	手持单元急停按钮
I32~I39	手持单元输入开关量
O28~O31	手持单元输出开关量
HA	手摇 A 相
HB	手摇 B 相
+5 V、5 V 地	手摇 DC5V 电源

8. 主轴控制接口

XS9 的引脚如图 3-12 所示,引脚分配如表 3-8 所示。

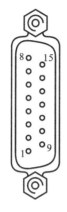

图 3-12 XS9 的引脚

1—SA+;2—SB+;3—SZ+;4—+5V;

5,13,15—GND;6—AOUT1;7—GND;

8—GND;9—SA—;10—SB—;

11—SZ—;12—+5V;14—AOUT2

表 3-8 XS8 引脚分配

信号名	说　明
SA+、SA—	主轴码盘 A 相位反馈信号
SB+、SB—	主轴码盘 B 相位反馈信号
SZ+、SZ—	主轴码盘 Z 脉冲反馈
+5V、GND	DC5V 电源
AOUT1、AOUT2	主轴模拟量指令输出
GND	模拟量输出地

9. 开关量输入/输出接口

XS10/XS11,XS20/XS21 的引脚如图 3-13、图 3-14 所示。引脚分配如表 3-9、表 3-10 所示。

XS11（头针座孔）

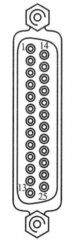

图 3-13 XS10/XS11 的引脚

1—24VG;2—24VG;3—空;4—I38;5—I36;6—I34;

7—I32;8—I30;9—I28;10—I26;11—I24;

12—I22;13—I20;14—24VG;15—24VG;

16—I39;17—I37;18—I35;19—I33;20—I31;

21—I29;22—I27;23—I25;24—I23;25—I21

表 3-9 XS10/XS11 引脚分配

信号名	说　明
24VG	外部开关量 DC 24V 电源地
I0~I39	输入开关量
O0~O31	输出开关量
ESTOP1、ESTOP3	急停回路与超程回路的串联的接入端子
OTBS1、OTBS2	超程限位开关的接入端子

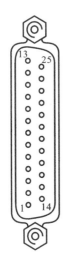

表 3-10　XS20/XS21 引脚分配

信号名	说　　明
24VG	外部开关量 DC24V 电源地
I0~I39	输入开关量
O0~O31	输出开关量
ESTOP1，ESTOP3	急停回路与超程回路的串联的接入端子
OTBS1，OTBS2	超程限位开关的接入端子

图 3-14　XS20/XS21 的引脚

1—24VG；2—24VG；3，4，5—空；

6—O30；7—O28；8—O26；9—O24；10—O22；

11—O20；12—O18；13—O16；14—24VG；15—24VG；

16，17—空；18—O31；19—O29；20—O27；

21—O25；22—O23；23—O21；24—O19；25—O17

10. 进给轴控制接口

模拟式、脉冲式伺服和步进电动机驱动单元控制接口为 XS30~XS33，其引脚如图 3-15 所示，引脚分配如表 3-11 所示。

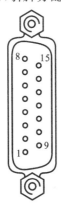

表 3-11　引脚分配

信号名	说　　明
A+、A−	编码器 A 相位反馈信号
B+、B−	编码器 B 相位信反馈信号
Z+、Z−	编码器 Z 脉冲反馈信号
+5V、GND	DC5V 电源
OUTA	模拟指令输出（−20mA~+20mA）
CP+、CP−	指令脉冲输出（A 相）
DIR+、DIR−	指令方向输出（B 相）

图 3-15　XS30~XS33 的引脚

1—A+；2—B+；3—Z+；4—+5V；5—GND；

6—OUTA；7—CP−；8—DIR−；9—A−；10—B−；

11—Z−；12—+5V；13—GND；14—CP+；15—DIR+

11. 伺服控制接口

RS232 串行：XS40~XS43，其引脚如图 3-16 所示，引脚分配如表 3-12 所示。

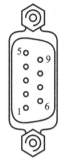

表 3-12 引脚分配

信号名	说　明
TXD	数据发送
RXD	数据接收
GND	信号地

图 3-16　XS40～XS43 引脚图
1—空;2—RXD;3—TXD;
4,6,7,8,9—空;5—GND

四、数控系统的通信接口及其连接

（一）数控系统的通信接口

计算机与数控加工设备的通信方式取决于数控系统的通信接口和通信协议。通常,数控系统提供的通信接口与通信协议有以下几种。

1. 串行通信接口

串行通信接口简称串口,应用最普遍的串行通信接口有 RS232、RS422、RS485 等,它们采用 XON/XOFF、3964R、简化 3964 等通信协议。

2. DNC 接口

DNC 接口是集成系统的一个组成部分,是将数控设备与工业网络相连的中间环节,负责 DNC 计算机与数控设备及工业网络之间的通信。这种接口可实现远距离通信,具有出错反馈与在线实时修改功能,便于远程管理,但其结构复杂,通信软件开发难度大,价格高。

3. 网络通信接口

网络通信接口主要有 MAP 接口、以太网接口和现场总线接口等,这类接口通信速率高、可靠性高,新开发开放式数控系统大多具有以太网接口选件,但我国引进的数控系统中很少配备网络通信接口。MAP 网采用 MAP2.1 和 MAP 3.0 制造自动化协议,是目前应用较为广泛的工业网,它将宽带技术、总线技术和无源工作站融为一体,从而保证信息无错传输,但其网络存取费用高、实时性差,不适宜于数控加工设备的联网。

HNC-21 数控装置可以通过 RS232 或以太网口与外部计算机连接并进行数据交换与共享,在硬件连接上可以直接由 HNC-21 数控装置背面的 XS3、XS5 接口连接,也可以通过软驱单元上的串口接口进行转接。

（二）广州数控 GSK980TD 数控系统的组成

1. 数控系统配置

GSK980TD 数控系统是新一代的普及型车床数控系统,该数控装置集成了进给轴接口、主轴接口、手持单元接口、内置式 PLC 于一体,I/O 接口可扩展选配功能;数控装置内部已提供标准车床控制的 PLC 程序,梯形图可编辑、上传、下载,用户也可自行编制 PLC 程序;支持 CNC 与计算机(PC)CNC 与 CNC 间双向通信,系统软件、PLC 程序可通信升级。GSK980TD 车床数控系统(配变频主轴时)参考配置如图 3-17 所示。

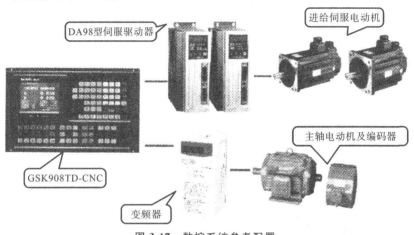

图 3-17　数控系统参考配置

2. 各部分的连接关系

配置变频主轴的 GSK980TD 数控系统,各部分的连接关系框图如图 3-18 所示。

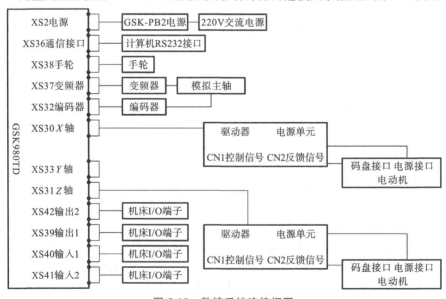

图 3-18　数控系统连接框图

3. GSK980TD 车床数控系统接口布局及总体电气连接

首先认清 GSK980TD 车床数控系统接口布局,各个信号线的来源和去向。

接口布局及总体电气连接示意图如图 3-19 所示。

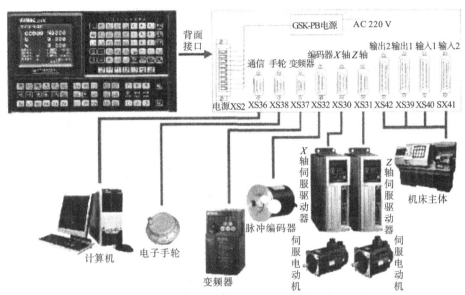

图 3-19 GSK980TD 系统接口布局及总体电气连接示意图

4. 接口辨认

对照数控机床,辨认各接口。各接口名称及功能见表 3-13。

表 3-13 接口名称及功能

名 称	形 式	用 途	备 注
XS2		电源接口	—
XS30	15 芯 D 型孔插座	连接 X 轴驱动器接口	—
XS31	15 芯 D 型孔插座	连接 Z 轴驱动器	—
XS32	15 芯 D 型孔插座	连接主轴编码器	—
XS36	9 芯 D 型孔插座	通信接口,连接计算机的 RS232 接口	—
XS37	9 芯 D 型针插座	连接变频器	—
XS38	9 芯 D 型针插座	连接手轮	—
XS39	25 芯 D 型孔插座	输出 1,CNC 信号输出到机床的接口	—
XS40	25 芯 D 型针插座	输入 1,CNC 接收机床信号的接口	—
XS41	25 芯 D 型针插座	输入 2,扩展输入信号的接口	选配功能接口,
XS42	25 芯 D 型孔插座	输出 2,扩展输出信号的接口	标准配置中没有

(三)西门子 SINUMERIK 802C 数控系统的配接

1. SINUMERIK 802C 数控系统连接概况

SIEMENS 802S、802C 系列系统的 CNC 结构完全相同,可以进行 3 轴控制及 3 轴联动控制,系统带有 ±10 V 的主轴模拟量输出接口,可以配具有模拟量输入功能的主轴驱动系统。

SINUMERIK 802C base line CNC 控制器与伺服驱动 SIMODRIVE611U 和 lFK7 伺服电动机的连接如图 3-20 所示。SINUMERIK 802C base line CNC 控制器与伺服驱动 SIMODRIVE base line 和 lFK7 伺服电动机的连接如图 3-21 和图 3-22 所示。

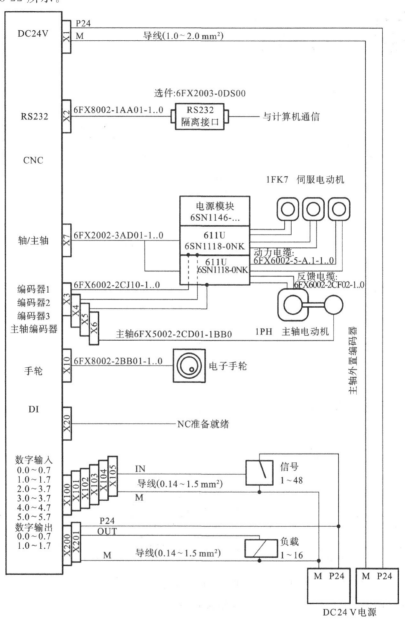

图 3-20　SINUMERIK 802C base line CNC 控制器与伺服驱动
SIMODRIVE611U 和 lFK7 伺服电动机的连接

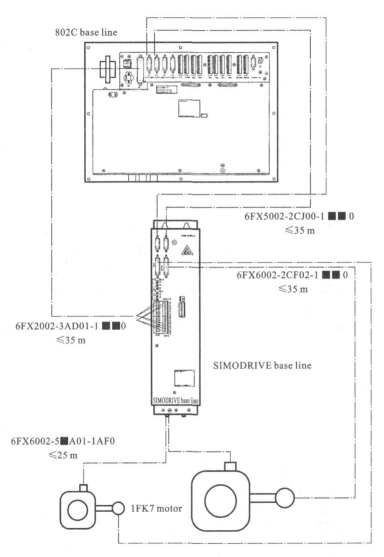

图 3-21 SINUMERIK 802C base line CNC 控制器与伺服驱动
SIMODRIVE base line 和 1FK7 伺服电动机的连接(1)
注:黑色方框指代未知型号。

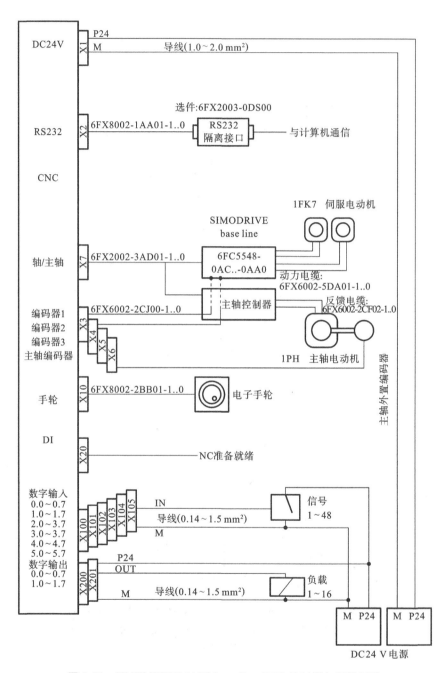

图 3-22　SINUMERIK 802C base line CNC 控制器与伺服驱动
SIMODRIVE base line 和 1FK7 伺服电动机的连接(2)

五、SINUMERIK 802C 数控系统的接口

西门子 SINUMERIK 802C 数控系统的接口布置如图 3-23 所示。

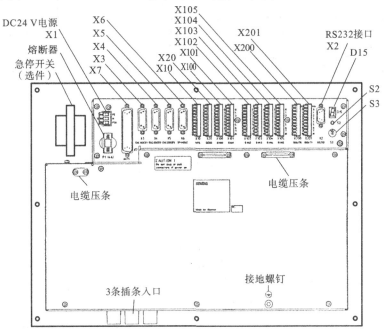

图 3-23　西门子 SINUMERIK 802C 数控系统的接口示意图

（1）电源端子：X1，系统工作电源为直流 24 V，接线端子为 X1，如表 3-14 所示。

表 3-14　系统工作电源

端　子　号	信　号　名	说　明
1	PE	保护地
2	M	0 V
3	P24	直流 24 V

（2）通信接口：X2-RS232，在使用外部 PC/PG 与西门子 SINUMERIK 802C base line 进行数据通信（WINPCIN）或编写 PLC 程序时，使用 RS232 接口，如图 3-24 所示。

（3）编码器接口：X3～X6，编码器接口 X3、X4 和 X5 为 SUB-D15 芯孔插座，编码器接口 X6 也是 SUB-D15 芯孔插座，在 802C base line 中作为编码器四接口，在 802S base line 中作为主轴编码器接口使用，如表 3-15 所示。

（4）驱动器接口：X7，驱动器接口 X7 为 SUB-D 50 芯针插座，SINUMER-IK802C base line 中 X7 接口的引脚如表 3-16 所示。

数控机床电气控制与联调(第二版)

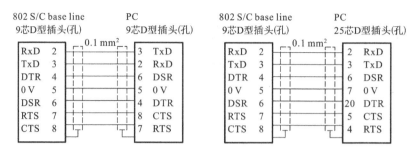

图 3-24　通信接口 X2-RS232

表 3-15　X3 引脚分配(X4、X5、X6 相同)

引脚	信号	说明	引脚	信号	说明
1	n. c.		9	M	电压输出
2	n. c.		10	Z	输入信号
3	n. c.		11	Z-N	输入信号
4	P5EXT	电压输出	12	B-N	输入信号
5	n. c.		13	B	输入信号
6	P5EXT	电压输出	14	A-N	输入信号
7	M	电压输出	15	A	输入信号
8	n. c.				

表 3-16　SINUMERIK 802C base line 中的驱动器接口 X7 引脚分配

引脚	信号	说明	引脚	信号	说明	引脚	信号	说明
1	AO1		18	n. c.	0	34	AGND1	
2	AGND2		19	n. c.	0	35	AO2	
3	AO3		20	n. c.	0	36	AGND3	
4	AGND4	A0	21	n. c.	0	37	A04	A0
5	n. c.	0	22	M	VO	38	n. c.	0
6	n. c.	0	23	M	VO	39	n. c.	0
7	n. c.	0	24	M	VO	40	n. c.	0
8	n. c.	0	25	M	VO	41	n. c.	0
9	n. c.	0	26	n. c.	O	42	n. c.	0
10	n. c.	0	27	n. c.	O	43	n. c.	0
11	n. c.	0	28	n. c.	O	44	n. c.	0
12	n. c.	0	29	n. c.	O	45	n. c.	0
13	n. c.		30	n. c.		46	n. c.	
14	SE1. 1		31	n. c.		47	SE1. 2 *	
15	SE2. 1		32	n. c.		48	SE2. 2 *	
16	SE3. 1		33	n. c.		49	SE3. 2 *	
17	SE4. 1	K				50	SE4. 2 *	K

注：① SE1.1/1.2 * ～SE3.1/3.2 * ,伺服轴 X/Y/Z 使能；

② SE4.1/4.2 * ,伺服主轴使能。

86

（5）手轮接口：X10，通过手轮接口 X10 可以在外部连接两个手轮。X10 有 10 个接线端子，引脚如表 3-17 所示。

表 3-17　X10 引脚分配

引　脚	信　号	说　明	引　脚	信　号	说　明
1	A1+	手轮 1A 相+	6	GND	地
2	A1−	手轮 1A 相−	7	A2+	手轮 2A 相+
3	B1+	手轮 1B 相+	8	A2−	手轮 2A 相−
4	B1−	手轮 1B 相+	9	B2+	手轮 2B 相+
5	P5V	DC5V	10	B2−	手轮 2B 相+

（6）数字输入/输出接口：X100～X105，X200 和 X201，共有 48 个数字输入和 16 个数字输出接线端子。其 48 个输入接口 X100～X105 引脚分配如表 3-18 所示，16 个输出接口 X200 和 X201 引脚分配如表 3-19 所示。

表 3-18　X100～X105 引脚分配

引脚序号	信号说明	X100 地址	X101 地址	X102 地址	X103 地址	X104 地址	X105 地址
1	空						
2	输入	I 0.0	I 1.0	I 2.0	I 3.0	I 4.0	I 5.0
3	输入	I 0.1	I 1.1	I 2.1	I 3.1	I 4.1	I 5.1
4	输入	I 0.2	I 1.2	I 2.2	I 3.2	I 4.2	I 5.2
5	输入	I 0.3	I 1.3	I 2.3	I 3.3	I 4.3	I 5.3
6	输入	I 0.4	I 1.4	I 2.4	I 3.4	I 4.4	I 5.4
7	输入	I 0.5	I 1.5	I 2.5	I 3.5	I 4.5	I 5.5
8	输入	I 0.6	I 1.6	I 2.6	I 3.6	I 4.6	I 5.6
9	输入	I 0.7	I 1.7	I 2.7	I 3.7	I 4.7	I 5.7
10	M24						

表 3-19　X200/X201 引脚分配

引脚序号	信号说明	X200 地址	X201 地址
1	L+		
2	输出	Q 0.0	Q 1.0
3	输出	Q 0.1	Q 1.1
4	输出	Q 0.2	Q 1.2
5	输出	Q 0.3	Q 1.3
6	输出	Q 0.4	Q 1.4
7	输出	Q 0.5	Q 1.5
8	输出	Q 0.6	Q 1.6
9	输出	Q 0.7	Q 1.7
10	M24		

第2部分 任务分析与实施

子任务1 数控系统综合实验台的接口功能认识

一、任务描述

数控装置的接口是数控装置与数控系统的功能部件(如主轴模块、进给伺服模块、PLC模块等)和机床进行信息传递、交换和控制的端口,称为接口。接口在数控系统中占有重要的位置。不同功能模块与数控系统相连接,采用与其相应的输入/输出(I/O)接口。本任务就是要完成数控系统综合实验台的接口及功能的认识及通信接口的连接。

二、任务实施

对照 HED-21S-2 数控综合实验台,找出华中数控系统的各个功能接口,并说出其接口功能,填于表 3-20 中。

表 3-20 华中数控系统的各个功能接口及其功能说明

接口代码	接口名称	接口功能
XS1	电源接口	
XS2	外接 PC 键盘接口	
XS3	以太网接口	
XS4	软驱接口	
XS5	RS232 接口	
XS6	远程 I/O 接口	
XS8	手持单元接口	
XS9	主轴控制接口	
XS10、XS11	输入开关量接口	
XS20、XS21	输出开关量接口	
XS30~XS33	模拟、脉冲式进给轴控制接口	
XS40~XS43	HSV-11 型伺服轴控制接口	

子任务2 华中数控系统综合实验台的通信及接口链接

一、任务描述

在任务1中,我们学习了华中世纪星 HNC-21 数控系统的接口;数控系统的通信及接口连接,本任务要学习 HNC-21 数控装置与计算机的通信连接。

（一）实验目的与要求

（1）能对 HNC-21 数控装置与计算机进行通信连接。

（2）掌握 HNC-21 数控装置与计算机的通信设置。

（二）实验仪器与设备

（1）HNC-21TF 数控系统一套。

（2）常用工具一套。

二、任务实施

（一）通信接口的连接

在计算机及数控装置均断电的状态下,连接通信电缆。

1. 通过 RS232 口与外部计算机连接

将 DB9 型针插头插入数控装置的 XS5 通信接口（或软驱单元）,DB9 型孔插头插入计算机 9 针串行口（COM0 或 COM1）,如图 3-25 所示。

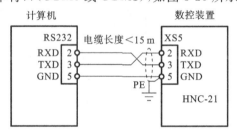

（a）没有软驱单元的情况

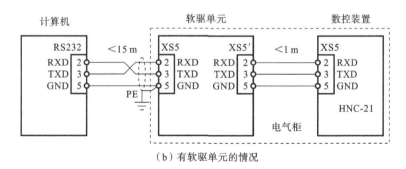

（b）有软驱单元的情况

图 3-25 数控装置通过 RS232 口与 PC 计算机连接

2. 连接以太网

通过以太网口与外部计算机连接是一种快捷可靠的方式,可以是与某台外部计算机直接电缆连接,如图 3-26 所示,也可以是先连接到 HUB（集线器）,再经 HUB 联入局域网与局域网上的其他任何计算机连接,如图 3-27 所示。在硬件上可以直接使用 HNC-21 背面的以太网口连接,也可以通过软驱单元转接后用软驱单元上的以太网口连接。

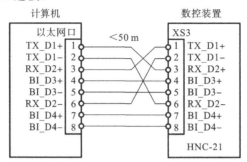

(a)没有软驱单元的情况

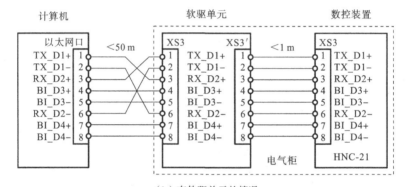

(b)有软驱单元的情况

图 3-26　数控装置通过以太网口与外部计算机直接电缆连接

连接电缆应使用网络专用电缆,以太网接口插头型号均为 RJ45。

(二)通信设置

1. 数控装置侧串口参数设置

(1)在参数功能子菜单下按 F3 键,弹出如图 3-28 所示的菜单。

(2)用▲、▼选择"用户权限"选项,按"Enter"键确认,系统将弹出口令对话框。

(3)在输入栏输入相应口令,按"Enter"键确认。

(4)在参数功能子菜单下,按"F1"键,系统将弹出参数索引子菜单。

(5)用▲、▼选择"DNC 参数"选项,按"Enter"键确认,此时图形显示窗口将显示 DNC 参数的参数名及参数值,如图 3-29 所示。

(6)用"▲"、"▼"键移动蓝色条到要设置的选项处。

(7)按"Enter"键则进入编辑设置状态,用"▶"、"◀"、"BS"、"Del"键进行编辑,按"Enter"键确认。

(8)按"Esc"键退出编辑,如果有参数被修改,系统将提示是否存盘,按"Y"键存盘,按"N"键不存盘。

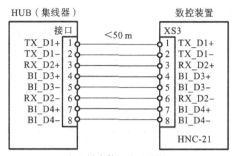

（a）没有软驱单元的情况

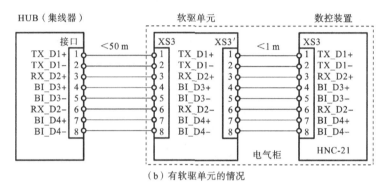

（b）有软驱单元的情况

图 3-27 数控装置通过以太网口与外部计算机局域网连接

（9）按"Y"键后，系统将提示是否当缺省值（出厂值）保存，按"Y"键存为缺省值，按"N"键取消。

（10）系统回到上一级参数选择菜单后，若继续按"Esc"键将退回到参数功能子菜单。

图 3-28 选择修改参数的权限

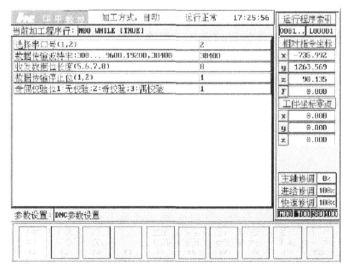

图 3-29 设置 DNC 参数

2. 上位计算机参数设置

(1) 在上位计算机上执行 DNC 程序,弹出如图 3-30 所示的主菜单。

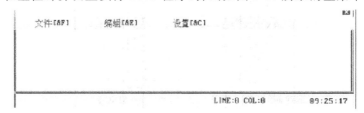

图 3-30　DNC 程序主菜单

(2) 按组合键"Alt＋C",弹出如图 3-31 所示的参数设置子菜单。

图 3-31　参数设置子菜单

(3) 按"Tab"键进入每一选项,分别设置端口号(1、2)、波特率(300、600、1200、2400、4800、9600…)、数据长度(5、6、7、8)、停止位(1、2)、校验位(1 为无校验;2 为奇校验;3 为偶校验)等参数。

第 3 部分　习题与思考

1. 简述 HNC-21 数控系统的主要配置及其控制单元的连接关系。

2. 简述 HNC-21 系统的接口名称及用途。

3. HNC-21 数控系统有哪些通信接口?

4. 怎样实现 HNC-21 数控装置与计算机的通信连接?

5. 简述通信设置的步骤。

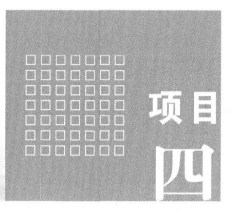

项目四 数控机床电气控制系统的分析与设计

项目描述

▶通过分析典型机床的电气控制线路及数控机床主轴异步电动机的一般控制电路,介绍生产机械电气控制的规律及电气控制线路的识图方法,为数控机床或其他生产机械电气控制的设计、安装、调试、运行等打下基础。

学习目标

▶电气控制原理图的绘制原则。

▶电气控制设计的主要内容。

▶电力拖动方案的确定、电动机的选择。

▶电气控制系统的基本控制线路分析。

▶数控机床电气控制原理图设计。

能力目标

▶看懂电气控制原理图,通过对典型机床和数控机床的电气控制线路分析,掌握数控机床电气控制系统的基本内容及设计要领。

▶掌握典型机床生产设备的电气控制原理、控制过程和控制方法,熟悉典型机床电气控制系统的分析方法和具体步骤。

任务1 机床电气原理图的画法规则、阅读及设计

知识目标

(1) 了解电气图形符号和文字符号的国家标准。

(2) 掌握电气控制原理图的绘制原则。

(3) 掌握图面区域的电气原理图的阅读方法。

(4) 能正确分析数控机床强电回路的工作原理。

能力目标

(1) 能看懂电气控制原理图。

(2) 熟悉典型机床电气控制系统分析的方法和具体步骤。

(3) 能对数控机床强电回路进行一些简单设计。

第 1 部分　知 识 学 习

一、电气控制线路的绘制及国家标准

电气控制线路是由各种有触点的接触器、继电器、按钮、行程开关等组成的控制线路。为了表达设备电气控制系统的组成结构、工作原理及安装、调试、维修等技术要求,需要用统一的工程语言即用工程图的形式来表达,这种工程图即是电气图。常用于机械设备的电气工程图有三种:电气原理图、电气安装接线图、元器件布置图。电气工程图是根据国家电气制图标准,用规定的图形符号、文字符号以及规定的画法绘制而成的。

二、电气图中的图形符号和文字符号的国家标准

1. 图形符号

电气简图用图形符号标准 GB/T 4728—2005 规定了电气图中图形符号的画法。国家标准中规定的图形符号基本与国际电工委员会(IEC)发布的有关标准相同。图形符号由符号要素、限定符号、一般符号以及常用的非电操作控制的动作符号(如机械控制符号等),根据不同的具体器件情况组合构成,常用电器分类及图形符号、文字符号如表 4-1 所示。国家标准除给出各类电气元器件的符号要素、限定符号和一般符号以外,也给出了部分常用图形符号及组合图形符号示例。

表 4-1　常用电器分类及图形符号、文字符号

分类	名称	图形符号 文字符号	分类	名称	图形符号 文字符号
A 组件部件	启动装置	A SB1　SB2　KM KM　HL	B 将电量变换成非电量,将非电量变换成电量	扬声器	B (将电量变换成非电量)
				传声器	B (将非电量变换成电量)

续表

分类	名称	图形符号 文字符号	分类	名称	图形符号 文字符号
C 电容器	一般电容器	⊥C	F 保护器件	热继电器	FR　FR FR　FR　FR
	极性电容器	+⊥C		熔断器	FU
	可变电容器	C	G 发生器、发电机、电源	交流发电机	Ⓖ
D 二进制元件	与门	D &		直流发电机	Ⓖ
	或门	D ≥1		电池	GB －‖＋
	非门	D	H 信号器件	电喇叭	HA
E 其他	照明灯	⊗EL		蜂鸣器	HA　HA 优选形　一般形
F 保护器件	欠电流继电器	I<　FA		信号灯	⊗HL
	过电流继电器	I>　FA	I	(不使用)
	欠电压继电器	U<　FV			
	过电压继电器	U>　FV	J	(不使用)

续表

分类	名称	图形符号 文字符号	分类	名称	图形符号 文字符号
K 继电器 接触器	中间继电器	KA --- KA	M 电动机	他励直流电动机	M
	通用继电器	KA --- KA		并励直流电动机	M
	接触器	KM KM		串励直流电动机	M
	通电延时型时间继电器	KT 或 KT KT 或 KT KT KT		三相步进电动机	M
	断电延时型时间继电器	KT 或 KT KT KT KT 或 KT KT		永磁直流电动机	M
L 电容器 电抗器	电感器	L (一般符号) L (带磁芯符号)	N 模拟元件	运算放大器	▷ ∞ N − + +
	可变电感器	L		反相放大器	N ▷ 1 +
	电抗器	L		数-模转换器	#/U N
M 电动机	笼型电动机	U V W M 3~		模-数转换器	U/# N
			O	不使用	
	绕线型电动机	U V W M 3~	P 测量设备,试验设备	电流表	PA A
				电压表	PV V

续表

分类	名称	图形符号 文字符号	分类	名称	图形符号 文字符号
P 测量设备,试验设备	有功功率表	W PW	R 电阻器	可变电阻	R
	有功电度表	Wh PJ		电位器	RP
Q 电力电路的开关器件	断路器	QF		频敏变阻器	RF
	隔离开关	QS	S 控制、记忆、信号电路开关器件选择器	按钮	SB
	刀熔开关	QS		急停按钮	SB
	手动开关	QS QS		行程开关	SQ
	双投刀开关	QS		压力继电器	SP
	组合开关旋转开关	QS		液位继电器	SL SL SL
	负荷开关	QL		速度继电器	SV SV SV
R 电阻器	电阻	R		选择开关	SA
	固定抽头电阻	R			

续表

分类	名称	图形符号 文字符号	分类	名称	图形符号 文字符号
S 控制、记忆、信号电路开关器件选择器	接近开关	SQ	U 调制器变换器	逆变器	U
	万能转换开关、凸轮控制器	SA 2 1 0 1 2		变频器	f_1/f_2 U
T 变压器互感器	单相变压器	T 形式1 形式2	V 电子管晶体管	二极管	V
	自耦变压器	T 形式1 形式2		三极管	V V PNP型 NPN型
	三相变压器(星形/三角形接线)	T 形式1 形式2		晶闸管	V V 阳极侧受控 阴极侧受控
	电压互感器	互感器与变压器的图形符号相同,文字符号为 TV	W 传输通道、波导、天线	导线、电缆、母线	W
	电流互感器	TA 形式1 形式2		天线	W
			X 端子插头插座	插头	XP 优选型 其他型
U 调制器变换器	整流器	U		插座	XS 优选型 其他型
	桥式全波整流器	U		插头插座	X 优选型 其他型
				连接片	断开时 XB 接通时

续表

分类	名称	图形符号 文字符号	分类	名称	图形符号 文字符号
Y 电器操作的机械器件	电磁铁	或 YA	Z 滤波器、限幅器、均衡器、终端设备	滤波器	Z
	电磁吸盘	或 YH		限幅器	Z
	电磁制动器	M YB			
	电磁阀	或 或 YV		均衡器	Z

因为国家标准中给出的图形符号例子有限,实际使用中可通过已规定的图形符号适当组合进行派生。图 4-1 给出了单个断路器的图形符号,它是由多种限定符号、符号要素和一般符号组合而成的。

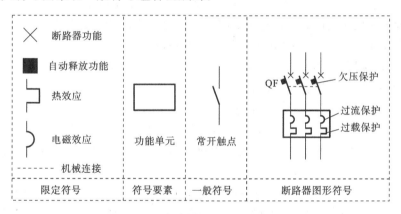

图 4-1　断路器图形符号的组成

2. 文字符号

国家标准规定了电气工程图中的文字符号,它分为基本文字符号和辅助文字符号。基本文字符号分为单字母符号和双字母符号两类。单字母符号表示电气设备、装置和元器件的大类,例如 K 为继电器类器件;双字母符号由一个表示大类的单字母与另一表示器件某些特性的字母组成,例如 KA 即表示继电器类器件中的中间继电器(或电流继电器),KM 表示继电器类器件中控制电动机的接触器。

辅助文字符号用来进一步表示电气设备、装置和元器件的功能、状态和特征,如表 4-1 所示。实际使用时需要更多更详细的资料,请查阅国家标准。

三、电气控制原理图的绘制原则

电路图应有两种:一种是电气原理图,另一种是电气安装接线图。

电气原理图是根据电气动作原理绘制的,用来表示电气的动作原理,用于分析动作原理和排除故障,而不考虑电气设备的电气元器件的实际结构和安装情况。通过电路图,可详细地了解电路、设备电气控制系统的组成和工作原理,并可在测试和寻找故障时提供足够的信息。同时电气原理图也是编制接线图的重要依据。

电气安装接线图也叫电气装配图,它是根据电气设备和电气元器件的实际结构、安装情况绘制的,用来表示接线方式、电气设备和电气元器件的位置、接线场所的形状和尺寸等。这里重点介绍电气原理图。

电气原理图的绘制规则由国家标准 GB 6988.1—2008 给出。这里以华中数控综合实验台的强电回路图(见图 4-2)为例,将一般工厂设备的电气原理图绘制规则简述如下。

1. 电气原理图绘制

(1)电气原理图一般按主电路和辅助电路分为两部分画出。主电路就是从电源到电动机绕组的大电流通过的路径。辅助电路包括控制电路、照明电路、信号电路及保护电路等,一般由继电器的线圈和触点、接触器的线圈和触点、按钮、照明灯、信号灯、控制变压器等电器元件组成。一般主电路用粗实线表示,画在左边(或上部);辅助电路用细实线表示,画在右边(或下部)。

(2)电气原理图中的所有电气元器件不画出实际外形图,而采用国家标准规定的图形符号和文字符号表示。同一电器的各个部件可根据需要画在不同的地方,但必须用相同的文字符号标注。当使用相同类型的电器时,可在文字符号后加注阿拉伯数字序号来区分。

(3)电气原理图中,所有电器触点都按未通电或没有外力的作用时的开闭状态画出。如继电器、接触器的触点,按线圈未通电时的状态画;按钮、行程开关的触点按不受力作用时的状态画;控制器按手柄处于零位时的状态画;断路器和隔离开关按断开位置画。保护类元器件按处在设备正常工作状态画。

(4)原理图中,有直接点联系的交叉导线的连接点,要用黑圆点表示。无直接点联系的交叉导线,交叉处不能画黑圆点。

(5)原理图中,无论是主电路还是辅助电路,各电器元件一般应按动作顺序从上到下、从左到右依次排列,可水平或垂直布置。

2. 图面区域的划分

图面区分时,竖边从上到下用英文字母,横边从左到右用阿拉伯数字分别编

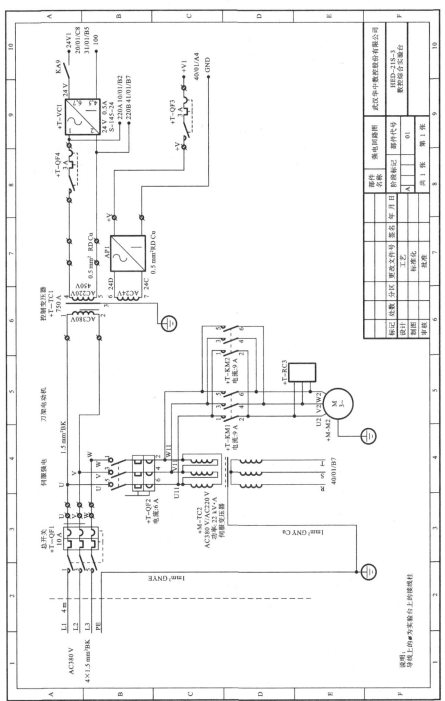

图 4-2　华中数控综合实验台的强电回路图

号。分区代号用该区域的字母和数字表示,如 A3、C4。图中上方和下方的阿拉伯数字是图区横向编号,右边和左边的英文字母是图区竖向编号,它们是为了便于检索电气线路,方便阅读分析而设置的。如图 4-2 所示,图区横向编号方向的"主轴强电"、"伺服强电"、"刀架电动机"、"控制变压器"等字样,表明其对应的下方原件或电路的功能,以利于理解整个电路的工作原理。

3. 符号位置的索引

在较复杂的电气原理图中,在继电器、接触器的线圈的文字符号下方要标注其触点位置的索引,而在触点文字符号下方要标注其线圈位置的索引。接触器和继电器线圈与触点的从属关系,应用附图表示。即在原理图中相应线圈的下方,给出触点的图形符号,并在其下面注明相应的索引代号。有时也可采用省去触点图形符号的表示法。符号位置的索引,用部件代号、页次、图区编号的组合索引法。索引代号的组成如下:

4. 电气原理图中技术数据的标注

电气原理图中的技术数据除在电气元件明细表中标明外,有时也用小字体注在其图形符号的旁边。图 4-2 中伺服变压器旁边小字标注的 0.22 kV·A,AC380 V/AC220 V,分别表示伺服变压器的容量为 220 V·A,一次电压为 380 V 交流,二次电压为 220 V 交流。

四、电气原理图的阅读方法

读电气原理图时要先从主电路入手,掌握电路中电器的动作规律,根据主电路的动作要求来看与此相关的辅助电路等。一般步骤如下。

(1)看本设备所用的电源。一般设备多用三相电源(380 V、50 Hz),也有用直流电源的设备。

(2)分析主电路有几台电动机,分清它们的用途、类别(笼型异步电动机、绕线转子异步电动机、直流电动机或同步电动机)。

(3)分清各台电动机的动作要求,如启动方式、转动方式、调速及制动方式,各台电动机之间是否有相互制约关系。

(4)一般在了解主电路的上述内容后,就可阅读和分析控制电路和辅助电路了。由于存在着各种不同类型的生产机械,它们对电力拖动也就提出了各式各样的要求,表现在电路图上有各不相同的控制及辅助电路。分析控制电路时首先分析控制电路的电源电压。一般生产机械,如仅由一台或较少电动机拖动的设备,其控制电路较简单。为减少电源种类,控制电路的电压也常采用交流 380 V,可直接由主电路引入。对于采用多台电动机拖动且控制要求又比较复杂的生产设备,控制电压采用交流 110 V 或 220 V,此时的交流控制电压应由隔离变压器供给。然后了解控制电路中所采用的各种继电器、接触器的用途,若采用了一些特殊结构的继电器,还应了解它们的动作原理。只有这样,才能理解它们在电路中的动作和用途。

控制电路总是按动作顺序画在两条垂直或水平的直线之间。因此,也就可从左到右或从上而下地进行分析。对于较复杂的控制电路,还可将其分成几个部分来分析,如启动部分、制动部分、循环部分等。对于控制电路的分析,必须随时结合主电路的动作要求来进行,只有全面了解主电路对控制电路的要求,才能真正掌握控制电路的动作原理。不可孤立地看待各部分的动作原理,而应注意各个动作之间是否有相互制约的关系,如电动机正、反转之间设有机械或电气联锁等。辅助电路中所包含的照明和信号电路部分比较简单。信号灯是用来指示生产机械动作状态的,工作过程中可使操作者随时观察,掌握各运动部件的状况,判别工作是否正常。

(5)原理图中,必须给出导线的线号,线号可根据电源的类型来设置。导线的颜色也有标准,通常交流电源线用红色。零线用白色,直流电源线用蓝色,接地线用黄绿双色线,且应接到接地铜排上。

五、电气布置图

电气元件布置图主要用来表明各种电气元件在机械设备上和电气柜中的实际安装位置,为机械电气控制设备的制造、安装、维修提供必要的资料。各电气元件的安装位置是由机床的结构和工作要求决定的。比如:电动机要和被拖动的机械部件在一起;行程开关应放在要取得信号的地方;操作元件要放在操纵台及悬挂操纵箱等操作方便的地方;一般电气元件应放在电气柜内。图 4-3 所示为某车床电气布置图。

六、电气安装接线图

电气安装接线图是用规定的图形符号,根据原理图,按各电气元件相对位置绘制的实际接线图,它清楚地表明了各电气元件的相对位置和它们之间的电路连接的详细信息,主要是为了安装电气设备和电气元件时进行配线或检查维修电气控制线路故障服务的。如图 4-4 所示为某车床电气互连接线图。

《电气技术用文件的编制　第 1 部分:规则》(GB 6988.1—2008)中详细规定了电气安装接线图的编制规则,主要规则如下。

(1)在接线图中,一般都应标出项目的相对位置、项目代号、端子间的电气连接关系、端子号、线号、线缆类型、线缆截面积等。

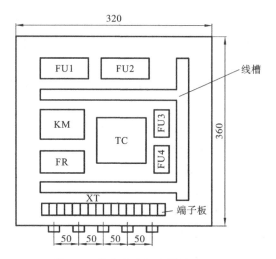

图 4-3 某车床电气布置图

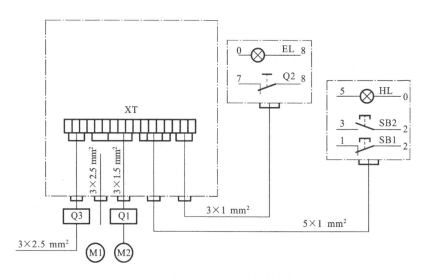

图 4-4 某车床电气互连接线图

（2）同一控制盘上的电气元件可直接连接,而控制盘内元器件与外部元件连接时必须通过接线端子板。

（3）接线图中各电气元件的图形符号与文字符号均应以原理图为准,并保持一致。

（4）互连接线图中的互连关系可用连续线、中断线或线束表示,连接导线应注明导线根数、导线截面积等。一般不表示导线实际走线路径,施工时根据实际情况选择最佳走线方式。

七、电气原理图的分析实例

1. 分析主回路

从主回路入手,根据伺服电动机、辅助机构电动机和电磁阀等执行电器的控制要求,分析它们的控制内容,包括启动、方向控制、调速和制动等。依据图 4-5 对 TK1640 数控车床主回路进行分析,图 4-5 所示为 TK1640 数控车床电气控制中的 380 V 强电回路。

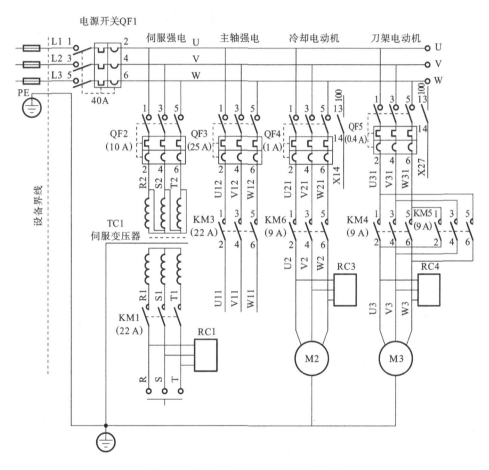

图 4-5 TK1640 数控车床的强电回路

图 4-5 中 QF1 为电源总开关。QF3、QF2、QF4、QF5 分别为主轴强电、伺服强电、冷却电动机、刀架电动机的空气开关,它们的作用是接通电源及在短路、过流时起保护作用;其中 QF4、QF5 带辅助触点,该触点的通断信号输入 PLC,作为 QF4、QF5 的状态信号,并且这两个空气开关的保护电流为可调的,可根据电动机的额定电流来调节空气开关的设定值,起到过流保护作用。KM3、KM1、KM6

分别为主轴电动机、伺服电动机、冷却电动机交流接触器，它们的主触点控制相应电动机；KM4、KM5 为刀架正反转交流接触器，用于控制刀架的正反转。TC1 为三相伺服变压器，将交流 380 V 变为交流 200 V，供给伺服电源模块。RC1、RC3、RC4 为阻容吸收，当相应的电路断开后，吸收伺服电源模块、冷却电动机、刀架电动机中的能量，避免产生过电压而损坏器件。

2. 分析控制电路

根据主回路中各伺服电动机、辅助机构电动机和电磁阀等执行电器的控制要求，逐一找出控制电路中的控制环节，按功能不同划分成若干个局部控制线路来进行分析。图 4-6 所示为 TK1640 数控车床主轴电动机交流控制回路图，图 4-7 所示为主轴电动机直流控制回路图。

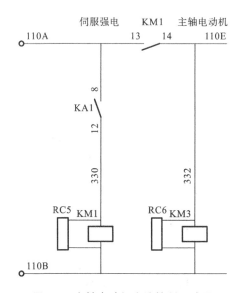

图 4-6　主轴电动机交流控制回路图　　　图 4-7　主轴电动机直流控制回路图

在图 4-5 中，先将 QF3 空气开关合上，在图 4-6 中，KM3 主轴交流接触器线圈通电，交流接触器主触点吸合。在图 4-5 中交流接触器主触点吸合，主轴变频器加上 AC 380 V 电压；若有主轴正转或主轴反转及主轴转速指令(手动或自动)，在图 4-7 中，PLC 输出主轴正转 Y10 或主轴反转 Y11 有效、主轴转速指令输出对应于主轴转速的直流电压值(0～10 V)至主轴变频器上，主轴按指令值的转速正转或反转；当主轴速度达到指令值时，主轴变频器输出主轴速度达到的信号至 PLC，主轴转动指令完成。主轴的启动时间、制动时间由主轴变频器内部参数设定。关于辅助电路、联锁与保护环节这里就不做详细分析说明，留待读者参考有关资料自行分析。

第 2 部分　任务分析与实施

子任务 1　图形区域的电气原理图的阅读方法

一、任务描述

电气原理图常采用图形区域的方法绘出。了解图形区域的划分是看懂电气原理图的重要基础,本任务包括以下内容。

（1）了解工程图样的图形区域划分。

（2）通过一个具体实例阅读机床电控系统电路图。

二、任务实施

对图 4-8 所示某机床电控系统电路图进行分析,指出图 4-8 中各区电路分别有什么功能,各区采用何种电源,辅助电路起什么作用,并填写表 4-2。

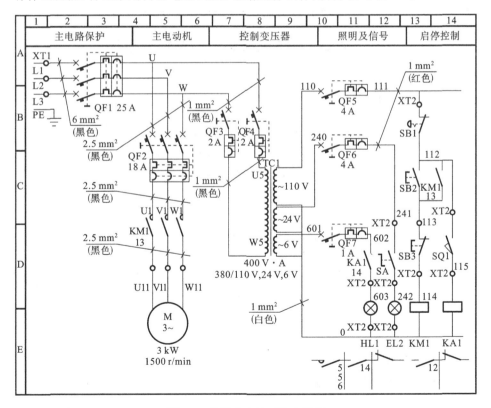

图 4-8　某机床电控系统电路图

表 4-2　某机床电控系统原理分析结果

名　　称	符　　号	功　　能
电源总开关		
控制变压器		
空气开关		
交流接触器		
按钮		
主电动机		
信号灯		
保护元件		

子任务 2　数控机床强电回路部分设计

一、任务描述

数控机床电气控制系统除了 CNC 装置(包括主轴驱动和进给驱动的伺服系统)外,还包括机床强电控制系统。机床强电控制系统主要是由普通交流电动机的驱动和机床电气逻辑控制装置 PLC 及操作盘等部分构成。

1. 实验目的与要求

(1)能够正确地识读数控机床电气原理图。

(2)掌握数控机床强电回路的设计分析。

2. 实验仪器与设备

(1)万用表。

(2)HNC-21TF 数控系统综合试验台。

二、任务实施

强电电路部分设计

HNC-21TF 数控系统综合试验台强电回路如图 4-9 所示。根据前述所学知识,在图 4-9 中完成添加工作灯、主轴电动机和冷却电动机强电电路的设计,并重新绘制强电原理图。

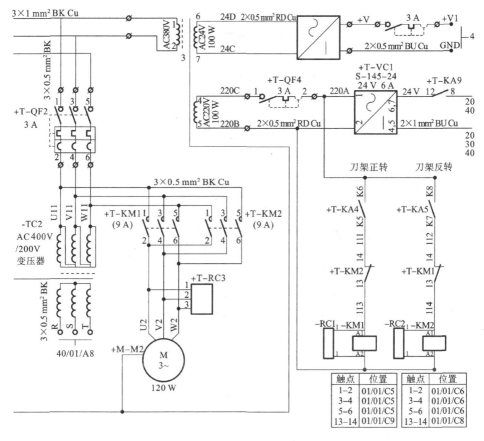

图 4-9　HNC-21TF 数控系统综合试验台强电回路

第 3 部分　习题与思考

1. 常见的电路图中,QS、FU、KM、KA、KT、SB 分别是什么电气元器件的文字符号?

2. 阅读电气原理图一般有哪些步骤?

3. 电气原理图的绘制有哪些基本规则?

任务 2　三相异步电动机控制电路的线路安装与调试

知识目标

(1) 掌握点动加连续运行电路的安装与调试。

(2) 掌握双重联锁正反转控制电路的安装与调试。

(3) 掌握两台电动机顺序启动电路的安装与调试。

(4) 掌握星形-三角形降压启动控制电路的安装与调试。

（5）掌握自动往返控制电路的安装与调试。

（6）掌握三相异步电动机制动控制线路的安装与调试。

能力目标

（1）能正确阅读、分析、设计一般基本电气控制电路。

（2）能正确安装与调试基本电气控制电路。

第 1 部分　知 识 学 习

三相异步电动机是数控机床普通主轴的主要动力设备，其控制电路也是一般电气控制电路的基本环节，在电力拖动及机床控制领域的应用十分广泛。学习本节对提高阅读、分析、设计电气原理图的能力有着极为重要的意义。

一、异步电动机的结构、工作原理及选用

（一）三相异步电动机的基本结构

异步电动机由两大部分构成。

（1）定子：定子铁芯、定子绕组、机壳机座。

（2）转子：转子铁芯、转子绕组和转轴。

1. 定子

定子铁芯由导磁性能很好的硅钢片叠成，是异步电动机的导磁部分；定子绕组放在定子铁芯内圆槽内，是异步电动机的导电部分；机壳机座用于固定定子铁芯及端盖，具有较强的机械强度和刚度；接线盒用于定子绕组的通电连接；端盖防止杂物进入电动机内部造成电动机故障；转子铁芯由硅钢片叠成，也是磁路的一部分。

2. 转子

转子绕组：① 笼型转子绕组是在转子铁芯的每个槽内插入一根裸导条，形成的一个多相对称短路绕组；② 绕线式转子绕组为三相对称绕组，嵌放在转子铁芯槽内。转轴是转子转动的轴心。下面是三相异步电动机的外形图（见图4-10）和结构示意图（见图 4-11）。

图 4-10　三相异步电动机的外形图

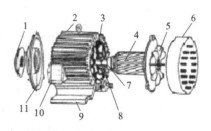

图 4-11　三相异步电动机的结构示意图

1—轴承盖；2—机壳；3—定子绕组；4—转子；5—风扇；

6—罩壳；7—轴承；8—转轴；9—机座；10—接线盒；11—端盖

（二）三相异步电动机的工作原理

当在三相对称定子绕组通入三相对称电流后，它们共同产生的合成磁场是一个随电流的交变而在空间不断旋转着的旋转磁场，其旋转速度称为同步转速，即

$$n_1 = \frac{60f}{p} \text{ r/min}$$

旋转磁场相对切割转子导体感应电动势和电流。转子载流（有功分量电流）体在磁场作用下受电磁力作用，形成电磁转矩，驱动电动机转子旋转，将电能转化为机械能。

注意：① 转子的旋转方向与旋转磁场方向相同，旋转磁场的旋转方向与定子绕组的通电电流的相序有关，所以任意交换定子两相绕组的电源接线都会使电动机反向转动。

② 同步转速与转子转速之差与同步转速的比值称为转差率，用 s 表示，即

$$s = \frac{n_1 - n}{n_1}$$

式中：n_1——同步转速；

n——电动机转速。

转差率是异步电动机的一个基本物理量，它反映电动机的各种运行情况。转子未转动时，$n=0$，$s=1$；电动机理想空载时，$n \approx n_1$，$s \approx 1$。负载越大，转速越低，转差率越大；反之，转差率越小。转差率的大小能够反映电动机的转速大小或负载大小。电动机的转速为：$n = n_1(1-s)$，额定运行时，转差率一般在 0.01～0.06 之间，即电动机转速接近同步转速。

（三）异步电动机的技术参数及选用

三相异步电动机铭牌与技术数据表示如下。

三相异步电动机					
型号	Y132M-4	功率	7.5 kW	频率	50 Hz
电压	380 V	电流	15.4 A	接法	△
转速	1 440 r/min	绝缘等级	B	工作方式	连续
	年 月 日		编号		××电机厂

（1）型号：

Y 132 M 4

三相异步电动机 —— 磁极数（4）

机座中心高度（132mm）—— 机座长度代号（中机座）

（2）转速：电动机轴的转速（n），$n = 1\ 440$ r/min。

（3）转差率：$s = \dfrac{n_1 - n}{n_1} = \dfrac{1\,500 - 1\,440}{1\,500} = 0.04$。

（4）额定电压：定子绕组在指定接法下应加的线电压。如 380/220Y（星形接法）/△（三角形接法）是指：线电压为 380 V 时采用 Y 接法，线电压为 220 V 时采用△接法。说明：一般规定电动机的运行电压不能高于或低于额定值的 5%。

（5）额定电流：定子绕组在指定接法下的线电流。

如△/Y11.2 A/6.48 A 表示△接法下，电动机的线电流为 11.2 A，相电流为 6.48 A，Y 接法时线、相电流均为 6.48 A。

（6）额定功率：指电动机在额定运行时轴上输出的功率（P_2）。输出功率不等于从电源吸收的功率（P_1），两者的关系为

$$P_2 = \eta P_1$$

其中
$$P_1 = \sqrt{3} U_N I_N \cos\varphi$$

一般笼型电动机 $\eta = 72\% \sim 93\%$。

（7）功率因数（$\cos\varphi$）：额定负载时一般为 0.7～0.9，空载时功率因数很低，为 0.2～0.3。额定负载时，功率因数最大。注意：实用中应选择合适容量的电动机，防止出现欠载的现象影响效率。

此外还有绝缘等级等参数，请查阅有关资料。

合理选择电动机关系到生产机械的安全运行和投资效益。三相异步电动机的选用，主要从以下几个方面进行：

① 根据生产机械所需功率选择电动机的容量；

② 根据工作环境选择电动机的结构形式；

③ 根据生产机械对调速、启动的要求选择电动机的类型；

④ 根据生产机械的转速选择电动机的转速。

二、异步电动机控制线路的分析、安装与调试

（一）三相异步电动机简单的启、保、停电气控制电路

1. 异步电动机启、保、停电气控制电路

异步电动机启、保、停电气控制电路如图 4-12 所示：左侧为主电路，由电源开关 QS、熔断器 FU1、接触器 KM、热继电器 FR 和电动机 M 构成；右侧控制电路由熔断器 FU2、热继电器 FR 常闭触点、停止按钮 SB1、启动按钮 SB2、接触器 KM（辅助触点）及其线圈构成。

2. 电路工作原理

电动机启动时，合上电源开关 QS，引入三相电源，按下按钮 SB2，接触器 KM 的线圈通电吸合，主触点 KM 闭合，电动机 M 接通电源启动运转。同时与 SB2 并联的常开触点 KM 闭合。手松开按钮后，SB2 在自身复位弹簧的作用下恢复到原来断开的位置时，接触器 KM 的线圈仍可通过 KM 的常开触点使接

触器线圈继续通电,从而保持电动机的连续运行。这种依靠接触器自身常开触点而使其线圈保持通电的现象称为自锁。起自锁作用的辅助触点称为自锁触点。

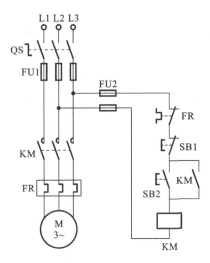

电动机停止时,只要按下停止按钮SB1,将控制电路断开即可。这时接触器KM的线圈断电释放,KM的常开主触点将三相电源切断,M停止旋转。当手松开按钮后,SB1的常闭触点在复位弹簧的作用下,虽又恢复到原来的常闭状态,但接触器线圈已不再能依靠自锁触点通电了,因为原来闭合的自锁触点早已随着接触器线圈的断电而断开了。

图 4-12　异步电动机启、保、停控制线路

这个电路是单向自锁控制电路,它的特点是启动、保持、停止,所以称为启、保、停控制电路。

3. 保护环节

(1)短路保护　熔断器 FU1、FU2 分别用于主电路和控制电路的短路保护,当线路发生短路故障时能迅速切断电源。

(2)过载保护　热继电器 FR 用于电动机的过载保护。

(3)失压和欠压保护　在电动机正常运行时,如果因为电源电压的消失电动机停转,那么在电源电压恢复时电动机就可能自行启动,电动机的自启动可能会造成人身事故或设备事故。防止电源电压恢复时电动机自启动的保护称为失压保护,也叫零电压保护。图 4-12 中依靠接触器自身电磁机构实现失压和欠压保护。当电源电压由于某种原因而严重欠电压或失电压时,接触器的衔铁自行释放,电动机停止运转。而当电源电压恢复正常时,接触器线圈也不能自动通电,只有在操作人员再次按下启动按钮后电动机才会启动。

(二)三相异步电动机的正反转控制电路概述

生产实践中,许多设备均需要两个相反方向的运行控制,如机床工作台的进退、升降以及主轴的正反向运转等。此类控制均可通过电动机的正转与反转来实现。由电动机原理可知,电动机三相电源进线中任意两相对调,即可实现电动机的反向运转。通常情况下,电动机正反转可逆运行操作的控制电路如图 4-13、图 4-14 所示。

1. "正—停—反"控制电路

接触器 KM1 和 KM2 触点不能同时闭合,以免发生相间短路故障,因此需要在各自的控制电路中串接对方的常闭触点,构成互锁。如图 4-13 所示,电动机正转时,按下正向启动按钮 SB2,KM1 线圈得电并自锁,KM1 常闭触点断开,这时

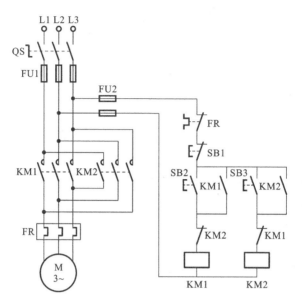

图 4-13 "正—停—反"控制电路

按下反向按钮 SB3,KM2 也无法通电。当需要反转时,先按下停止按钮 SB1,令 KM1 断电释放,KM1 常开触点复位断开,电动机停转。再按下 SB3,KM2 线圈才能得电,电动机反转。由于电动机由正转切换成反转时,需先停下来,再反向启动,故称该电路为"正—停—反"控制电路。利用接触器常闭触点互相制约的关系称为互锁或联锁。而这两个常闭触点称为互锁触点。

在机床控制电路中,这种互锁关系应用极为广泛。凡是有相反动作,如工作台上下、左右移动都需要有类似的联锁控制。

2."正—反—停"控制电路

在图 4-13 中,电动机由正转到反转,需先按停止按钮 SB1,在操作上不方便,为了解决这个问题,可利用复合按钮进行控制。将图 4-13 中的启动按钮均换为复合按钮,则该电路为按钮、接触器双重联锁的控制电路,如图 4-14 所示。

假定电动机正在正转,此时,接触器 KM1 线圈吸合,主触点 KM1 闭合。欲切换电动机的转向,只需按下复合按钮 SB3 即可。按下 SB3 后,其常闭触点先断开 KM1 线圈回路,KM1 释放,主触点断开正序电源。复合按钮 SB3 的常开触点后闭合,接通 KM2 的线圈回路,KM2 通电吸合且自锁,KM2 的主触点闭合,负序电源送入电动机绕组,电动机反向启动并运转,从而直接实现正、反向切换。

若欲使电动机由反向运转直接切换成正向运转,操作过程与上述类似。

复合按钮还可以起到联锁作用,这是由于按下 SB2 时,只有 KM1 可得电动作,同时 KM2 回路被切断。同理按下 SB3 时,只有 KM2 可得电动作,同时 KM1

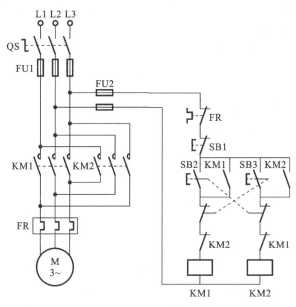

图 4-14 "正—反—停"控制电路

回路被切断。

但只用按钮进行联锁,而不用接触器常闭触点之间的联锁是不可靠的。在实际中可能出现这样的情况,由于负载短路或大电流的长期作用,接触器的主触点被强烈的电弧"烧焊"在一起,或者接触器的机构失灵,使衔铁卡住,总是在吸合状态。这都可能使主触点不能断开,这时如果另一接触器动作,就会造成电源短路事故。

如果是用接触器常闭触点进行联锁,不论什么原因,只要一个接触器处在吸合状态,它的联锁常闭触点就必然会将另一接触器线圈电路切断,这样就能避免事故的发生。这种既有按钮互锁又有接触器常闭触点电器互锁的正、反转控制,称为双重互锁。

(三)多地点与多条件控制电路

多地点控制是指在两个或两个以上地点进行的控制操作,多用于规模较大的设备,为了操作方便常要求能在多个地点进行操作。在某些机械设备上,为保证操作安全,需要多个条件满足设备才能工作,此为多条件控制。这样的控制要求可通过在电路中串联或并联电器的常闭触点和常开触点来实现。多地点控制按钮的连接原则为:常开按钮均相互并联,组成"或"逻辑关系,常闭按钮均相互串联,组成"与"逻辑关系,任一条件满足,结果即可成立。图 4-15 所示为两地控制电路,遵循以上原则还可实现三地及更多地点的控制。多条件控制按钮的连接原则为:常开按钮均相互串联,常闭按钮均相互并联,所有条件满足,结果才能成立。图 4-16 所示为两条件控制电路,遵循以上原则还可实现更多条件的控制。

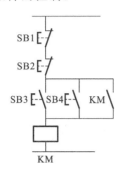
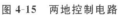
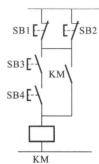

图 4-15 两地控制电路   图 4-16 两条件控制电路

（四）长动工作与点动控制

实际生产中,生产机械常需点动控制,如机床调整对刀和刀架、立柱的快速移动等。所谓点动,指按下启动按钮,电动机转动,松开按钮,电动机停止运动。与之对应,若松开按钮后电动机能连续工作,则称为长动。区分点动与长动的关键是控制电路中控制电器通电后能否自锁,即是否具有自锁触点。点动控制电路如图 4-17 所示。图 4-17(a)所示为用按钮实现的点动控制电路。

生产实际中,有的生产机械既需要连续运转进行加工生产,又需要在进行调整工作时采用点动控制,这就产生了点动、长动混合控制电路。图 4-17(b)所示为用开关选择点动控制或者长动控制。图 4-17(c)所示为用复合按钮 SB3 实现点动控制,用 SB1、SB2 实现长动控制。需要点动控制时:按下复合按钮 SB3,其常闭触点先断开自锁电路,常开触点后闭合,接通启动控制电路,KM 线圈通电,电动机启动运转;松开点动按钮 SB3,其常开触点先断开,常闭触点后闭合,线圈断电释放,电动机停止运转。图 4-17(d)所示为采用中间继电器实现长动控制的电路。正常工作时,按下长动按钮SB2,中间继电器 KA 通电并自锁,同时接通接触器 KM 线圈,电动机连续转动;调整工作时,按下点动按钮 SB3,此时 KA 不工作,其使 KM 连续通电的常开触点断开,SB3 接通 KM 的线圈电路,电动机转动,松开 SB3,KM 的线圈断电,电动机停止转动,实现点动控制。

（五）顺序控制电路

具有多台电动机拖动的机械设备,在操作时为了保证设备的运行和工艺过程的顺利进行,对电动机的启动、停止必须按一定顺序来控制,这就称为电动机的顺序控制。这种情况在机械设备中是常见的。例如,有的机床的油泵电动机要先于主轴电动机启动,主轴电动机又先于切削液电动机启动等。

图 4-18 为顺序启动控制电路。电动机 M2 必须在 M1 启动后才能启动,这就构成了两台电动机的顺序控制。

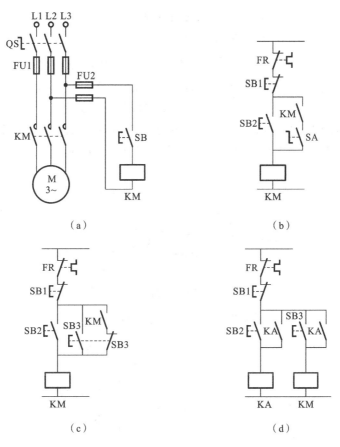

图 4-17　点动控制电路

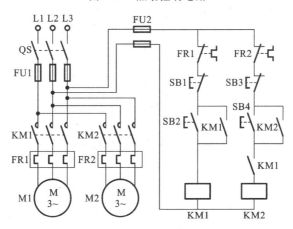

图 4-18　顺序启动控制电路

工作原理分析:合上电源开关 QS,按下启动按钮 SB2,接触器 KM1 线圈通电吸合并自锁,M1 启动运转,KM1 的常开触点闭合为 KM2 线圈通电准备了条件,这时按下启动按钮 SB4,KM2 线圈通电吸合并自锁,M2 启动运转,从而实现了 M1 先启动、M2 后启动的顺序控制。

（六）三台电动机顺序启动、逆序停止控制电路

以三条皮带运输机的工作要求为例进行介绍,图 4-19 所示为三条皮带运输机的示意图。对于这三条皮带运输机的电气控制要求是:

① 启动顺序为 1 号、2 号、3 号,即顺序启动,以防止货物在皮带上堆积;

② 停车顺序为 3 号、2 号、1 号,即逆序停止,以保证停车后皮带上不残存货物;

③ 当 1 号或 2 号出故障停车时,3 号能随即停车,以免继续进料。

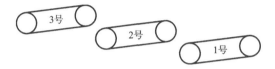

图 4-19　三条皮带运输机工作示意图

电气控制原理图如图 4-20 所示,其工作原理分析如下。

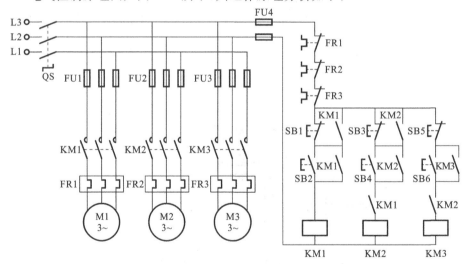

图 4-20　三条皮带运输机顺序启动、逆序停止控制电路

① 先合上电源开关 QS。

② 顺序启动:按下 SB2,KM1 线圈得电并自锁,KM1 主触点闭合,M1 启动 1 号运输机,KM1 常开触点闭合;按下 SB4,KM2 线圈得电并自锁,KM2 主触点闭合,M2 启动 2 号运输机,KM2 常开触点闭合;按下 SB6,KM3 线圈得电并自锁,KM3 主触点闭合,M3 启动 3 号。

③ 逆序停止:按下 SB5,KM3 线圈失电,KM3 主触点断开,M3 停止 3 号运输机,KM3 常开触点断开;按下 SB3,KM2 线圈失电,KM2 主触点断开,M2 停止

2 号运输机,KM2 常开触点断开;按下 SB1,KM1 线圈失电,KM1 主触点断开,M1 停止 1 号运输机。

（七）笼型异步电动机降压启动控制电路

容量大于 10 kW 的笼型异步电动机直接启动时,启动冲击电流为额定值的 4～7 倍,故一般均需采用相应措施降低电压,即减小与电压成正比的电枢电流,从而在电路中不至于产生过大的电压降。常用的降压启动方式有定子电路串电阻降压启动、星形-三角形降压启动和自耦变压器降压启动。

1. 星形-三角形降压启动控制电路

正常运行时,定子绕组为三角形连接的笼型异步电动机,可采用星形-三角形的降压启动方式来达到限制启动电流的目的。

启动时,定子绕组首先连接成星形,待转速上升到接近额定转速时,将定子绕组的连接由星形连接成三角形,电动机便进入全压正常运行状态。

主电路由 3 个接触器进行控制,KM1、KM3 主触点闭合,将电动机绕组连接成星形;KM1、KM2 主触点闭合,将电动机绕组连接成三角形。控制电路中,用时间继电器来实现电动机绕组由星形向三角形连接的自动转换。图 4-21 给出了星形-三角形降压启动控制电路。

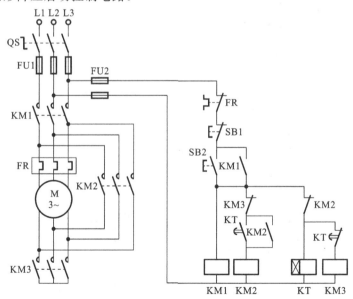

图 4-21　Y-△降压启动电路

控制电路的工作原理:按下启动按钮 SB2,KM1 通电并自锁,接着时间继电器 KT、KM3 的线圈通电,KM1 与 KM3 的主触点闭合,将电动机绕组连接成星形,电动机降压启动。待电动机转速接近额定转速时,KT 延时完毕,其常闭触点动作断开,常开触点动作闭合,KM3 失电,KM3 的常闭触点复位,KM2 通电吸合,将电动机绕组连接成三角形,电动机进入全压运行状态。

2. 定子串电阻降压启动控制电路

电动机串电阻降压启动是指电动机启动时,在三相定子绕组中串接电阻分压,使定子绕组上的压降降低,启动后再将电阻短接,电动机即可在全压下运行。这种启动方式不受接线方式的限制,结构简单,常用于中小型设备,可用于限制机床点动调整时的启动电流。图 4-22 给出了串电阻降压启动的控制电路。图中主电路由 KM1、KM2 两组接触器主触点构成串电阻接线和短接电阻接线,并由控制电路按时间原则实现从启动状态到正常工作状态的自动切换。

控制电路的工作原理:按下启动按钮 SB2,接触器 KM1 通电吸合并自锁,时

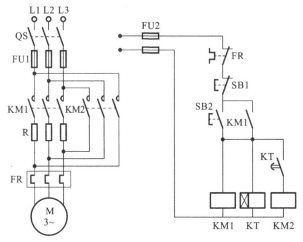

(a)

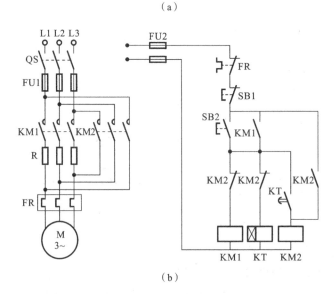

(b)

图 4-22 定子串电阻降压启动控制电路

间继电器 KT 通电吸合,KM1 主触点闭合,电动机串电阻降压启动。经过 KT 的延时,其延时常开触点闭合,接通 KM2 的线圈回路,KM2 的主触点闭合,电动机短接电阻进入正常工作状态。电动机正常运行时,只要 KM2 得电即可,但图 4-22(a)中电动机启动后 KM1 和 KT 一直得电动作,这是不必要的。图 4-22(b)就解决了这个问题,KM2 得电后,其常闭触点将 KM1 及 KT 断电,KM2 自锁。这样,在电动机启动后,只要 KM2 得电,电动机便能正常运行。

3. 自耦变压器降压启动控制电路

在自耦变压器降压启动的控制电路中,电动机启动电流的限制是依靠自耦变压器的降压作用来实现的。电动机启动的时候,定子绕组得到的电压是自耦变压器的二次电压。一旦启动结束,自耦变压器便被切除,额定电压通过接触器直接加于定子绕组,电动机进入全压运行的正常工作。

图 4-23 所示为自耦变压器降压启动的控制电路。KM1 为降压接触器,KM2 为正常运行接触器,KT 为启动时间继电器。

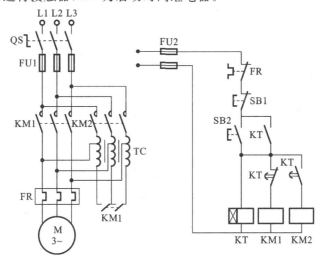

图 4-23　自耦变压器降压启动控制电路

电路的工作原理:启动时,合上电源开关 QS,按下启动按钮 SB2,接触器 KM1 的线圈和时间继电器 KT 的线圈通电,KT 瞬时动作的常开触点闭合,形成自锁,KM1 主触点闭合,将电动机定子绕组经自耦变压器接至电源,这时自耦变压器连接成星形,电动机降压启动。KT 延时后,其延时常闭触点断开,使 KM1 线圈失电,KM1 主触点断开,从而将自耦变压器从电网上切除。而 KT 延时常开触点闭合,使 KM2 线圈通电,电动机直接接到电网上运行,从而完成整个启动过程。

该电路的缺点是时间继电器一直通电,耗能多,且缩短了器件寿命,请读者自行分析并设计一断电延时的控制电路。

自耦变压器降压启动方法适用于容量较大的、正常工作时连接成星形或三角形的电动机。其启动转矩可以通过改变自耦变压器抽头的连接位置得到改变。这种方法的缺点是自耦变压器价格较贵,而且不允许频繁启动。

（八）自动往返控制电路安装与调试

自动往复循环控制是利用行程开关按机床运动部件的位置或部件的位置变化来进行的控制,通常称为行程控制。行程控制是机械设备应用较广泛的控制方式之一。生产中常见的自动循环控制有龙门刨床、磨床等生产机械的工作台的自动往复控制,工作台行程示意图及控制电路图如图 4-24 所示。

（a）工作台行程示意图

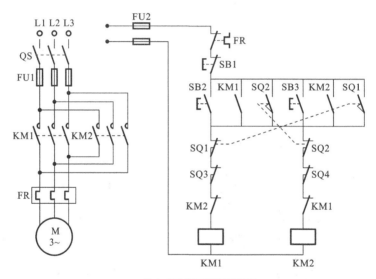

（b）自动循环控制线路图

图 4-24　工作台行程示意图及控制电路图

控制线路的工作原理:图 4-24(a)中 SQ3 和 SQ4 为限位开关,安装在工作台运动的极限位置,起限位保护作用,当由于某种故障,工作台到达 SQ1 和 SQ2 给定的位置时,未能切断 KM1(或 KM2)线圈电路,继续运行达到 SQ3(或 SQ4)所处的极限位置时,将会压下限位保护开关,切断接触器线圈电路,使电动机停止转动,避免工作台超越允许位置。

如图 4-24(b)所示,按下启动按钮 SB2,接触器 KM1 通电并自锁,其主触点闭合,电动机正转,带动工作台向左运行,当工作台到达行程开关 SQ1 的位置时,SQ1 被压下,其常闭触点断开,切断电动机的正转回路,同时,其常开触点闭合,接通接触器 KM2 的线圈回路,KM2 通电并自锁,其主触点闭合,电动机反转,带动工作台向右运行。当工作台到达行程开关 SQ2 的位置时,SQ2 被压下,切断电动机的反转回路,同时又接通电动机的正转回路,工作台又向左运行,实现工作台的自动往返。

(九) 制动控制电路、双速异步电动机调速控制安装与调试

1. 反接制动控制电路

由于惯性的原因,三相异步电动机从切断电源到完全停止运转总要经过一段时间,这往往不能适应某些机械,如万能铣床、卧式镗床、电梯等的要求。为提高生产效率及准确停位,要求电动机能迅速停车,对电动机进行制动控制。制动方法一般有两大类:机械制动和电气制动。电气制动中常用反接制动和能耗制动。

反接制动控制的工作原理:改变异步电动机定子绕组中的三相电源相序,使定子绕组产生方向相反的旋转磁场,从而产生制动转矩,实现制动。反接制动要求在电动机转速接近零时及时切断反相序的电源,以防止电动机反向启动。

反接制动过程为:当要停车时,首先将三相电源切换,然后当电动机转速接近零时,再将三相电源切除。控制电路就是要实现这一过程。

图 4-25 所示为反接制动控制电路。电动机正在正方向运行时,如果把电源反接,电动机转速将由正转急速下降到零。如果反接电源不及时切除,则电动机又要从零速反向启动运行。所以必须在电动机制动到零速时,将反接电源切断,电动机才能真正停下来。控制电路是用速度继电器来"判断"电动机的停与转的。电动机与速度继电器的转子是同轴连接在一起的,电动机转动时,速度继电器的常开触点闭合,电动机停止时常开触点断开。

主电路中,接触器 KM1 的主触点用来提供电动机的工作电源,接触器 KM2 的主触点用来提供电动机停车时的制动电源。

图 4-25(a)所示为反接制动控制电路的工作原理。启动时,合上电源开关 QS,按下启动按钮 SB2,接触器 KM1 线圈通电吸合且自锁,KM1 主触点闭合,电动机启动运转。当电动机转速升高到一定数值时,速度继电器 KS 的常开触点闭合,为反接制动做准备。停车时,按下停止按钮 SB1,KM1 线圈断电释放,KM1 主触点断开电动机的工作电源;接触器 KM2 线圈通电吸合 KM2 主触点闭合,串入电阻 R 进行反接制动,迫使电动机转速下降,当转速降至 $100\ \text{r/min}$ 以下时,KS 的常开触点复位断开,使 KM2 线圈断电释放,及时切断电动机的电源,防止了电动机的反向启动。

图 4-25(a)中有这样一个问题:在停车期间,如果为了调整工件,需要用手转动机床主轴时,速度继电器的转子也将随着转动,其常开触点闭合,KM2 通电动作,电动机接通电源发生制动作用,不利于调整工作。图 4-25(b)中的反接制动电路解决了这个问题。控制电路中停止按钮使用了复合按钮 SB1,并在其常开触点上并联了 KM2 的常开触点,使 KM2 能自锁。这样在用手转动电动机时,虽

123

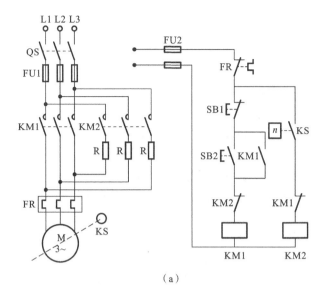

（a）

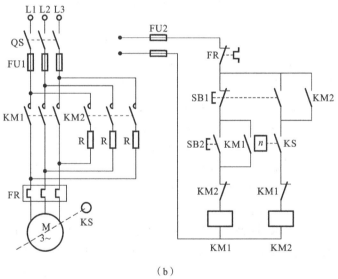

（b）

图 4-25　反接制动控制电路

然 KS 的常开触点闭合,但只要不按复合按钮 SB1,KM2 就不会通电,电动机也就不会反接电源,只有按下 SB1,KM2 才能通电,制动电路才能接通。另外由于电动机反接制动电流很大,故在主回路中串入电阻 R,可防止制动时电动机绕组过热。

2. 能耗制动控制电路

能耗制动控制的工作原理:在三相电动机停车、切断三相交流电源的同时,将一直流电源引入定子绕组,产生静止磁场。电动机转子由于惯性仍沿原方向转动,则转子在静止磁场中切割磁力线,产生一个与惯性转动方向相反的电磁转矩,实现对转子的制动。

1) 单向运行能耗制动控制电路

(1) 按时间原则控制电路　图 4-26 所示为按时间原则的单向能耗制动控制电路。图中变压器 TC、整流装置 VC 提供直流电源。接触器 KM1 的主触点闭合接通三相电源,KM2 将直流电源接入电动机定子绕组。

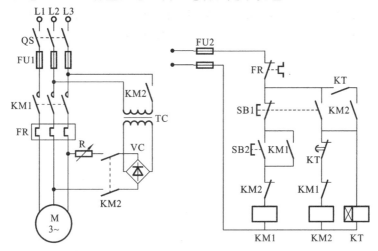

图 4-26　按时间原则控制的单向能耗制动电路

控制电路的工作原理:按下启动按钮 SB2,接触器 KM1 通电吸合并自锁,其主触点闭合,电动机启动运行。

停车时,采用时间继电器 KT 实现自动控制,按下复合按钮 SB1,KM1 线圈失电,切断三相交流电源。同时,接触器 KM2 和 KT 的线圈通电并自锁,KM2 在主电路中的常开触点闭合,直流电源被引入定子绕组,电动机能耗制动,SB1 松开复位。制动结束后,由 KT 的延时常闭触点断开 KM2 的线圈回路。图 4-26 中 KT 的瞬时常开触点的作用是:当 KT 线圈断线或机械卡阻故障时,电动机在按下 SB1 后能迅速制动,两相的定子绕组不致长期接入能耗制动的直流电流,此时该线路具有手动控制能耗制动的能力,只要使 SB1 处于按下的状态,电动机就能实现能耗制动。

能耗制动的制动转矩大小与通入直流电流的大小及电动机的转速 n 有关,同样转速,电流越大,制动作用越强。一般接入的直流电流为电动机空载电流的 3～5 倍,过大会烧坏电动机的定子绕组。电路采用在直流电源回路中串接可调电阻的方法,调节制动电流的大小。

能耗制动时制动转矩随电动机的惯性转速下降而减小,因而制动平稳。这种制动方法将转子惯性转动的机械能转换成电能,又消耗在转子的制动上,所以称为能耗制动。

（2）按速度原则控制电路　图 4-27 所示为按速度原则控制的单向能耗制动控制电路。该电路与图 4-26 所示的控制电路基本相同,仅在控制电路中取消了时间继电器 KT 的线圈及其触点电路,而在电动机转轴伸出端安装了速度继电器 KS,并且用 KS 的常开触点取代了 KT 延时常闭触点。这样,该电路中的电动机在刚刚脱离三相交流电源时,由于电动机转子的惯性速度仍很高,KS 的常开触点仍然处于闭合状态,所以,接触器 KM2 线圈在按下按钮 SB1 后通电自锁。于是,两相定子绕组获得直流电源,电动机进入能耗制动。当电动机转子的惯性速度接近零时,KS 常开触点复位,KM2 线圈断电而释放,能耗制动结束。

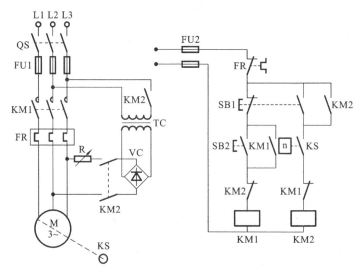

图 4-27　按速度原则控制的单向能耗制动控制电路

2）可逆运行能耗制动控制电路

图 4-28 所示为电动机按时间原则控制可逆运行的能耗制动控制电路。KM1 为正转用接触器,KM2 为反转用接触器,KM3 为制动用接触器,SB2 为正向启动按钮,SB3 为反向启动按钮,SB1 为总停止按钮。

在正向运转过程中,需要停止时,可按下 SB1,KM1 断电,KM3 和 KT 线圈通电并自锁,KM3 常闭触点断开并锁住电动机启动电路;KM3 常开主触点闭合,使直流电压加至定子绕组,电动机进行正向能耗制动,转速迅速下降,当其接近零时,KT 延时常闭触点断开 KM3 线圈电源,电动机正向能耗制动结束。由于 KM3 常开触点复位,KT 线圈也随之失电。反向启动与反向能耗制动的过程与上述正向情况相同。

电动机可逆运行能耗制动也可以按速度原则,用速度继电器取代时间继电器,这样也能达到制动目的。

3）单管能耗制动控制电路

上述能耗制动控制电路均带有变压器的桥式整流电路,设备多、成本高,为

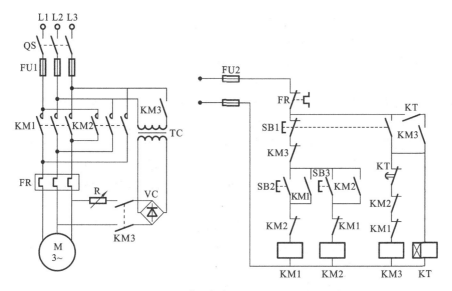

图 4-28　可逆运行的能耗制动控制电路

此,多用于制动要求不高的场合。可采用单管能耗制动电路,该电路设备简单、体积小、成本低。单管能耗制动电路取消了整流变压器,以单管半波整流器作为直流电源,使得控制设备大大简化,降低了成本。它常在 10 kW 以下的电动机中使用,其控制电路如图 4-29 所示。

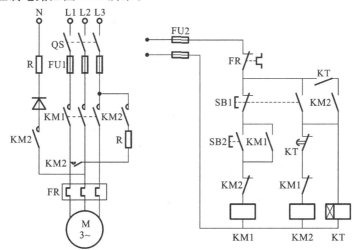

图 4-29　单管能耗制动控制电路

反接制动时,制动电流很大,因此制动力矩大,制动效果显著,但在制动时有冲击,制动不平稳且能量消耗大。

能耗制动与反接制动相比,制动平稳、准确,能量消耗少,但制动力矩较弱,特别在低速时制动效果差,并且还需提供直流电源。

在实际使用时,应根据设备的工作要求选用合适的制动方法。

3. 双速异步电动机调速控制电路

实际生产中,对机械设备常有多种速度输出的要求,通常采用单速电动机时,需配有机械变速系统以满足变速要求。当设备的结构尺寸受到限制或要求速度连续可调时,常采用多速电动机或电动机调速。交流电动机的调速由于晶闸管技术的发展,已得到广泛的应用,但由于控制电路复杂,造价高,因而普通中小型设备使用较少,没有多速交流电动机应用广。由电工学可知,电动机的转速与电动机的磁极对数有关,改变电动机的磁极对数即可改变其转速。改变磁极对数的变速方法一般只适合笼型异步电动机,本节以双速电动机为例分析这类电动机的控制电路。

图 4-30 所示为双速异步电动机调速控制电路。图中主电路接触器 KM1 的主触点闭合,构成三角形连接;KM2 和 KM3 的主触点闭合构成双星形连接。图

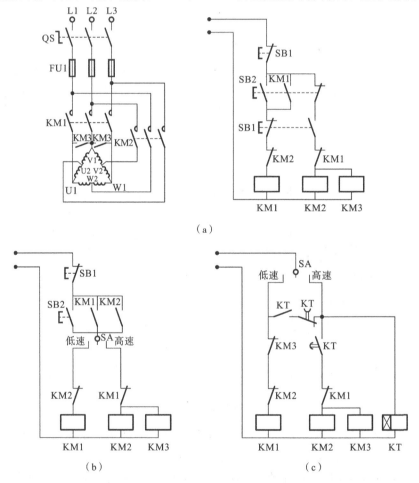

图 4-30   双速异步电动机调速控制电路

4-30(a)所示的控制电路由复合按钮 SB2 接通 KM1 的线圈电路,KM1 主触点闭合,电动机低速运行。SB3 接通 KM2 和 KM3 的线圈电路,其主触点闭合,电动机高速运行。为防止两种接线方式同时存在,KM1 和 KM2 的常闭触点在控制电路中构成互锁。图 4-30(b)所示的控制电路采用选择开关 SA,选择接通 KM1 线圈电路或 KM2、KM3 的线圈电路,即选择低速或者高速运行。图 4-30(a)和图 4-30(b)所示的控制电路用于小功率电动机,图 4-30(c)所示的控制电路用于大功率的电动机,通过开关可选择低速运行或高速运行。选择低速运行时,接通 KM1 线圈电路,直接启动低速运行;选择高速运行时,首先接通 KM1 线圈电路 低速启动,然后由时间继电器 KT 切断 KM1 的线圈电路,同时接通 KM2 和 KM3 的线圈电路,电动机的转速自动由低速切换到高速。

第 2 部分　任务分析与实施

子任务 1　异步电动机的控制电路分析与安装调试

一、任务描述

在学习了以上异步电动机的各种控制电路后,为了巩固理论知识,强化实践操作,应在教师的指导下,依据原理图完成对一些常用的基本控制电路的安装、调试操作。

二、任务实施

(1)分析以上各种控制电路的工作原理。

(2)在电动机控制实验室针对具体实训条件,有选择地对部分控制电路进行安装、调试。

注:学习者在此训练前应对其加强安全用电教育;实验接线完成后,必须通过教师检查无误后方可上电;学生不得私自上电。

第 3 部分　习题与思考

1. 长动和点动的区别是什么?

2. 画出带有热继电器过载保护的笼型异步电动机正转启动运转的控制电路。

3. 画出具有双重互锁的异步电动机正、反转控制电路。

4. 某三相笼型异步电动机单向运转,要求启动电流不能过大,制动时要快速停车。试设计主电路和控制电路,并要求有必要的保护。

5. 某三相笼型异步电动机可正反转,要求降压启动,快速停车。试设计主电路和控制电路,并要求有必要的保护。

6. 星形-三角形降压启动方法有什么特点? 说明其使用场合。

7. 试设计一个采取两地操作的点动与连续运转的电路图。

8. 试设计一控制电路,要求:按下按钮 SB,电动机 M 正转;松开 SB,M 反转,1 s 后电动机 M 自动停转,画出其控制电路。

9. 试设计两台笼型电动机 M1、M2 的顺序启动停止的控制电路。

(1) M1、M2 能顺序启动,并能同时或分别停止。

(2) M1 启动后 M2 启动,M1 可点动,M2 可单独停止。

10. 设计一个控制电路,要求第一台电动机启动 10 s 以后,第二台电动机自动启动。运行 5 s 后,第一台电动机停止,同时第三台电动机自动启动;运行 15 s 后,全部电动机停止。

11. 设计一控制电路,控制一台电动机,要求:

(1) 可正反转;

(2) 两处启停控制;

(3) 可反接制动;

(4) 有短路和过载保护。

12. 某机床主轴由一台三相笼型异步电动机拖动,润滑油泵由另一台三相笼型异步电动机拖动,均采用直接启动,要求是:

(1) 主轴必须在润滑油泵启动后,才能启动;

(2) 主轴为正、反向运转,为调试方便,要求能正、反向点动;

(3) 主轴停止后,才允许润滑油泵停止;

(4) 具有必要的电气保护。

试设计主电路和控制电路。

13. M1 和 M2 均为三相笼型异步电动机,可直接启动,按下列要求设计主电路和控制电路:

(1) M1 先启动,经一段时间后,M2 自行启动;

(2) M2 启动后,M1 立即停车;

(3) M2 可单独停车;

(4) M1 和 M2 均能点动。

14. 现有一双速电动机,试按下述要求设计控制电路:

(1) 分别用两个按钮操作电动机的高速启动和低速启动,用一个总停按钮操作电动机的停止;

(2) 启动高速时,应先接成低速然后经延时后再换接到高速;

(3) 应有短路保护和过载保护。

15. 设计一工作台自动循环控制电路,工作台在原位启动,运行到终点后立即返回,循环往复,直至按下停止按钮。

16. 设计一小车运行的控制电路,小车由异步电动机拖动,其动作程序如下:

(1) 小车由原位开始前进,到终端后自动停止;

(2) 在终端停留 2 min 后自动返回原位停止;

(3) 要求能在前进或后退途中任意位置停止或启动。

17. 有三台电动机 M1、M2、M3,要求 M1 启动后经过一段时间,M2 和 M3 同时启动,当 M2 或 M3 停止后,经一段时间 M1 停止。三台电动机均直接启动,且带有短路和过载保护,要求画出主电路和控制电路。

18. 设计一小型吊车的控制电路。小型吊车有三台电动机,横梁电动机 M1 带动横梁在车间前后移动,小车电动机 M2 带动提升机构在横梁上左右移动,提升电动机 M3 升降重物。三台电动机都采用直接启动,自由停车。要求:

(1) 三台电动机都能正常启、保、停;

(2) 在升降过程中,横梁与小车不能动;

(3) 横梁具有前、后极限保护,提升有上、下极限保护。

设计主电路与控制电路。

19. 已知三相异步电动机磁极对数 $p=2$,电源频率 $f_1=50$ Hz,转差率 $s=0.026$,求电动机转速 n。

任务3　机床典型电气控制电路及常见故障的分析

知识目标

(1) 掌握 C650 型普通车床电气控制电路及故障分析。

(2) 掌握 X62W 型万能铣床电气控制电路及故障分析。

(3) 掌握摇臂钻床的电气控制电路及故障分析。

能力目标

(1) 能正确分析阅读典型机床电气控制电路。

(2) 能有效排除典型机床电气控制电路的故障。

第1部分　知 识 学 习

本次任务主要是详细分析几种典型机床的电气控制电路,介绍一般生产机械电气控制的规律及电气控制电路的控制原理,为机床或其他生产机械电气控制的设计、安装、调试、运行等打下基础。

（一）机床电气控制电路分析方法

电气控制电路分析的基本思路是"先机后电、先主后辅、化整为零、集零为整、统观全局、总结特点"。掌握识图的基本思路,利用前面项目一学习的识图方法可以顺利地对机床电路进行分析阅读。这里补充介绍一种读图方法叫查线读图法。

查线读图法是分析继电-接触器控制电路的最基本方法。继电-接触器控制电路主要由信号元器件、控制元器件和执行元器件组成。

用查线读图法阅读电气控制原理图时,一般先分析执行元器件的电路(即主电路)。查看主电路有哪些控制元器件的触点及电气元器件等,根据它们大致判断被控制对象的性质和控制要求,然后根据主电路分析的结果所提供的线索及元器件触点的文字符号,在控制电路上查找有关的控制环节,结合元器件表和元器件动作位置图进行读图。控制电路的读图通常是由上而下或从左往右,读图时假想按下操作按钮,跟踪控制电路,观察有哪些电气元器件受控动作。再查看这些被控制元器件的触点又怎样控制另外一些控制元器件或执行元器件动作的。如果有自动循环控制,则要观察执行元器件带动机械运动将使哪些信号元器件状态发生变化,并又会引起哪些控制元器件状态发生变化。在读图过程中,特别要注意控制环节相互间的联系和制约关系,直至将电路全部看懂为止。

查线读图法的优点是直观性强,容易掌握,缺点是分析复杂电路时易出错。因此,在用查线读图法分析电路时,一定要认真细心。

(二) C650 型普通卧式车床

1. C650 型普通卧式车床的主要结构及运动形式

C650 型普通卧式车床属于中型车床,可加工的最大工件回转直径为 1 020 mm,最大工件长度为 3 000 mm,机床的结构形式如图 4-31 所示,它由主轴变速箱、挂轮箱、进给箱、溜板箱、尾座、滑板与刀架、光杠与丝杠等部件组成。

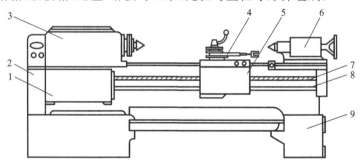

图 4-31　C650 型普通卧式车床的主要结构

1—进给箱;2—挂轮箱;3—主轴变速箱;4—滑板与刀架;
5—溜板箱;6—尾座;7—丝杠;8—光杠;9—床身

车床有三种运动形式:主轴通过卡盘或顶尖带动工件的旋转运动,称为主运动;刀具与滑板一起随溜板箱实现进给运动;其他运动称为辅助运动。

主轴的旋转运动由主轴电动机拖动,经传动机构实现。车削加工时,要求车床主轴能在较大范围内变速。通常根据被加工零件的材料性能、车刀材料、零件尺寸精度要求、加工方式及冷却条件等来选择切削速度,采用机械变速方法。对于卧式车床,调速比一般应大于 70。为满足加工螺纹的需要,要求车床主轴具有正、反向旋转的功能。由于加工的工件比较大,其转动惯量也比较大,停车时必须采用电气制动,以提高生产效率。车床纵、横两个方向的进给运动是由主轴箱的输出轴,经挂轮箱、进给箱、光杠传入溜板箱而获得,其运动方式有手动与机动控制两种。车床的辅助运动为溜板箱的快速移动、尾座的移动和工件的夹紧与放松。

2. C650 普通车床的电力拖动控制要求与特点

(1)车削加工接收电功率的元器件近似于恒功率负载,主轴电动机 M1 通常选用笼型异步电动机,完成主轴主运动和刀具进给运动的驱动。电动机采用直接启动的方式启动,可正、反两个方向旋转,并可实现正、反两个旋转方向的电气停车制动。为加工调整方便,还具有点动功能。

(2)车削螺纹时,刀架移动与主轴旋转运动之间必须保持准确的比例关系,因此,车床主轴运动和进给运动只由一台电动机拖动,刀架移动由主轴箱通过机械传动链来实现。

(3)为了提高生产效率、减轻工人劳动强度,拖板的快速移动由电动机 M3 单独拖动。根据使用需要,可随时手动控制启停。

(4)车削加工中,为防止刀具和工件的温度过高、延长刀具使用寿命、提高加工质量,车床附有一台单方向旋转的冷却泵电动机 M2,与主轴电动机实现顺序启停,也可单独操作。

(5)车床应有必要的保护环节、联锁环节、照明和信号电路。

3. C650 型卧式车床的电气控制电路及故障分析

1)主电路分析

图 4-32 所示的主电路中有三台电动机的驱动电路。隔离开关 QS 将三相电源引入,电动机主电路接线分为三部分,第一部分由正转控制交流接触器 KM1 和反转控制交流接触器 KM2 的两组主触点构成电动机的正反转电路;第二部分为电流表 A 经电流互感器 TA 接在主电动机 M1 的动力回路上,以监视电动机工作时绕组的电流变化。为防止电流表被启动电流冲击损坏,利用一时间继电器 KT 的延时常闭触点,在启动的短时间内将电流表暂时短接;第三部分电路通过交流接触器 KM3 的主触点控制限流电阻 R 的接入和切除。在进行点动调整时,为防止连续的启动电流造成电动机过载,串入限流电阻 R,以保证电路设备正常工作。在电动机反接制动时,通常串入电阻 R 限流。速度继电器 KS 的速度检测部分与电动机的主轴同轴相连,在停车制动过程中,当主电动机转速为零时,其常开触点可将控制电路中反接制动的相应电路切断,完成停车制动。

电动机 M2 动力电路的接通与断开由交流接触器 KM4 的主触点控制;电动机 M3 动力电路的接通与断开由交流接触器 KM5 的主触点控制。

为保证主电路的正常运行,主电路中还设置了采用熔断器的短路保护环节

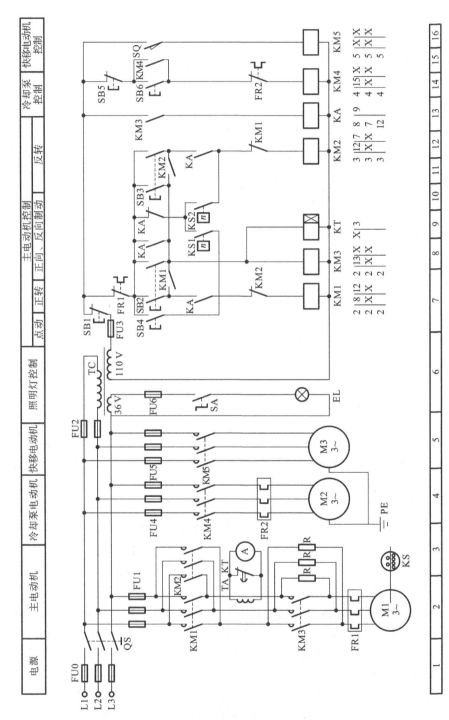

图4-32 C650型卧式车床电气控制原理图

和采用热继电器的电动机过载保护环节。

2）控制电路分析

控制电路可划分为主电动机 M1 的控制电路和电动机 M2 与 M3 的控制电路两部分。下面对各部分控制电路逐一进行分析。

（1）主轴电动机正反向启动与点动控制。由图 4-32 可知：当压下正向启动按钮 SB2 时，其常开触点动作闭合，接通交流接触器 KM3 的线圈电路和时间继电器 KT 的线圈电路；KM3 的主触点将主电路中限流电阻 R 短接，其辅助常开触点同时将中间继电器 KA 的线圈电路接通；KA 的常闭触点将停车制动的基本电路切除，其常开触点与 SB2 的常开触点均在闭合状态，控制主电动机的交流接触器 KM1 的线圈电路得电工作，其主触点闭合，电动机正向直接启动。KT 的常闭触点在主电路中短接电流表 A，经延时断开后，电流表接入电路正常工作。启动结束后，进入正常运行状态。反向启动按钮为 SB3，反向启动控制过程与正向启动控制过程类似。

SB4 为主轴电动机点动控制按钮，按下点动按钮 SB4，直接接通 KM1 的线圈电路，电动机 M1 正向直接启动。这时 KM3 线圈电路并没接通，限流电阻 R 接入主电路限流，其辅助常开触点不动作，KA 线圈不能得电工作，从而使 KM1 线圈不能连续通电。松开按钮，M1 停转，实现主轴电动机串联电阻限流的点动控制。

（2）主轴电动机反接制动控制电路。C650 型卧式车床采用反接制动的方式进行停车制动。当电动机正向转动时，速度继电器 KS 的常开触点 KS2 闭合，制动电路处于制动准备状态。压下停车按钮 SB1，切断控制电源，KM1、KM3、KA 线圈均失电，其相关触点复位。而电动机由于惯性而继续运转，速度继电器的触点 KS2 仍闭合，与控制反接制动电路的 KA 常闭触点一起，在按钮 SB1 复位时接通接触器 KM2 的线圈电路，电动机 M1 主电路串入限流电阻 R，进行反接制动，强迫电动机迅速停车。当电动机速度趋近于零时，速度继电器触点 KS2 复位断开，切断 KM2 的线圈电路，其相应的主触点复位，电动机断电，反接制动过程结束。反接制动工作流程如图 4-33 所示。

反转时的反接制动工作过程与停车制动时的反接制动工作过程相似，此时反转状态下，KS1 触点闭合，制动时，接通接触器 KM1 的线圈电路，进行反接制动。

（3）刀架的快速移动和冷却泵电动机的控制。转动刀架手柄，压下位置开关 SQ，接通控制快速移动电动机 M3 的接触器 KM5 的线圈电路，KM5 的主触点闭合，M3 启动，经传动系统驱动溜板箱带动刀架快速移动。冷却泵电动机 M2 由启动按钮 SB6、停止按钮 SB5 控制接触器 KM4 线圈电路的通断，以实现电动机 M2 的控制。

3）常见故障分析

（1）主轴电动机不能启动。可能的原因：电源没有接通；热继电器已动作，其

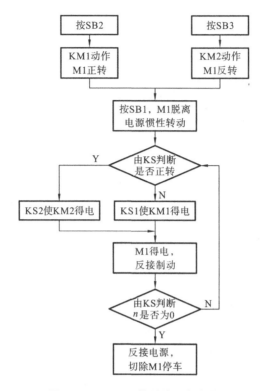

图 4-33 C650 反接制动工作流程

常闭触点尚未复位;启动按钮或停止按钮内的触点接触不良;交流接触器的线圈烧毁或接线脱落等。

(2)按下启动按钮后,电动机发出嗡嗡声,不能启动,这是电动机的三相电源缺相造成的。可能原因:熔断器某一相熔丝烧断;接触器一对主触点没接触好;电动机接线某一处断线等。

(3)按下停止按钮,主轴电动机不能停止。可能的原因:接触器触点熔焊、主触点被杂物阻卡;停止按钮常闭触点被阻卡。

(4)主轴电动机不能点动。可能原因:点动按钮 SB4 的常开触点损坏或接线脱落。

(5)主轴电动机不能进行反接制动。主要原因:速度继电器损坏或接线脱落;电阻 R 损坏或接线脱落。

(6)不能检测主轴电动机负载。可能的原因:电流表损坏;时间继电器设定时间太短或损坏;电流互感器损坏。

(三)X62W 型卧式万能铣床

1. X62W 型卧式万能铣床的主要结构

X62W 型卧式万能铣床具有主轴转速高、调速范围宽、操作方便、工作台能自动循环加工等特点，其主要结构如图 4-34 所示。X62W 型卧式万能铣床主要由底座、床身、悬梁、主轴、刀杆支架、回转台、升降工作台等主要部件组成。

固定在底座上的箱型床身是机床的主体部分，用来安装和连接机床的其他部件，床身内装有主轴的传动机构和变速操纵机构。在床身顶部的燕尾形导轨上装有可沿水平方向调整位置的悬梁。刀杆支架装在悬梁的下面用以支承刀杆，以提高其刚度。

铣刀装在由主轴带动旋转的刀杆上。为了调整铣刀的位置，悬梁可沿水平导轨移动，刀杆支架也可沿悬梁水平移动。升降台装在床身前侧面的垂直导轨上，可沿垂直导轨上下移动。在升降台上面的水平导轨上，装有可在平行于主轴轴线方向横向移动(前后移动)的溜板，溜板上部装有可以转动的回转台。工作台装在回转台的导轨上，可以作垂直于轴线方向的纵向移动(左右移动)。由此可见，通过燕尾槽固定于工作台上的工件，通过工作台、溜板、升降台，可以在上下、左右及前后三个相互垂直方向实现任一方向的调整和进给。也可通过回转台绕垂直轴线左右旋转 $45°$，实现工作台在倾斜方向的进给，以加工螺旋槽。另外，工作台上还可以安装圆形工作台以扩大铣削加工范围。

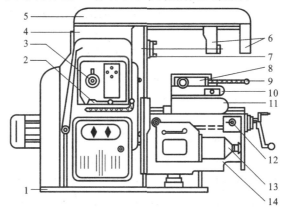

图 4-34　X62W 型卧式万能铣床的主要结构

1—底座；2—主轴变速手柄；3—主轴变速数字盘；4—床身(立柱)；5—悬梁；

6—刀杆支架；7—主轴；8—工作台；9—工作台纵向操作手柄；10—回转台；

11—床鞍；12—工作台升降及横向操作手柄；13—进给变速手轮及数字盘；14—升降台

从上述分析可知，X62W 型卧式万能铣床有三种运动：主轴带动铣刀的旋转运动，称为主运动；加工中工作台或进给箱带动工件的移动以及圆形工作台的旋转运动，称为进给运动；工作台带动工件在三个方向的快速移动，称为辅助运动。

2. X62W 型卧式万能铣床的电力拖动的要求和控制特点

(1) X62W 型卧式万能铣床的主运动和进给运动之间没有速度比例协调的要求，从机械结构的合理性考虑，主轴与工作台各自采用单独的笼型异步电动机拖动。

（2）主轴电动机 M1 是在空载时直接启动。为完成顺铣和逆铣,要求电动机能正反转,可在加工之前根据铣刀的种类预先选择转向,在加工过程中不必变换转向。

（3）为了减小负载波动对铣刀转速的影响,以保证加工质量,在主轴传动系统中装有惯性轮。为了能实现快速停车的目的,要求主轴电动机采用停车制动控制。

（4）工作台的纵向、横向和垂直三个方向的进给运动由一台进给电动机 M2 拖动。进给运动的方向,是通过操作选择运动方向的手柄与开关,配合进给电动机 M2 的正、反转来实现。圆形工作台的回转运动是由进给电动机经传动机构驱动的。

（5）为了缩短调整运动的时间,提高生产率,要求工作台空行程应有快速移动控制。X62W 型卧式万能铣床是由快速电磁铁吸合通过改变传动链的传动比来实现的。

（6）为适应不同的铣削加工的要求,主轴转速与进给速度应有较宽的调节范围。X62W 型卧式万能铣床采用机械变速的方法,通过改变变速箱传动比来实现。为保证变速时齿轮易于啮合,减小齿轮端面的冲击,要求变速时有电动机瞬时冲动(短时间歇转动)控制。

（7）根据工艺要求,主轴旋转与工作台进给之间应有可靠的联锁控制,即进给运动要在铣刀旋转之后才能进行,加工结束必须在铣刀停转前停止进给运动,以避免工件与铣刀碰撞而造成事故。

（8）为了保证机床、刀具的安全,在铣削加工时同一时间只允许工作台向一个方向移动,故三个垂直方向的运动之间应有联锁保护。使用圆形工作台时,不允许工件作纵向、横向和垂直方向的进给运动。为此,要求圆形工作台的旋转运动与工作台的上下、左右、前后三个方向的运动之间有联锁控制。

（9）铣削加工中,一般需要用切削液对工件和刀具进行冷却润滑。由电动机 M3 拖动冷却泵,供给铣削加工时的切削液。

（10）为使操作者能在铣床的正面、侧面方便地操作,应能在两处控制各部件的启动与停止,并配有安全照明装置。

3. X62W 型卧式万能铣床的电气控制电路分析

万能铣床的机械操纵与电气控制的配合十分紧密,是机械-电气联合动作的典型控制。图 4-35 所示为 X62W 型卧式万能铣床的电气控制原理图。

1）主轴电动机控制

M1 为主轴拖动电动机。从主电路看出,主轴电动机的转向由转换开关 SA5 预选确定。主轴电动机的启动、停止由接触器 KM3 控制,接触器 KM2 及电阻 R 和速度继电器 KS 组成停机反接制动控制电路。

（1）主轴电动机启动。接通电源开关 QS1,由操作转换开关 SA5 选择主轴

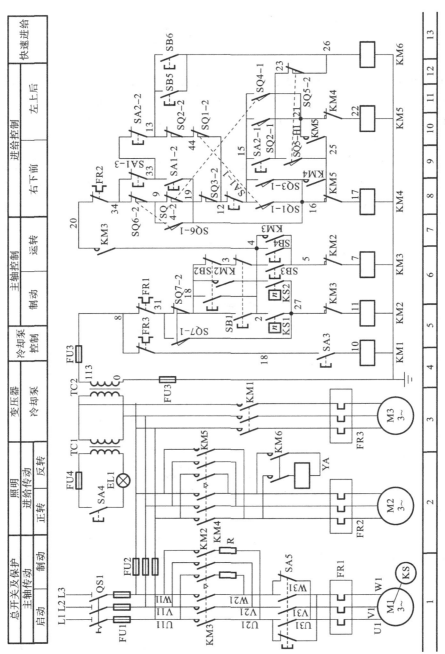

图4-35　X62W型卧式万能铣床的电气控制原理图

电动机转向。分别由装于工作台上与床身上的控制按钮 SB3、SB4 和 SB1、SB2 实现两地控制主轴电动机启动与停止。按下按钮 SB3 或 SB4,接触器 KM3 得电,其触点闭合并自锁,主轴电动机按预选方向直接启动,带动主轴、铣刀旋转,同时速度继电器 KS 常开触点闭合,为停机反接制动做准备。

（2）主轴电动机停机。按下停机按钮 SB1 或 SB2,接触器 KM3 失电,切断正序电源,同时接触器 KM2 得电,电动机串电阻实现反接制动。当主轴电动机转速低于 100 r/min 时,KS 触点断开,KM2 断电,电动机反接制动结束。停机操作时应注意在按下 SB1 或 SB2 时要按到底,否则反接制动电路未接入,电动机只能实现自然停机。

（3）主轴的变速冲动控制。主轴的变速装置采用圆孔盘式结构,变速时操作变速手柄在拉出或推回过程中短时触动冲动开关 SQ7,电动机瞬动而实现变速冲动控制。X62W 主轴变速冲动控制原理如图 4-36 所示,主轴处于停车状态时,操作变速手柄,凸轮转动压动弹簧杆,触动冲动开关 SQ7,使接触器 KM2 瞬时得电,电动机定子串电阻冲动一下,带动齿轮转动一下,使齿轮啮合,完成变速。

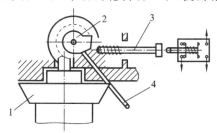

图 4-36　X62W 主轴变速冲动控制原理
1—变速盘;2—凸轮;3—弹簧杆;4—变速手柄

主轴已启动工作时,如要变速,同样操作变速手柄。操作时也触动冲动开关 SQ7,使接触器 KM3 失电,KM2 得电进行反接制动,主轴转速迅速下降,以便于齿轮在低速下啮合。完成变速后,推回变速手柄,主轴电动机重新启动,继续工作。

主轴在变速操作时,应以较快速度将手柄推入啮合位置。因为 SQ7 的瞬动只靠手柄上凸轮的一次接触达到,如果推入动作缓慢,凸轮与 SQ7 接触时间延长,会使主轴电动机转速过高,齿轮啮合不上,甚至损坏齿轮。

2）工作台进给运动控制

工作台的进给运动需在主轴启动之后进行。接触器 KM3 常开触点闭合,接通进给控制电源。工作台的左、右、前、后和上、下方向的进给运动均由进给拖动电动机 M2 驱动,通过 M2 的正反转及机械结构的联合动作,来实现六个方向的进给运动。控制工作台运动的电路是由与纵向机械操作手柄联动的行程开关 SQ1、SQ2 及与横向、升降操作手柄联动的行程开关 SQ3、SQ4 组成的复合控制电路。这时圆形工作台控制转换开关 SA1 在断开位置,即 SA1-1 和 SA1-3 接通,SA1-2 断开,进给电动机通过工作台方向操作手柄进行控制。圆形工作台控制 SA1 动作表如表 4-3 所示。

表 4-3 圆形工作台转换开关工作状态

位　　置	接通圆形工作台	断开圆形工作台
SA1-1	—	+
SA1-2	+	—
SA1-3	—	+

(1)工作台的左、右(纵向)进给运动 工作台的左、右进给运动由工作台前面的纵向操作手柄进行控制。当将操作手柄扳到向右位置时,一方面合上纵向进给的机械离合器,同时压下行程开关 SQ1,如表 4-4 所示,其常闭触点 SQ1-2 断开,使 KM5 线圈不能得电;常开触点 SQ1-1 接通,此时,控制电源经(20→34→9→19→12→16→0)接通接触器 KM4 线圈,KM4 吸合,主触点接通 M2 正序电源,M2 正向旋转,工作台向右作进给运动。同理,将操作手柄扳到向左位置时,SQ2 压合,工作台向左作进给运动,电路工作过程由读者自行分析。

表 4-4 工作台纵向行程开关工作状态

纵向操作手柄	向　　左	中间 (停)	向　　右
SQ1-1	—	—	+
SQ1-2	+	+	—
SQ2-1	+	—	—
SQ2-2	—	+	+

若将操作手柄置于中间位置,SQ1、SQ2 复位,KM4、KM5 均不吸合,工作台停止左右运动。

(2)工作台前、后(横向)进给运动和上、下(垂直)进给运动 工作台的前、后及上、下进给运动,共用一套操作手柄进行控制,手柄有五个控制位置,处于中间位置为原始状态,进给离合器处于断开状态,行程开关 SQ3、SQ4 均复位,工作台不运动。当操作向前、向后手柄时,通过机械装置连接前、后进给方向的机械离合器。当操作向上、向下手柄时,连接上、下进给方向的机械离合器。同时,SQ3 或 SQ4 压合接通,如表 4-5 所示,电动机 M3 正向或反向旋转,带动工作台作相应方向的进给运动。

工作台向前和向下进给运动的电气控制电路相同。当将操作手柄扳到向前或向下位置时,压合 SQ3,使其常闭触点 SQ3-2 断开,常开触点 SQ3-1 闭合,控制电源经 20→34→33→13→44→12→15→16→17→0 接通 KM4 线圈,KM4 吸合,

表 4-5　工作台升降、横向行程开关工作状态

升降、横向操作手柄	向前 向下	中间 （停）	向后 向上
SQ3-1	+	−	−
SQ3-2	−	+	+
SQ4-1	−	−	+
SQ4-2	+	+	−

进给电动机 M2 正向旋转并通过机械联动将前、后进给离合器或上、下进给离合器接入，使工作台作向前或向下的进给运动。

工作台向后和向上进给运动也共用一套电气控制装置。当操作手柄扳到向后或向上位置时，压合 SQ4，进给电动机反向旋转，使工作台作向后或向上的进给运动。电路的工作过程读者可自行进行分析。

（3）圆形工作台的工作　圆形工作台的回转运动由进给电动机 M2 经传动机构驱动。在使用时，首先必须将圆形工作台转换开关 SA1 扳至"接通"位置，即圆形工作台的工作位置。SA2 为工作台手动与自动转换开关，SA2 扳至"自动"位置时，SA2-1 断开，SA2-2 闭合，此时，由于 SA1-1、SA1-3 断开，SA1-2 接通，这样就切断了铣床工作台的进给运动控制回路，工作台不可能作三个互相垂直方向的进给运动。圆形工作台的控制电路中，控制电源经 20→34→9→19→12→44→13→33→16→17→0 接通接触器 KM4 线圈回路，使 M2 带动圆形工作台作回转运动。由于 KM5 线圈回路被切断，所以进给电动机仅能正向旋转。因此，圆形工作台也只能按一个方向作回转运动。

（4）进给变速冲动　进给变速冲动与主轴变速冲动一样，为了便于变速时齿轮的啮合，电气控制上设有进给变速冲动电路。但进给变速时不允许工作台作任何方向的运动。

变速时，先将变速手柄拉出，使齿轮脱离啮合，然后转动变速盘至所选择的进给速度挡，最后推入变速手柄。在推入变速手柄时，应先将手柄向极端位置拉一下，使行程开关 SQ6 被压合一次，其常闭触点 SQ6-2 断开，常开触点 SQ6-1 接通，控制电源经 20→34→33→13→44→12→19→9→16→17→0 瞬时接通接触器 KM4，进给电动机 M2 作短时冲动，便于齿轮啮合。

（5）工作台快速移动　铣床工作台除能实现进给运动外，还可进行快速移动。它可通过前述的方向控制手柄配合快速移动按钮 SB5 或 SB6 进行操作。

当工作台已在某一方向进给时，此时按下快速进给按钮 SB5 或 SB6，使接触器 KM6 通电，接通快速移动电磁铁 YA，衔铁吸合，经丝杠将进给传动链中的摩擦离合器合上，减少中间传动装置，工作台按原进给运动方向实现快速移动。当松开 SB5 或 SB6 时，KM6、YA 线圈相继断电，衔铁释放，摩擦离合器脱开，快速移

动结束,工作台仍按原进给运动速度和原进给运动方向继续进给。因此,工作台的快速移动是点动控制。

工作台的快速移动也可以在主轴电动机停转情况下进行。这时应将主轴换向开 SA5 扳向"停止"位置,然后按下 SB3 或 SB4,使接触器 KM3 通电并自锁,操纵工作台手柄,使进给电动机 M2 启动旋转,再按下 SB5 或 SB6,工作台便可在主轴不旋转的情况下实现快速移动。

3) 冷却泵电动机的控制与照明电路

冷却泵电动机 M3 通常在铣削加工时由转换开关 SA3 操作。当转换开关扳至接通位置时,触点 SA3 闭合,接触器 KM1 通电,电动机 M3 启动,拖动冷却泵送出切削液。机床的局部照明由变压器 T 输出 36 V 安全电压,由开关 SA4 控制照明灯 EL1。

4) 控制电路的联锁与保护

铣床的运动较多,电气控制电路较复杂。为了保证刀具、工件和机床能够安全可靠地进行工作,应具有完善的联锁与保护。

(1) 主运动与进给运动的顺序联锁　进给运动电气控制电路接在主轴电动机接触器 KM3 触点之后,以保证在主电动机 M1 启动后,进给电动机 M2 才可启动;主轴电动机 M1 停止时,进给电动机 M2 应立即停止。

(2) 工作台六个进给运动方向间的联锁　工作台左、右、前、后及上、下六个方向进给运动分别由两套机械机构操作,而铣削加工时只允许一个方向的进给运动,为了避免误操作,采用电气联锁方式。当工作台实现左、右方向进给运动时,控制电流必须通过控制上、下与前、后进给的行程开关的常闭触点 SQ3-2、SQ4-2 支路。当工作台作前、后和上、下方向进给运动时,控制电源必须通过控制右、左进给的行程开关的常闭触点 SQ1-2、SQ2-2 支路。这就实现了由电气配合机械定位的六个进给运动方向的联锁。

(3) 圆形工作台工作与六个方向进给运动间的联锁　圆形工作台工作时不允许六个方向进给运动作任一方向的进给运动。除了要通过实现 SA1 定位联锁外,还必须使控制电流通过行程开关的常闭触点 SQ1-2、SQ2-2、SQ3-2、SQ4-2,从而实现电气联锁。

(4) 进给变速冲动不允许工作台作任何方向的进给运动联锁　变速冲动时,行程开关 SQ6 动作,其触点 SQ6-2 断开,SQ6-1 接通。因此,控制电流必须经过 SA1-3 触点(即圆形工作台不工作)和 SQ1-2、SQ2-2、SQ3-2、SQ4-2 四个常闭触点(即工作台六个方向均无进给运动),才能实现进给变速冲动。

(5) 保护环节　主电路、控制电路和照明电路都具有短路保护。六个方向进给运动的终端限位保护,是由各自的限位挡铁来碰撞操作手柄,使其返回中间位置以切断控制电路来实现的。三台电动机的过载保护,分别由热继电器 FR1、FR2、FR3 实现。为了确保刀具与工件的安全,要求主轴电动机、冷却泵电动机过载时,除两台电动机停转外,进给运动也应停止,否则将撞坏刀具与工件。因此,FR1、FR3 应串接在相应位置的控制电路中。当进给电动机过载时,则要求进给运动先停止,允许刀具空转一会儿,再由操作者总停机。因此,FR2 的常闭触点只串接在进给运动控制支路中。

4. 常见故障分析

(1)主轴电动机不能启动。故障的主要原因有:主轴换向开关打在停止位置;控制电路熔断器 FU1 熔断;按钮 SB1、SB2、SB3 或 SB4 的触点接触不良或接线脱落;热继电器 FR1 已动作过但未能复位;主轴变速冲动开关 SQ7 的常闭触点不通;接触器 KM3 线圈及主触点损坏或接线脱落。

(2)主轴不能变速冲动。故障的原因有主轴变速冲动行程开关 SQ7 位置移动、撞坏或断线。

(3)主轴不能反接制动。故障的主要原因有:按钮 SB1 或 SB2 触点损坏;速度继电器 KS 损坏;接触器 KM2 线圈及主触点损坏或接线脱落;反接制动电阻 R 损坏或接线脱落。

(4)工作台不能进给。故障的原因主要有:接触器 KM4、KM5 线圈及主触点损坏或接线脱落;行程开关 SQ1、SQ2、SQ3 或 SQ4 的常闭触点接触不良或接线脱落;热继电器 FR2 已动作,未能复位;进给变速冲动行程开关 SQ6 常闭触点断开;两个操作手柄都不在零位;电动机 M2 已损坏;选择开关 SA1 损坏或接线脱落。

(5)进给不能变速冲动。故障的原因有进给变速冲动行程开关 SQ6 位置移动、撞坏或断线。

(6)工作台不能快速移动。故障的主要原因有:快速移动的按钮 SB5 或 SB6 的触点接触不良或接线脱落;接触器 KM6 线圈及触点损坏或接线脱落;快速移动电磁铁 YA 损坏。

(四)Z3040 型摇臂钻床

钻床可以进行多种形式的加工,如钻孔、镗孔、铰孔及攻螺纹,因此要求钻床的主轴运动和进给运动有较宽的调速范围。Z3040 型摇臂钻床主轴的调速范围为正转最低转速为 40 r/min,最高转速为 2 000 r/min。进给调速范围为 0.05～1.60 mm/r。进给调速是通过三相交流异步电动机和变速箱来实现的。钻床的种类很多,有台钻、立钻、卧钻、专门化钻床和摇臂钻床。台钻和立钻的电气线路比较简单,其他形式的钻床在控制系统上也大同小异,本节以 Z3040 型摇臂钻床为例分析它的电气控制电路。

1. Z3040 型摇臂钻床的主要结构与运动形式

摇臂钻床适合于在大、中型零件上进行钻孔、扩孔、铰孔及攻螺纹等工作,在具有工艺装备的条件下还可以进行镗孔。Z3040 型摇臂钻床由底座、外立柱、内立柱、摇臂、主轴箱及工作台等部分组成,主要结构如图 4-37 所示。内立柱固定在底座的一端,外立柱套在内立柱上,工作时用液压夹紧机构与内立柱夹紧,松开后,可绕内立柱回转360°。摇臂的一端为套筒,它套在外立柱上,经液压夹紧机构可与外立柱夹紧。夹紧机构松开后,借助升降丝杠的正、反向旋转可沿外立柱作上下移动。由于升降丝杠与外立柱构成一体,而升降螺母则固定在摇臂上,所以摇臂只能与外立柱一起绕内立柱回转。

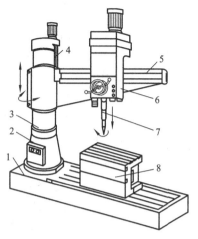

图 4-37　Z3040 型摇臂钻床的主要结构
1—底座;2—内立柱;3—外立柱;
4—摇臂升降丝杠;5—摇臂;
6—主轴箱;7—主轴;8—工作台

主轴箱是一个复合部件,它由主传动电动机、主轴和主轴传动机构、进给和变速机构以及机床的操作机构等部分组成。主轴箱安装于摇臂的水平导轨上,可以通过手轮操作使主轴箱沿摇臂水平导轨移动,通过液压夹紧机构紧固在摇臂上。

钻削加工时,主轴旋转为主运动,而主轴的直线移动为进给运动。即钻孔时钻头作旋转运动的同时作纵向进给运动。主轴变速和进给变速的机构都在主轴箱内,用变速机构分别调节主轴转速和上、下进给量。摇臂钻床的主轴旋转运动和进给运动由一台交流异步电动机 M1 拖动。

摇臂钻床的辅助运动有:摇臂沿外立柱的上升、下降,立柱的夹紧和松开以及摇臂与外立柱一起绕内立柱的回转运动。摇臂的上升、下降由一台交流异步电动机 M2 拖动,立柱的夹紧和松开、摇臂的夹紧与松开以及主轴箱的夹紧与松开由另一台交流电动机 M3 拖动一台齿轮泵,供给夹紧装置所需要的压力油而推动夹紧机构液压系统实现。而摇臂的回转和主轴箱沿摇臂水平导轨方向的左右移动通常采用手动。此外还有一台冷却泵电动机 M4 对加工的刀具进行冷却。

2. Z3040 型摇臂钻床的电力拖动的要求与控制特点

(1) 为简化机床传动装置的结构采用多台电动机拖动。

(2) 主轴的旋转运动、纵向进给运动及其变速机构均在主轴箱内,由一台主电动机拖动。

(3) 为了适应多种加工方式的要求,主轴的旋转与进给运动均有较大的调速范围,由机械变速机构实现。

(4) 加工螺纹时,要求主轴能正、反向旋转,这是采用机械方法来实现的。因此,主电动机只需单向旋转,可直接启动,不需要制动。

(5) 摇臂的升降由升降电动机拖动,要求电动机能正、反向旋转,采用笼型异步电动机。可直接启动,不需要调速和制动。

（6）内外立柱、主轴箱与摇臂的夹紧与松开是通过控制电动机的正、反转，带动液压泵送出不同流向的压力油，推动活塞、带动菱形块动作来实现的。因此拖动液压泵的电动机要求正、反向旋转，采用点动控制。

（7）摇臂钻床主轴箱、立柱的夹紧与松开由一条油路控制，且同时动作。而摇臂的夹紧、松开与摇臂升降工作连成一体，由另一条油路控制。两条油路哪一条处于工作状态，是根据工作要求通过控制电磁阀操纵的。夹紧机构液压系统原理如图 4-38 所示。由于主轴箱和立柱的夹紧、松开动作是点动操作的，因此液压泵电动机采用点动控制。

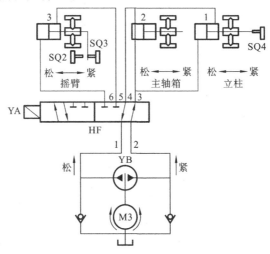

图 4-38　Z3040 型夹紧机构液压系统原理

（8）根据加工需要，操作者可以手控操作冷却泵电动机单向旋转。

（9）必要的联锁和保护环节。

（10）机床安全照明及信号指示电路。

3. Z3040 型摇臂钻床的电气控制电路分析

1）主电路分析

主轴电动机 M1 为单方向旋转，由接触器 KM1 控制。主轴的正反转由机床液压系统操纵机构配合正反转摩擦离合器实现，并由热继电器 FR1 做电动机过载保护。摇臂升降电动机 M2 由正、反转接触器 KM2、KM3 控制实现正反转。在操纵摇臂升降时，控制电路首先使液压泵电动机 M3 启动旋转，送出压力油，经液压系统将摇臂松开，然后才使 M2 启动，拖动摇臂上升或下降。当摇臂移动到位后，控制电路首先使 M2 先停下，再自动通过液压系统将摇臂夹紧，最后液压泵电动机才停转。M2 短时工作，不用设过载保护。M3 由接触器 KM4、KM5 实现正、反转控制，热继电器 FR2 做过载保护。M4 电动机容量小，由开关 SA1 直接控制启动和停车。Z3040 型摇臂钻床的电气控制电路原理图如图 4-39 所示。

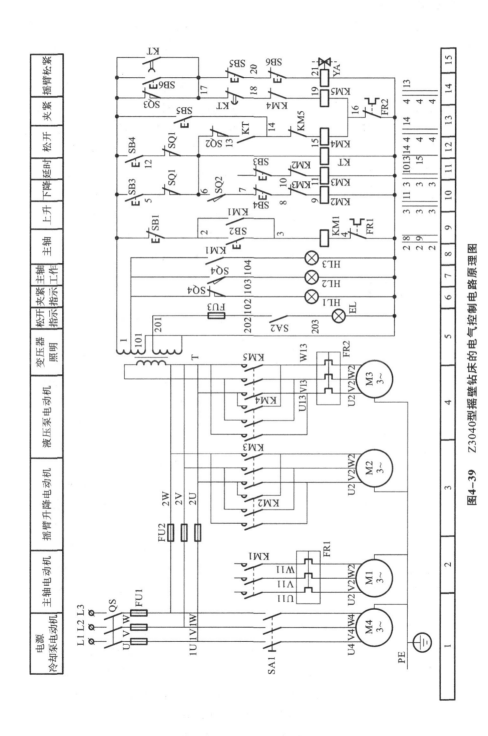

图4-39 Z3040型摇臂钻床的电气控制电路原理图

2）控制电路分析

（1）主轴电动机的控制。由按钮 SB1、SB2 与接触器 KM1 构成主轴电动机的单方向启动-停止控制电路。M1 启动后，指示灯 HL3 亮，表示主轴电动机在旋转。

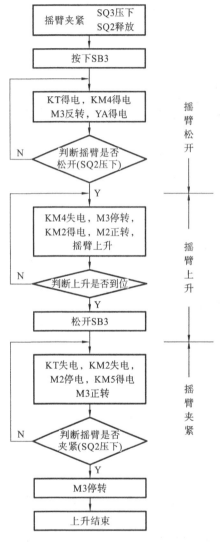

图 4-40　摇臂上升工作流程

（2）摇臂升降的控制。由摇臂上升按钮 SB3、下降按钮 SB4 及正、反转接触器 KM2、KM3 组成具有双重互锁功能的电动机正、反转点动控制电路。摇臂的升降控制须与夹紧机构液压系统密切配合。由正、反转接触器 KM5、KM4 控制双向液压泵电动机 M3 的正、反转，送出压力油，经二位六通阀送至摇臂夹紧机构实现夹紧与松开。

以摇臂上升为例分析摇臂升降的控制。摇臂上升工作流程如图 4-40 所示。按下摇臂上升点动按钮 SB3，时间继电器 KT 线圈通电，瞬动常开触点 KT 闭合，接触器 KM4 线圈通电，液压泵电动机 M3 反向启动旋转，拖动液压泵送出压力油。同时 KT 的断电延时断开触点 KT 闭合，电磁阀 YA 线圈通电，液压泵送出的压力油经二位六通阀进入摇臂夹紧机构的松开油腔，推动活塞和菱形块将摇臂松开。摇臂松开时，活塞杆通过弹簧片压下行程开关 SQ2，发出摇臂松开信号，即常闭触点 SQ2 断开，常开触点 SQ2 闭合，前者断开 KM4 线圈电路，电动机 M3 停止旋转，液压泵停止供油，摇臂维持在松开状态；后者接通 KM2 线圈电路，控制摇臂升降电动机 M2 正向启动旋转，拖动摇臂上升。

当摇臂上升到所需位置时，松开按钮 SB3，KM2 与 KT 线圈同时断电，电动机 M2 依惯性旋转，摇臂停止上升。而 KT 线圈断电，其断电延时闭合触点 KT 经延时 1～3 s 后才闭合，断电延时断开触点 KT 经同样延时后才断开。在 KT 断电延时 1～3 s，KM5 线圈仍处于断电状态，电磁阀 YA 仍处于通电状态，这段延时就确保了摇臂升降电动机在断开电源后，直到完全停止运转才开始摇臂的夹紧动作。因此,时间继电器 KT 延时长短是根据电动 M2 切断电源到完全停止的惯性大小来调整的。

当时间继电器 KT 断电延时时间到后,常闭触点 KT 闭合,KM5 线圈通电吸合,液压泵电动机 M3 正向启动,拖动液压泵,供出压力油。同时常开触点 KT 断开,电磁阀 YA 线圈断电,这时压力油经二位六通阀进入摇臂夹紧油腔,反向推动活塞和菱形块,将摇臂夹紧。活塞杆通过弹簧片压下行程开关 SQ3,其常闭触点 SQ3 断开,KM5 线圈断电,M3 停止旋转,实现摇臂夹紧,上升过程结束。

摇臂升降的极限保护由组合开关 SQ1 来实现。SQ1 有两对常闭触点,当摇臂上升或下降到极限位置时其相应触点断开,切断对应上升或下降接触器 KM2 或 KM3 使 M2 停止运转,摇臂停止移动,实现极限位置的保护。

摇臂自动夹紧程度由行程开关 SQ3 控制。若夹紧机构液压系统出现故障不能夹紧,将不能使常闭触点 SQ3 断开,或者由于 SQ3 安装位置调整不当,摇臂夹紧后仍不能压下 SQ3,都将使 M3 长期处于过载状态,易将电动机烧毁。为此,M3 主电路采用热继电器 FR2 做过载保护。

3）主轴箱、立柱松开与夹紧的控制

主轴箱和立柱的夹紧与松开是同时进行的。按下按钮 SB5,接触器 KM4 线圈通电,液压泵电动机 M3 反转,拖动液压泵送出压力油,这时电磁阀 YA 线圈处于断电状态,压力油经二位六通阀进入主轴箱与立柱松开油腔,推动活塞和菱形块,使主轴箱与立柱松开。由于 YA 线圈断电,压力油不能进入摇臂松开油腔,摇臂仍处于夹紧状态。当主轴箱与立柱松开时,行程开关 SQ4 没有受压,常闭触点 SQ4 闭合,指示灯 HL1 亮,表示主轴箱与立柱确已松开。可以手动操作主轴箱在摇臂的水平导轨上移动,也可推动摇臂使外立柱绕内立柱作回转移动。当移动到位后,按下夹紧按钮 SB6,接触器 KM5 线圈通电,M3 正转,拖动液压泵送出压力油至夹紧油腔,使主轴箱与立柱夹紧。当确已夹紧时,压下 SQ4,常开触点 SQ4 闭合,HL2 亮,而常闭触点 SQ4 断开,HL1 灭,指示主轴箱与立柱已夹紧,可以进行钻削加工。

4）冷却泵电动机 M4 的控制

由开关 SA1 进行单向旋转的控制。

5）联锁、保护环节

行程开关 SQ2 实现摇臂松开到位与开始升降的联锁;行程开关 SQ3 实现摇臂完全夹紧与液压泵电动机 M3 停止旋转的联锁。时间继电器 KT 实现摇臂升降电动机 M2 电源断开,待惯性旋转停止后再进行摇臂夹紧的联锁。摇臂升降电动机 M2 正反转具有双重互锁。SB5 与 SB6 常闭触点接入电磁阀 YA 线圈电路,实现在进行主轴箱与立柱夹紧、松开操作时,压力油不能进入摇臂夹紧油腔的联锁。

熔断器 FU1 用于总电路和电动机 M1、M4 的短路保护。熔断器 FU2 用于电动机 M2、M3 及控制变压器 T 一次侧的短路保护。熔断器 FU3 用于照明电路的短路保护。热继电器 FR1、FR2 用于电动机 M1、M3 的长期过载保护。组合开关 SQ1 用于摇臂上升、下降的极限位置保护。带自锁触点的启动按钮与相应接触器实现电动机的欠电压、失电压保护。

6）照明与信号指示电路分析

HL1 为主轴箱、立柱松开指示灯,灯亮表示已松开,可以手动操作主轴箱沿摇臂水平移动或摇臂回转。HL2 为主轴箱、立柱夹紧指示灯,灯亮表示已夹紧,可以进行钻削加工。HL3 为主轴旋转工作指示灯。照明灯 EL 由控制变压器 T 供给 36 V 安全电压,经开关 SA2 操作实现钻床局部照明。

7）常见故障分析

（1）主轴电动机不能启动。可能的原因:电源没有接通;热继电器已动作过,其常闭触点尚未复位;启动按钮或停止按钮内的触点接触不良;交流接触器的线圈烧毁或接线脱落等。

（2）主轴电动机刚启动运转,熔断器就熔断。按下主轴启动按钮 SB2,主轴电动机刚旋转,就发生熔断器熔断故障,原因可能是:机械机构发生卡住现象,或者是钻头被铁屑卡住,进给量太大,造成电动机堵转;负荷太大,主轴电动机电流剧增,热继电器来不及动作,使熔断器熔断,也可能因为电动机本身的故障造成熔断器熔断。

（3）摇臂不能上升（或下降）。检查行程开关 SQ2 是否动作,如已动作,即 SQ2 的常开触点已闭合,说明故障发生在接触器 KM2 或摇臂升降电动机 M2 上;如 SQ2 没有动作,可能是 SQ2 位置改变,造成活塞杆压不上 SQ2,使 KM2 不能吸合,升降电动机不能得电旋转,摇臂不能上升。或者是液压系统发生故障,如液压泵卡死、不转,油路堵塞或气温太低时油的黏度增大,使摇臂不能完全松开,压不下 SQ2,摇臂也不能上升。也可能是电源的相序接反,按下 SB3 摇臂上升按钮,液压泵电动机反转,使摇臂夹紧,压不上 SQ2,摇臂也就不能上升或下降。

（4）摇臂上升（或下降）到预定位置后,摇臂不能夹紧。行程开关 SQ3 安装位置不准确,或紧固螺钉松动造成 SQ3 过早动作,使液压泵电动机 M3 在摇臂还未充分夹紧时就停止旋转;接触器 KM5 线圈回路出现故障。

（5）立柱、主轴箱不能夹紧（松开）。立柱、主轴箱各自的夹紧或松开是同时进行的,立柱、主轴箱不能夹紧或松开可能是油路堵塞、接触器 KM4 或 KM5 线圈回路出现故障造成的。

（6）按下 SB6 按钮,立柱、主轴箱能夹紧,但放开按钮后,立柱、主轴箱却松开。立柱、主轴箱的夹紧和松开,都采用菱形块结构,故障多是由机械原因造成,如菱形块和承压块的角度方向装错,或者距离不合适造成的。如果菱形块立不起来,这是夹紧力调得太大或夹紧液压系统压力不够所致。

第 2 部分 任务分析与实施

子任务 1 典型机床电气控制电路的分析

一、任务描述

Z3040 型摇臂钻床的电气控制电路的分析。

二、任务实施

（1）分析 Z3040 型摇臂钻床的电气控制电路工作原理（见图 4-39）。

（2）在图 4-39 中，分析时间继电器 KT 与电磁阀 KA 在什么时候动作，KA 动作时间比 KT 长还是短，KA 什么时候不动作。

（3）针对以上对 Z3040 型摇臂钻床分析的常见故障，拟出合理可行的维修方案。

第 3 部分 习题与思考

1. 简述电气控制原理图分析的一般步骤。

2. 请叙述 C650 型车床在按下反向启动按钮 SB3 后的启动工作过程。

3. 试分析 C650 型车床主电动机反转时反接制动的工作原理。

4. 在 C650 型车床电气控制电路中，可以用 KM3 的辅助触点替代 KA 的触点吗？为什么？

5. 试分析 Z3040 型摇臂钻床控制摇臂下降的工作原理。

6. 在 Z3040 型摇臂钻床电气控制电路中，行程开关 SQ1～SQ4 的作用各是什么？

7. 在 Z3040 型摇臂钻床电气控制电路中，设有哪些联锁与保护？

8. 根据 Z3040 型摇臂钻床的电气控制电路，分析摇臂不能下降时可能出现的故障。

9. X62W 型万能铣床电气控制电路中设置主轴及进给冲动控制环节的作用是什么？请简述主轴变速冲动控制的工作原理。

10. 请叙述 X62W 型卧式万能铣床工作台纵向往复运动的工作过程。

11. 请叙述 X62W 型卧式万能铣床电气控制电路中圆形工作台控制过程及联锁保护原理。

12. 试分析 X62W 型卧式万能铣床主电动机 M1 反转反接制动的工作原理。

13. 在 X62W 型卧式万能铣床中，若 M1 在转动，能否进行主轴变速？试说明其原因。

14. 在 X62W 型卧式万能铣床中,若工作台未进给,按下快速移动按钮,工作台能否快速移动? 试说明其原因。

15. 在 X62W 型卧式万能铣床电气控制电路中,若主轴停车时,正、反方向都没有制动作用,试分析其故障的可能原因。

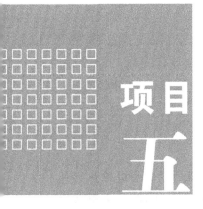

项目五

数控机床伺服驱动系统

项目描述

▶由于进给系统在数控机床中极为重要,进给伺服的精度在很大程度上决定了数控机床的加工精度,所以了解伺服系统的作用及类型,掌握如何连接数控机床与对应的伺服系统十分重要。

学习目标

▶步进电动机的分类、工作原理及主要特性。

▶步进电动机的驱动电路及控制方式。

▶交流伺服系统的种类。

▶交流伺服电动机的工作原理。

▶伺服驱动的控制技术。

▶主轴驱动系统。

能力目标

▶了解伺服系统的种类和特点,掌握伺服系统的构成,看懂电气控制原理图,根据电气控制原理图能进行电动机、驱动器、数控系统的线路连接及调试。

▶能根据控制电路进行接线,进行参数设置和交流伺服电动机的性能测定。

任务1 步进电动机结构、工作原理及驱动

知识目标

(1)步进电动机的结构与工作原理。

(2)硬件环形分配器的原理与作用。

能力目标

（1）掌握步进电动机的连接。

（2）掌握步进电动机与步进驱动模块的连接。

（3）掌握步进驱动器的部分参数调试。

第 1 部分　知 识 学 习

一、步进电动机的功能

步进电动机是一种能将数字脉冲输入转换成旋转增量运动的电磁执行元件。每输入一个脉冲，步进电动机转轴步进一个步距角增量，因此，步进电动机能很方便地将电脉冲转换为角位移，具有定位精度好、无漂移和无累积定位误差的优点。它还能跟踪一定频率范围的脉冲列，作为同步电动机使用，广泛地应用于数控机床和各种小型自动化设备及仪器中。

开环位置伺服系统亦称步进式伺服系统，其驱动元件为步进电动机。功率步进电动机控制系统的结构最简单，控制最容易，维修最方便，控制为全数字化（即数字化的输入指令脉冲对应着数字化的位置输出）的，这完全符合数字化控制技术的要求，使数控系统与步进电动机的驱动控制电路连为一体。

步进电动机是一种用电脉冲信号进行控制，并将电脉冲信号转换成相应的角位移的执行电器。其角位移量与电脉冲数成正比，其转速与电脉冲频率成正比，通过改变脉冲频率就可以调节电动机的转速。如果停机后某些相的绕组仍保持通电状态，则还具有自锁能力。步进电动机每转一周都有固定的步数，从理论上说其步距误差不会累积。

步进电动机的最大缺点在于其容易失步。特别是在大负载和速度较高的情况下，失步更容易发生。但是，近年来发展起来的恒流斩波驱动、PWM 驱动、微步驱动、超微步驱动及它们的综合运用，使得步进电动机的高频出力得到很大提高，低频振荡得到显著改善，特别是在随着智能超微步驱动技术的发展，步进电动机性能必将提高到一个新的水平，它将以极佳的性价比，在许多领域取代直流伺服电动机及其相应伺服系统，获得更为广泛的应用。

目前，步进电动机主要用于经济型数控机床的进给驱动，一般采用开环的控制结构。用于数控机床驱动的步进电动机主要有两类：反应式步进电动机和混合式步进电动机。反应式步进电动机也称为磁阻式步进电动机。

二、步进电动机的分类

步进电动机按转矩产生的原理可分为反应式、永磁式和混合式步进电动机；根据控制绕组数量可分为二相、三相、四相、五相和六相步进电动机；根据电流的极性可分为单极性和双极性步进电动机；根据运动的形式可分为旋转、直线、平面步进电动机。

（一）反应式步进电动机

反应式步进电动机又称为变磁阻式步进电动机,它根据相数、磁路结构的不同可形成很多种类,但其工作原理是一样的。

反应式步进电动机的定子、转子铁芯都用软磁材料制造,定位精度可以做得很高,气隙可以做得很小,磁极也可以设计得比较窄(步距角可以较小)。工作时完全靠磁阻(即磁力线的长度)的变化产生工作转矩,因此工作时定子绕组需要的励磁电流较大。由于没有恒磁场的作用,此类步进电动机一旦断电就会完全失去工作力矩,在使用时应注意这一特点。

反应式步进电动机适用于小步距的应用场合,其优点是步距小,静刚度大,但电感大,需要较高的电压驱动。

我国生产反应式步进电动机的历史很长,最典型的是定型为 BF 系列的步进电动机,这种步进电动机的外形尺寸为 $28 \sim 200$ mm,最大静转矩范围是 $0.0176 \sim 15.68$ N·m,目前此类的应用十分广泛。

（二）永磁式步进电动机

永磁式步进电动机定子、转子铁芯的其中之一以永磁材料制造的(大多数是转子),另一件用软磁材料。

永磁式步进电动机的激磁绕组通电时需要规定它的激磁极性,如果使其激磁磁场作连续回转运动,实质上它就成了一台永磁同步电动机。

由此可见,永磁式步进电动机的磁极只能做得比较宽、步距角比较大,但它工作时所需要的激磁电流比较小,断电后永磁材料能产生一定程度的定位转矩。

由于结构的原因,永磁式步进电动机只适用于大步距应用场合,其优点是电感小,可用较低电压驱动,但步距大,静刚度小。

（三）混合式步进电动机

混合式步进电动机是反应式步进电动机与永磁式步进电动机的混合,它利用部分永磁材料的磁性来减小反应式步进电动机的激磁电流和在断电以后获得一定数量的剩余转矩,但它的工作转矩并不完全依靠永磁,所以步距角可以与反应式步进电动机相近。

正因为混合式步进电动机以上特点,它有逐步取代反应式步进电动机的趋向。

三、步进电动机的基本结构、工作原理及主要特性

（一）步进电动机的基本结构、工作原理

励磁式和反应式步进电动机的区别在于,励磁式步进电动机的转子上有励磁线圈,反应式步进电动机的转子上没有励磁线圈。下面以反应式步进电动机

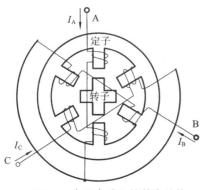

图 5-1 步进电动机的基本结构

为例说明步进电动机的结构和工作原理。

1. 步进电动机的基本结构

图 5-1 所示为三相反应式步进电动机的基本结构,它由定子和转子两个部分构成。定子有六个磁极,两个相对的磁极组成一相,转子上有均匀分布的四个齿。注意:这里的"相"和三相交流电中的"相"的概念不同。

2. 三相反应式步进电动机的工作原理

如图 5-2 所示,根据环形分配器送来的脉冲信号对定子绕组轮流通电。假设相序为 A→B→C→A,当 A 相控制绕组通电,而 B、C 相不通电时,步进电动机的气隙磁场与 A 相绕组轴线重合,而磁力线总是力图从磁阻最小的路径通过,故电动机转子受到一个转矩(静转矩)的作用。在此转矩的作用下,转子的齿 1 和齿 3 旋转到与 A 相绕组轴线平齐的位置上,如图 5-2(a)所示;同理,B 相通电,A、C 相不通电,转子 2、4 齿和 B 相轴线对齐,相对 A 相通电位置顺时针转 30°,如图 5-2(b)所示;C 相通电,A、B 相不通电,转子 1、3 齿和 C 相轴线对齐,相对 B 相通电位置再顺时针转 30°,如图 5-2(c)所示;再 A 相通电,转子 2、4 齿和 A 相轴线对齐,再顺时针转 30°,转子转到图 5-2(d)所示位置。按 A→B→C→A 顺序不断地接通和断开控制绕组,电动机便一步一步地转动。步进电动机的旋转方向取决于三相线圈通电的顺序,改变通电顺序即可改变转向。

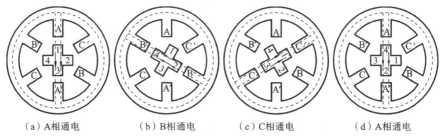

　　(a) A相通电　　　　(b) B相通电　　　　(c) C相通电　　　　(d) A相通电

图 5-2 三相反应式步进电动机的工作原理

3. 通电方式

控制绕组每改变一次通电方式,称为一拍,每一拍转子所转过的角度称为一个步距角 β。步进电动机的通电方式有三种。对三相反应式步进电动机来说,每次只有一相绕组单独通电,如 A→B→C→A,控制绕组每换接三次构成一个循环,这种方式称为三相单三拍;若每次有两相绕组同时通电,如 AB→BC→CA→AB,每次循环换接三次,这种方式称为三相双三拍;若单相通电和两相通电轮流进行,如 A→AB→B→BC→C→CA→A,这种方式被称为三相六拍。

(二)步进电动机的主要特性

1. 步距角和步距误差

步距角 β 的计算公式为

$$\beta = \frac{360°}{NZ_2} \tag{5-1}$$

式中：Z_2——转子齿数；

　　N——运行拍数。

由步距角计算公式可知，步进电动机每走一步，转子实际的角位移与设计的步距角之间都存在步距误差。连续走若干步时，上述误差形成累积值。转子转过一圈后，回到上一转的稳定位置，因此步进电动机的步距误差不会长期累积。步进电动机步距的累积误差，是指转一圈范围内步距误差累积的最大值，步距误差和累积误差通常用度（°）、分（′）或步距角的百分比表示。影响步进电动机步距误差和累积误差的主要因素有：齿与磁极的分度精度、铁芯叠压及装配精度、各相矩角特性之间差别的大小、气隙的不均匀程度等。

2. 静态矩角特性和静转矩特性

所谓静态，是指电动机不改变通电状态，转子不动时的工作状态。空载时，步进电动机某相通以直流电流时，该相对应的定、转子齿对齐，这时转子无转矩输出。如在电动机轴上加一顺时针方向的负载转矩，步进电动机转子将顺时针转过一个小角度，称为失调角；这时，转子电磁转矩 T 与负载转矩相等。矩角特性反映了步进电动机静态时电磁转矩 T 与失调角之间的关系，也称为静转矩特性，如图 5-3（a）所示。

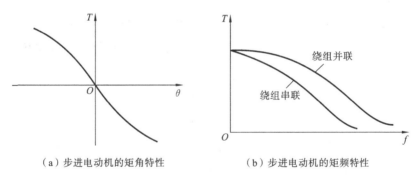

（a）步进电动机的矩角特性　　　　（b）步进电动机的矩频特性

图 5-3　步进电动机的特性

3. 步进电动机的矩频特性

步进电动机的矩频特性用来描述步进电动机连续稳定运行时，输出转矩与连续运行频率之间的关系。矩频特性曲线上每一频率所对应的转矩称为动态转矩。动态转矩除了与步进电动机的结构及材料有关外，还与步进电动机绕组的连接方式、驱动电路、驱动电压有密切的关系。图 5-3（b）所示为混合式步进电动机连续运行时的典型矩频特性曲线。

四、步进电动机的连接

步进电动机与数控装置是通过步进驱动装置连接起来的。步进电动机驱动装置与华中世纪星 HNC-21(脉冲型或全功能型)数控装置是通过 XS30~XS33 脉冲接口控制步进电动机驱动器,最多可控制四个步进电动机驱动装置。华中 HNC-21 连接步进电动机驱动装置的总体框图如图 5-4 所示。

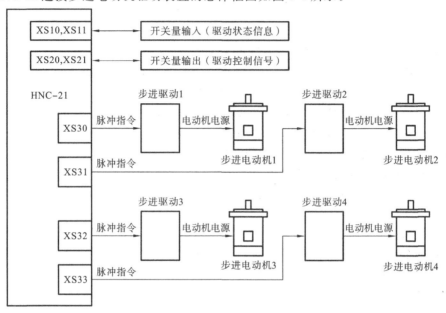

图 5-4　华中 HNC-21 采用步进电动机驱动器的总体框图

华中 HNC-21 与 SH-50806A 五相混合式步进电动机驱动装置连接示意图如图 5-5 所示。

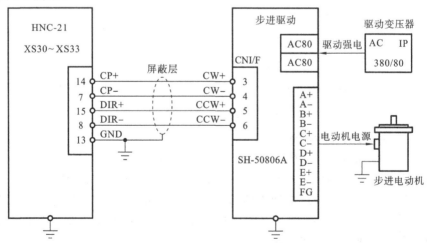

图 5-5　华中 HNC-21 控制步进电动机驱动器的连接图(以 SH-50806A 五相步进驱动器为例)

其他型号的步进驱动器与数控装置连接时,可能使用了对应的控制开关量,具体的连接方法见相应的驱动器说明书。若使用的 DC24 V 直流电源是独立的,必须与输入输出接口的直流电源共地。若与数控装置的输入输出接口不匹配，需要使用中间继电器转接。

五、步进电动机的驱动电路与控制方式

步进电动机需要采用按顺序的脉冲或正余弦电压信号进行控制。在构造位置或速度控制系统时，基本的系统结构包括开环和闭环两种类型。

（一）步进电动机的驱动电路

直接涉及步进电动机控制的环节主要包括环形分配器和脉冲功率放大器。环形分配器负责输出对应于步进电动机工作方式的脉冲序列，功率放大器则主要将环形分配器输出的信号进行功率放大，使输出脉冲能够直接驱动电动机工作。不同的驱动器还会结合实际需要而增加相应的保护、调节或改善电动机运行性能的环节，其控制步进电动机的方式也各有不同。常见的各驱动方式的系统基本结构如图 5-6 所示。

1. 单电压驱动

仅采用单极性脉冲电压供电，这种方式线路简单，但效率低。

2. 双电压驱动

根据所使用的频段分别采用高低电压控制步进电动机，高频段运行时采用高电压控制，反之采用低电压控制。

3. 高低压驱动

在电动机导通相的脉冲前沿施加高电压，提高脉冲前沿的电流上升率。前沿过后，电压迅速下降为低电压，用以维持绕组中的电流。这种控制方式能够提高步进电动机的效率和运行频率。为补偿脉冲后沿的电流下凹，可采用高压断续施加，它能够明显改善电动机的机械特性。

4. 斩波恒流驱动

使用带电流反馈的斩波恒流控制装置，能够使导通相在各种工作方式下保持额定值，电动机效率高，运行特性好。

5. 调频调压驱动

根据电动机运行时的脉冲频率变化自动调节电压值。高频时，采用高电压加快脉冲前沿的电流上升速度，提高驱动系统的高频响应；低频时，低电压使绕组电流上升平缓，可以减少转子的振荡幅度，防止过冲。

6. 细分控制

普通控制方式下，环形分配器给出的脉冲特征主要表现在脉冲的有无及其组合顺序上。步进电动机接收这些驱动脉冲后所建立的磁场主要位于单相绕组的轴线或多相绕组轴线的平分线或对称点上，电动机运行的步距角一般只能在 θ_b 或 $\theta_b/2$ 之上，即电动机整步或半步工作。细分控制的思路是：以阶梯波的形式逐渐增加或减少绕组电流，逐步实现脉冲在相邻拍对应的导通相之间的切换。

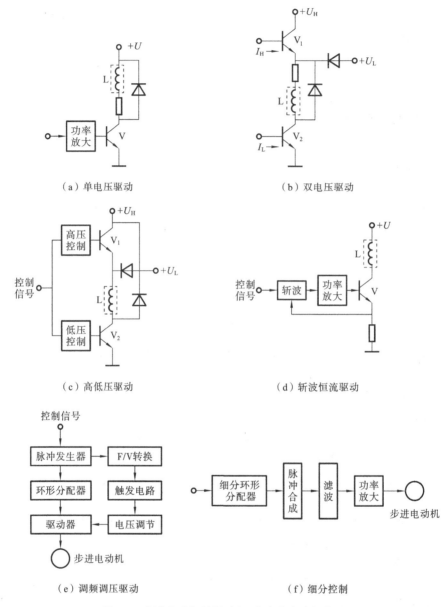

（a）单电压驱动　　　　　　　　　　　　　　（b）双电压驱动

（c）高低压驱动　　　　　　　　　　　　　　（d）斩波恒流驱动

（e）调频调压驱动　　　　　　　　　　　　　（f）细分控制

图 5-6　步进电动机的驱动(L 为步进电动机绕组)

这种持续渐进的切换方式使电动机绕组合成磁场的方向也随电流的渐增（减）而略有变化,这样就可在原理上使转子的旋转在细分数为 N 的情况下达到对应无细分步距角的 $1/N$。当然,由于均匀阶梯波细分时,合成磁场每步的偏移量与细分阶梯之间没有严格的线性关系,细分后电动机的步距角不均匀,易引起电动机的振动和失步,降低其运行的稳定性。等步距角细分时需要根据步距角及各步所对应的磁场空间矢量位置调整各阶梯的电流值。

随着电子技术的发展,出现多种功能齐全、适应范围宽的集成电路步进电动机驱动控制器,典型产品包括 L293、L297(SDS)、MC3479、SAAl042(Motorola)等。

LS297 为控制芯片,能够产生所需相序及相应控制模式下的四相驱动信号,配合微处理器可控制两相双极或四相单极步进电动机;L298 为高电压、大电流的双全桥式驱动器。

（二）步进电动机的控制方式

步进电动机的控制方式一般可分为开环控制和反馈补偿闭环控制,如图 5-7 所示。

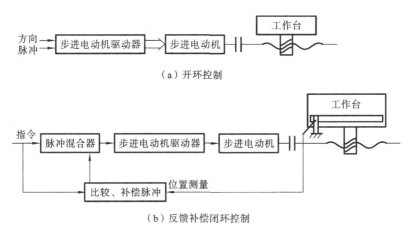

（a）开环控制

（b）反馈补偿闭环控制

图 5-7　步进电动机的控制方式

第 2 部分　任务分析与实施

子任务 1　步进电动机绕组的连接

一、任务描述

步进电动机、驱动器与 HNC-21 数控系统的连接如图 5-8 所示。试根据此原理图,将步进电动机(57HS13 型)、步进电动机驱动器(M535 型)与数控系统(HNC-21TF)连接起来,并进行调试运行。

分析图 5-8 所示的原理图可知,步进电动机是通过步进电动机驱动器与数控系统连接起来的。那么什么是步进电动机呢?它能实现哪些功能?步进电动机的连接方法是什么?下面在任务实施过程中逐一解决以上问题。

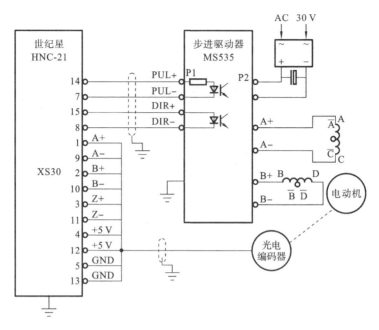

图 5-8 步进电动机、驱动器与 HNC-21 数控系统的连接

二、任务实施

(一)步进电动机的绕组接法

1. 步进电动机的绕组串联接法

串联接法比较简单,也容易理解。分别把四相绕组相邻的两相串联在一起,然后接到电源上。具体接法为:将 A 相和 C 相绕组的末端(A—与 C—)接在一起,然后将 A 相绕组的首端 A+与电源的 A+相连;C 相绕组的首端 C+与电源的 A—端相连;同理,将 B 相和 D 相绕组的末端(B—与 D—)接在一起,将 B 相绕组的首端 B+与电源的 B+相连;D 相绕组的首端 D+与电源的 B—端相连。这样即将两相四绕组的步进电动机绕组接成了串联形式。两相电源四绕组的串联接法如图 5-9(a)所示。

2. 步进电动机的绕组的并联接法

并联接法稍复杂些,需将四相绕组相邻的两相分别并接在一起,然后与电源相连接。两相电源四绕组的并联接法如图 5-9(b)所示,具体接法为:

(1)将电动机绕组端子 A+、C—并联在一起接到驱动器电源 A+端子上;

(2)将电动机绕组端子 A—、C+并联在一起接到驱动器电源 A—端子上;

(3)将电动机绕组端子 B+、D—并联在一起接到驱动器电源 B+端子上;

(4)将电动机绕组端子 B—、D+并联在一起接到驱动器电源 B—端子上。

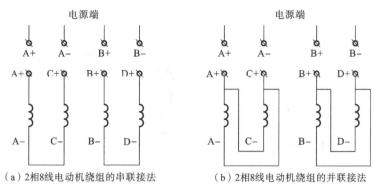

图 5-9　步进电动机的绕组接法

3. 分析及总结

串联连接的电动机,由于每一相绕组电阻增大,电流较小,一般将驱动器的电流设定为电动机相电流的 0.7 倍,这种接法的电动机发热量小,低频力矩较大;并联连接的电动机,电感较小,一般将驱动器的电流设定为电动机相电流的 1.4 倍,所以启动、停止速度较快,高频力矩有所增大,但电动机发热量大。但是步进电动机的温度稍高是正常的,只要低于电动机的消磁温度就行,一般步进电动机的消磁温度在 105° 左右。

子任务 2　步进驱动模块的安装与调试

一、任务描述

将步进电动机连接好之后,将其与步进驱动模块连接好,使其正常工作是本任务的主要内容。

二、任务实施

（一）实验目的与要求

（1）熟悉步进电动机的运行原理及其驱动系统的连接。

（2）掌握步进电动机的性能特性及其与驱动器的关系。

（3）了解步进电动机的驱动系统启动特性。

（二）实验仪器与设备

（1）57HS13 型两相混合式步进电动机一台。

（2）M535 型两相双极性细分驱动器一台。

（3）CZ-0.5 型磁粉制动器(5 N·m)一台。

（4）光电编码器(2 500 或 3 600 线,A、B、Z 相信号,带线驱动器输出)一台。

（5）HNC-21TF 数控系统一套。

实验设备示意图如图 5-10 所示。

（a）57HS13型步进电动机

（b）CZ-0.5型磁粉制动器

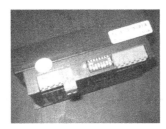

（c）M55型细分驱动器

（d）光电编码器

图 5-10　实验设备示意图

（三）步进电动机、驱动器、数控系统的连接

步进电动机(57HS13 型)、步进电动机驱动器(M535 型)与数控系统(HNC-21TF)的连接如图 5-8 所示。

（四）参数的设置与系统的调试

完成步进电动机、驱动器与 HNC-21 数控系统的连接后,就要设置参数和进行系统的调试。

1. HNC-21TF 数控系统参数设置

步进电动机有关坐标轴参数进行设置如表 5-1 所示,硬件配置参数设置如表5-2 所示。

表 5-1　坐标轴参数

参　数　名	参数值	参　数　名	参数值
伺服驱动型号	46	伺服内部参数[2]	0
伺服驱动器部件号	0	伺服内部参数[3]、[4]、[5]	0
最大跟踪误差	0	快移加、减速时间常数	0
电动机每转脉冲数	400	快移加速度时间常数	0
伺服内部参数[0]	8[①]	加工加、减速时间常数	0
伺服内部参数[1]	0	加工加速度时间常数	0

注:① 步进电动机拍数。

表 5-2　硬件配置参数

参数名	型号	标识	地址	配置[0]	配置[1]
部件 0	5301	46①	0	0	0

注：①不带反馈。

2. M535 步进电动机驱动器参数设置

按驱动器前面板表格，将细分数设置为 2，将电动机电流设置为 57HS13 步进电动机的额定电流。

3. 系统的调试

在线路和电源检查无误后，进行通电试运行，以手动或手摇脉冲发生器方式发送脉冲，控制电动机慢速转动和正、反转，在没有堵转等异常情况下，逐渐提高电动机转速。

第 3 部分　习题与思考

1. 描述步进电动机控制原理。

2. 简要说明步进电动机控制系统投入运转的操作步骤。

3. 绘制步进电动机控制系统电气连接图。

4. 叙述步进电动机的工作原理。什么是步距角 θ？它与哪些因素有关？其转速与哪些因素有关？

5. 在步进电动机中，什么叫三相单三拍运行，什么叫三相六拍运行，它们各有何特点？

任务 2　伺服电动机结构、工作原理及驱动

知识目标

(1) 掌握交流伺服电动机的工作原理与结构。

(2) 掌握交流伺服驱动器的原理。

能力目标

(1) 认识常见的交流伺服驱动模块。

(2) 掌握交流伺服驱动模块的连接。

第 1 部分　知识学习

一、交流伺服系统的组成

交流伺服系统主要由下列几个部分构成，如图 5-11 所示。

(1) 交流伺服电动机，它可分为永磁式同步交流伺服电动机、永磁式无刷直

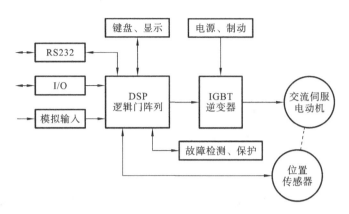

图 5-11　交流伺服系统的组成

流伺服电动机、感应式伺服电动机及磁阻式交流伺服电动机。

（2）PWM 功率逆变器，可分为功率晶体管逆变器、功率场效应管逆变器、IGBT 逆变器（包括智能型 IGBT 逆变器模块）等。

（3）微处理器控制器及逻辑门阵列，可分为单片机、DSP（数字信号处理器）、DSP＋CPU、多功能 DSP（如 TMS320F240）等。

（4）位置传感器（含速度），可分为旋转变压器、磁性编码器、光电编码器等。

（5）电源及能耗制动电路。

（6）键盘及显示电路。

（7）接口电路，包括模拟电压、数字 I/O 及 RS232 串口通信电路。

（8）故障检测、保护电路。

二、交流伺服电动机的类型和特点

（一）异步型交流伺服电动机

异步型交流伺服电动机（IM）指的是交流感应电动机。它有三相和单相之分，也有笼型和线绕式，通常多用笼型三相感应电动机。其结构简单，与同容量的直流电动机相比，质量小 1/2，价格仅为直流电动机的 1/3。缺点是不能经济地实现范围很广的平滑调速，必须从电网吸收滞后的励磁电流，因而令电网功率因数变差。

这种笼型转子的异步型交流伺服电动机简称为异步型交流伺服电动机，用 IM 表示。

（二）同步型交流伺服电动机

同步型交流伺服电动机（SM）虽比感应电动机复杂，但比直流电动机简单。它的定子与感应电动机一样，都在定子上装有对称三相绕组。而转子却不同，按不同的转子结构又分电磁式及非电磁式两大类。非电磁式又分为磁滞式、永磁式和反应式多种。其中磁滞式和反应式同步电动机存在效率低、功率因数较差、制造容量不大等缺点。数控机床中多用永磁式同步电动机。与电磁式相比,永磁式的优点是结构简单、运行可靠、效率较高,缺点是体积大、启动特性欠佳。但永磁式同步电动机采用高剩磁感应,高矫顽力的稀土类磁铁后,可比直流电动外形尺寸约小 1/2,质量降低 60%,而转子的转动惯量为直流电动机转子的 1/5。它与异步电动机相比,由于采用了永磁铁励磁,消除了励磁损耗及有关的杂散损耗,所以效率高。又因为没有电磁式同步电动机所需的集电环和电刷等,其机械可靠性与感应(异步)电动机相同,而功率因数却大大高于异步电动机,从而使永磁同步电动机的体积比异步电动机小些。这是因为在低速时,感应(异步)电动机由于功率因数低,输出同样的有功功率时,它的视在功率却要大得多,而电动机主要尺寸是据视在功率而定的。

三、永磁交流伺服电动机的结构、工作原理

目前在数控机床进给驱动中采用的直流电动机主要是 20 世纪 70 年代研制成功的大惯量宽调速直流伺服电动机。这种电动机分为电励磁和永久磁铁励磁两种,但占主导地位的是永久磁铁励磁式(永磁式)电动机,本节将主要介绍这种电动机。

永磁交流伺服电动机即同步型交流伺服电动机(SM),它是一台机组,由永磁同步电动机、转子位置传感器、速度传感器等组成。

（一）永磁同步电动机的结构

如图 5-12 所示,永磁同步电动机主要由三部分组成:定子、转子和检测元件(转子位置传感器和测速发电机)。其中定子有齿槽,内有三相绕组,形状与普通感应电动机的定子相同。但其外圆多呈多边行,且无外壳,以利于散热,避免电动机发热对机床精度的影响。

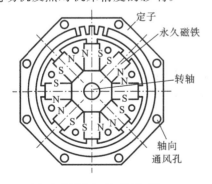

（a）永磁同步电动机横剖面图

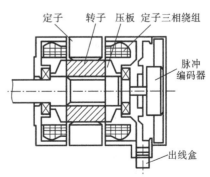

（b）永磁同步电动机纵剖面图

图 5-12　永磁同步电动机的结构

（二）工作原理

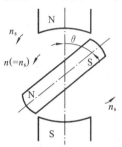

图 5-13 永磁交流伺服电动机
的工作原理

如图 5-13 所示，一个二极永磁转子(也可以是多极)，当定子三相绕组通上交流电源后，就产生一个旋转磁场，图中用另一对旋转磁极表示，该旋转磁场将以同步转速 n_s 旋转。由于磁极同性相斥、异性相吸，与转子的永磁磁极互相吸引，并带着转子一起旋转，因此，转子也将以同步转速 n_s 与旋转磁场一起。当转子加上负载转矩之后，转子磁极轴线将落后定子磁场轴线一个 θ 角，随着负载增加，θ 也增大，负载减少时，θ 角也减少，只要不超过一定限度，转子始终跟着定子的旋转磁场以恒定的同步转速 n_s 旋转。转子速度 $n_r = n_s = 60f/p$，即由电源频率 f 和磁极对数 p 决定。当负载超过一定极限后，转子不再按同步转速旋转，甚至可能不转，这就是同步电动机的失步现象，此负载的极限称为最大同步转矩。

四、永磁同步伺服电动机的性能

（1）交流伺服电动机的机械特性比直流伺服电动机的机械特性要硬，其直线更为接近水平线。另外，断续工作区范围更大，尤其是高速区，这有利于提高电动机的加、减速能力。

（2）高可靠性。用电子逆变器取代了直流电动机换向器和电刷，工作寿命由轴承决定。因无换向器及电刷，也省去了此项目的保养和维护。

（3）主要损耗在定子绕组与铁芯上，故散热容易，便于安装热保护；而直流电动机损耗主要在转子上，散热困难。

（4）转子惯量小，其结构允许高速工作。

（5）体积小，质量小。

五、交流调速的基本方法

由电机学基本原理可知，交流电动机的同步转速为

$$n_0 = 60f_1/p \ (\text{r/min}) \tag{5-2}$$

异步电动机的转速为

$$n = 60f_1/p(1-s) = n_0(1-s) \ (\text{r/min}) \tag{5-3}$$

式中：f_1——定子供电频率(Hz)；

p——电动机定子绕组磁极对数；

s——转差率。

由上式可见，要改变电动机转速可采用以下几种方法：

（1）改变磁极对数 p。这是一种有效的调速方法。它是通过对定子绕组接

线的切换以改变磁极对数调速的。

（2）改变转差率调速。即对异步电动机转差率进行处理而调速。常用的是降低定子电压调速、电磁转差离合器调速、线绕式异步电动机转子串电阻调速或串极调速等。

（3）变频调速。变频调速是平滑改变定子供电电压频率 f_1 而使转速平滑变化的调速方法。这是交流电动机的一种理想调速方法。电动机从高速到低速转差率都很小，因而变频调速的效率和功率因数都很高。

六、交流伺服电动机的控制方式

改变交流伺服电动机磁场的强弱、椭圆度大小和磁场转向能够控制电动机的运行状况，因此可采用幅值控制、相位控制和幅相控制三种方式控制交流两相伺服电动机。

（一）幅值控制

所谓"幅值"控制就是在励磁绕组上加额定电压，改变控制绕组的电压，并在控制过程中始终保持两绕组有 $90°$ 相位差。幅值控制交流伺服电动机基本结构如图 5-14 所示。控制电压的变化直接影响了电动机磁场的椭圆度或不对称性，使机械特性发生偏移，从而改变电动机的转速。

（二）相位控制

相位控制方式下，交流伺服电动机励磁绕组加额定电压，控制绕组电压值不变，通过移相器调节控制电压 u_k 和励磁电压 u_f 之间的相位差。相位控制交流伺服电动机的方式如图 5-15 所示。

（三）幅相控制

幅相控制方式下，通过电容器改变励磁电压和控制电压之间的相位差。在改变控制电压时，控制绕组的电流及磁场均发生改变，通过磁路耦合，反过来又影响励磁绕组和电容器间的电压分配，相位和幅值同时发生改变，这种控制又称为电容移相控制。幅相控制方式如图 5-16 所示。

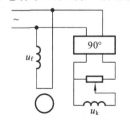
图 5-14　幅值控制方式

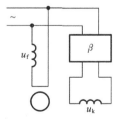
图 5-15　相位控制方式

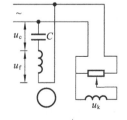
图 5-16　幅相控制方式

交流伺服电动机无论采用哪种控制方式，电动机旋转均需要最小的控制电压，即始动电压。始动电压与负载转矩成正比。当实际控制电压小于始动电压

169

时,电动机无法启动,此范围称为交流伺服电动机死区,死区越小,电动机响应小控制信号的能力越强。

七、交流伺服系统的控制

交流伺服系统中最常用的是 PWM 型变频控制调速系统。PWM 型变频器有多种方式,如正弦波 PWM(SPWM)、矢量角 PWM、最佳开关角 PWM、电流跟踪 PWM 等。SPWM 是正弦波脉宽调制,是将速度控制的直流电压经电压/频率变换后,成为频率与直流电压成正比的脉冲信号,再经分频器产生幅值一定的三角波和幅值可调的正弦波,这两组波在比较器中比较,产生调制好的矩形脉冲。矩形脉冲等幅、等距,但不等宽。在一周期里,脉宽按正弦分布。在实际电路中,控制正弦波的幅值就可改变矩形脉冲的宽度,从而控制逆变器(功率放大)输出的波形与电动机各相中的电流有效值,实现对交流电动机的转速控制。交流伺服系统的交流伺服驱动单元与交流伺服电动机的外形如图 5-17 所示。

(a)交流伺服驱动单元外形 　　　　　　(b)交流伺服电动机外形

图 5-17　交流伺服系统的交流伺服驱动单元与交流伺服电动机的外形

八、交流伺服系统产品的种类

交流伺服系统一般由交流伺服电动机和伺服驱动器两部分配套而成。交流伺服电动机可以是交流同步电动机,也可以为笼型交流异步电动机。伺服驱动器通常采用电流型脉宽调制交-直-交变频电源为基础,并具有以电流环为内环、速度环为外环的多环闭环控制系统。

(一)基于永磁交流同步伺服电动机的永磁交流伺服系统

永磁交流同步伺服电动机是一台由永磁同步电动机、转子位置传感器、速度传感器组成的伺服机组。如果系统有位置控制要求,还要求配置提供位置反馈信息的位置传感器。某些速度伺服控制系统中还添加"安全制动器",即当电动机需要停止转动时,安全制动器"抱住"电动机转轴,实现伺服机组的"停车锁定"功能。

永磁交流伺服系统有矩形波电流驱动及正弦波电流驱动两种形式。通常，将使用矩形波电流驱动的永磁交流伺服电动机称为无刷直流伺服电动机，而把正弦波驱动的永磁交流伺服电动机称为无刷交流伺服电动机。

（二）基于笼型转子交流异步伺服电动机的交流伺服系统

交流异步伺服电动机的笼型转子结构简单、坚固，转子的转动惯量小，过载能力强。在新材料、新工艺、新结构不断涌现的今天，感应式笼型交流异步伺服电动机得到了十分迅速的发展。

九、脉冲接口伺服驱动装置的连接

脉冲接口伺服驱动装置与华中世纪星 HNC-21（脉冲型或全功能型）数控装置是通过 XS30～XS33 脉冲接口连接伺服驱动装置，最多可控制 4 个伺服驱动装置。脉冲接口伺服驱动装置与华中世纪星 HNC-21 数控系统连接的示意图如图 5-18 所示。

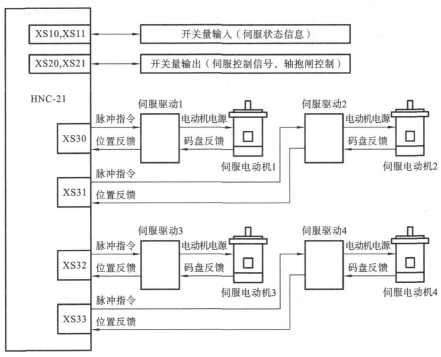

图 5-18　脉冲接口伺服驱动装置与华中世纪星 HNC-21 数控系统连接的示意图

以松下 MINAS A 系列的交流伺服系统为例，华中 HNC-21 采用脉冲接口伺服驱动器的连接图如图 5-19 所示。

在连接脉冲接口伺服驱动时应注意以下几点。

（1）采用脉冲接口连接伺服驱动装置时，位置闭环在伺服驱动器内部而不在

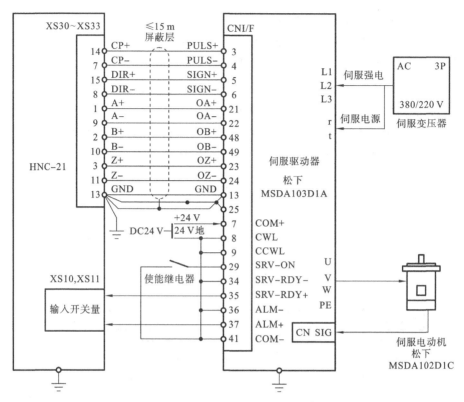

图 5-19　华中 HNC-21 采用脉冲接口伺服驱动器的连接图

数控装置内。

（2）脉冲接口串的位置反馈信号仅用于位置监视而不用于位置闭环。

（3）需构成全闭环控制时,必须选用带全闭环接口的伺服驱动装置。

（4）伺服调节器参数须参阅所选伺服驱动装置说明书在驱动装置内设置。

第 2 部分　任务分析与实施

子任务 1　伺服电动机及控制

一、任务描述

将松下公司出品的 MINAS 系列交流伺服驱动与交流伺服电动机、制动电阻、电网等进行连接与调试。

交流伺服电动机是由交流伺服驱动器控制的。交流伺服电动机有哪些控制方式？交流伺服系统由哪几部分组成？MINAS 交流伺服系统有哪些结构和性能？下面我们在完成本任务的过程中逐一解决。

二、任务实施

华中 HED-21S 系统采用松下 MINAS 系列交流伺服系统作为 Z 轴驱动装置,在该了任务中我们主要认识一下松下交流伺服系统。

(一) 总体性能介绍

MINAS 交流伺服系统应用了 32 位数字信号处理器 NEC D73720 及四个公司自行开发的专用 IC 芯片,其电流反馈回路及位置、速度反馈回路的采样周期分别只有 80GS 和 2401AS,是通常伺服系统的一半。

MINAS 系统可执行的控制方式有以下三种。

(1) 速度控制方式 输入模拟电压,供用户方便灵活地设定运行速度及其变化。

(2) 位置控制方式 输入信号是脉冲,可以是正/反转脉冲、A/B 相脉冲、脉冲/符号等三种形式。采用位置控制方式时,该交流伺服系统的使用就和用步进电动机一样方便,用户可以采用电子线路、单片机、PC 机或其他方式非常简便地实现数控功能。

(3) 转矩控制方式 用电压信号来限定伺服电动机所能输出的最大转矩,单纯选用转矩控制方式时,此时的交流伺服电动机便可实现"力矩电动机"的功能。

以上三种基本控制方式还可以进行复合控制,以实现更复杂的控制功能。

(二) 自动增益调节和电子齿轮

为使伺服系统表现出最理想的性能,系统中的速度、位置增益参数的设计是十分重要的。因为机械系统往往比较复杂,所以包括机械系统在内的系统控制参数的确定常常是一件非常困难的事情。MINAS 系统配备有"自动增益调整功能",利用系统的自适应控制方式,实时地对已集成的实际机电系统的增益参数进行现场自适应调节,设定系统的最佳工作参数。具体实施过程为:以阶跃信号方式输入使电动机正反各转三次,并在每次转动中测量其实时的响应,并根据实时响应不断自动修正系统的增益参数(正反各三次),过程结束时显示经过调节后的系统时间常数供用户确认。

该系统还装有"电子齿轮"功能:它不需要真实地配备降速齿轮箱就可以实现各种不同输出减速比挡位的直接电子切换,最大减速比可达 1∶10000,使伺服系统的结构更加紧凑。

(三) 伺服电动机轻量化的结构

松下公司出品的 MINAS 系列交流伺服电动机的体积和质量只有原来产品的二分之一。例如:电动机功率为 1.5 kW 时,质量可从普通产品的 13.3 kg 降为 5.1 kg,而外形尺寸也由 $\phi130$ mm×254 mm 减小到 $\phi100$ mm×177 mm。这种小型化、轻量化的结构大幅度地减轻了伺服系统的惯性负载,提高了伺服系统的响应频率。一般情况下 MINAS 交流伺服电动机的工作频率可高达 200 Hz，这是其他交流伺服电动机所无法比拟的。

子任务 2　伺服驱动器的安装及调试

一、任务描述

本任务的主要内容是正确合理地安装与调试伺服驱动器。

二、任务实施

（一）实验目的与要求

（1）熟悉交流伺服系统的构成以及伺服电动机、驱动器、数控系统的互联。

（2）掌握交流伺服电动机及驱动器的控制特性。

（3）了解交流伺服系统的动态特性及其参数调整方法。

（二）实验仪器与设备

（1）交流伺服电动机一台（MSMA022A1A 型）。

（2）伺服驱动器一台（MSDA023A1A 型）。

（3）华中世纪星数控系统（HNC-21S）一套。

（4）X、Y 轴工作台一套。

（5）负载试验台一套。

（三）实验内容

1. 主回路接线

按图 5-20 连接（或检查）R、T 及 L1、L2、L3 与电源的接线；连接（或检查）伺服驱动器 U、V、W 与伺服电动机 A、B、C 之间的接线；连接（或检查）伺服电动机位置传感器与伺服驱动器的连接电缆；连接（或检查）伺服 ON 控制线及开关。

2. 空载下试运行电动机

（1）松开伺服电动机与负载之间的联轴器，接通伺服驱动器的电源，按"Panasonic 交流伺服电动机驱动器 MINAS-A 系列使用说明书"中 PAGE-51 的步骤，先设置用户参数为"出厂设定"，用 JOG 模式试运行电动机。接通驱动器电源后，初始显示"r-0"；按"MODE"键及"∧"、"∨"键，显示"AF_OG"；按"SET"键后，再按住"∧"键直到出现"ready"；按住"＜"键直到出现"Srv_on"。按"∧"键，电动机逆时针旋转；按"∨"键，电动机顺时针旋转，其速率由 PA57 参数来确定。

（2）按照伺服驱动器的控制前面板所示的操作方法，将控制方式设置为"速

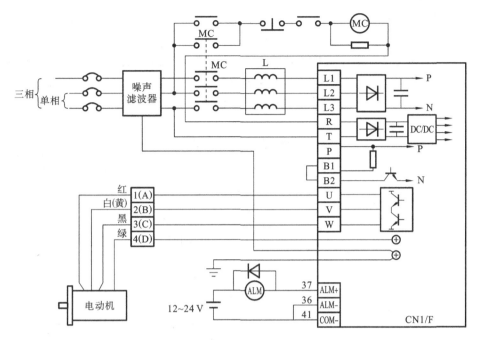

图 5-20　主回路接线图

度控制方式"(PA02＝1),给定方式设置为"内部给定"(PA05＝1),速度给定值设置为"100 r/min"(PA53＝100),然后将参数保存到 EEPROM 中(按"MODE"键,直至显示 EEPROM 写入模式;按"SET"键,再按住 " $\boxed{\wedge}$ " 键,直到出现"Finish",断开电源约 30 s 后接通电源,使写入的内容生效)。在确认没有报警或异常情况后,接通伺服使能(伺服 ON)闭合,这时伺服电动机应在给定转速下运转。在当前监视器模式下,显示伺服电动机的实际转速。

(3) 测试交流伺服电动机的稳速误差。

① 接通伺服驱动器电源,将给定方式设置为"内部给定"(PA05＝1),将给定转速设置为"3 000 r/min"(额定转速),即 PA53＝3 000,然后保存参数到 EEPROM 中,断开伺服驱动器电源。

② 将伺服电动机与负载联轴器连接起来,接通伺服驱动器电源后,再接通伺服 ON,打开监视器模式;选择转矩项(dp_Lrp),按"SET"键,显示伺服电动机输出转矩百分数;逐渐增加电动机的负载转矩至(L＝100.0)额定转矩(L＝100,即100％),再转换至显示速度项,读取伺服电动机的实际转速。调整主电源的输入电压至 110％(即 220 V),保持负载转矩不变,记录伺服电动机的实际转速;再将主电源输入电压调至 85％(即 170 V),保持负载转矩不变,记录伺服电动机的实际转速。

(4) 位置控制方式运行的测试。

按表 5-3 和表 5-4 分别对数控系统的轴参数和硬件参数进行设置,修改伺服驱动器的参数设置,PA02=0 为"位置控制方式";再由数控系统发送控制轴的运转指令,把伺服驱动器置于监视器模式,分别读取电动机转速(dp spd)及位置(dp-Eps)偏差。逐渐改变指令速度,记录电动机转速和位置偏差。提高伺服驱动器的位置环增益(PA10 参数),观察速度和位置偏差的变化(增益设定愈高,定位时间愈快,但增益太高,将会发生位置超调)。将相关数据填入表 5-5 和表 5-6 中。

表 5-3 坐标轴参数

参 数 名	参数值	参 数 名	参数值
伺服驱动器型号	45	最大力矩值	0
伺服驱动器部件号	0	额定力矩值	0
位置环开环增益	0	最大跟踪误差	0~60 000
位置环前馈系数	0	电动机每转脉冲数	2 500
速度环比例系数	0	伺服内部参数 [0]~[6]	0
速度环积分时间常数	0		

表 5-4 硬件配置参数

参数名	型号	标识	地址	配置[0]	配置[1]
部件 0	5301	45	0	00100000(二进制)	0

表 5-5 位置环增益 1

进给速度/(m/min)					
位置误差/mm					

表 5-6 位置环增益 2

进给速度/(m/min)					
位置误差/mm					

第 3 部分 习题与思考

1. 交流电动机的调速方法有哪些?
2. 画出永磁式同步交流伺服系统控制框图。
3. 说明 MINAS A 系列交流伺服电动机驱动器投入运转的操作步骤。
4. 绘制永磁式同步交流伺服系统电气连接图。
5. 简述交流伺服系统的连接及调试过程。
6. 写出实践过程中排除故障的过程报告。
7. 交流伺服电动机有哪几种控制方法?

任务 3　数控机床主轴系统

知识目标

（1）理解数控机床主轴对伺服系统的要求。

（2）掌握变频器的原理与连接。

能力目标

（1）能够掌握变频器与异步电动机的连接。

（2）能够对变频器与数控装置进行调试。

第 1 部分　知　识　学　习

一、数控机床主轴对伺服系统的要求

（一）数控机床主轴部件

数控机床主轴电动机通过同步带将运动传递到主轴,主电动机为变频调速三相异步电动机,由变频器控制其速度的变化,从而使主轴实现无级调速,主轴转速范围为 $250\sim6\,000$ r/min。

现代数控机床的主轴开启与停止、主轴正反转与主轴变速等都可以按编入的程序自动执行。不同的机床其变速功能与范围也不同。有的采用变频机组（目前已很少采用）,固定几种转速,可任选一种编入程序,但不能在运转时改变;有的采用变频器调速,将转速分为几挡,编程时可任选一挡,在运转中可通过控制面板上的旋钮在本挡范围内自由调节;有的则不分挡,编程时可在整个调速范围内任选一值,在主轴运转过程中可以在全速范围内进行无级调速,但从安全角度考虑,每次只能在允许的范围内调高或调低,不能有大起大落的突变。在数控铣床的主轴套筒内一般都设有自动拉、退刀装置,能在数秒内完成装刀与卸刀,使换刀显得较方便。此外,多坐标数控铣床的主轴可以绕 X、Y 或 Z 轴作数控摆动,也有的数控铣床带有万能主轴头,扩大了主轴自身的运动范围,但主轴结构更加复杂。

（二）数控机床主轴对伺服系统的要求

数控机床的技术水平依赖于进给和主轴伺服系统的性能,因此,数控机床对伺服系统的位置控制、速度控制及伺服电动机主要有下述要求。

1. 进给调速范围要宽

调速范围 r_h 是伺服电动机的最高转速与最低转速之比,即 $r_h = n_{max}/n_{min}$。为适应不同零件及不同加工工艺方法对主轴参数的要求,数控机床的主轴伺服系统应能在很宽的范围内实现调速。

2. 位置精度要高

为满足加工高精度零件的需要,关键之一是要保证数控机床的定位精度和进给跟踪精度。数控机床位置伺服系统的定位精度一般要求达到 $1\ \mu m$,甚至 $0.1\ \mu m$。相应地,对伺服系统的分辨率也提出了要求。伺服系统接收 CNC 送来的一个脉冲,工作台相应移动的距离称为分辨率。系统分辨率取决于系统的稳定工作性能和所使用的位置检测元件。

3. 速度响应要快

为了保证零件尺寸、形状精度和获得低的表面粗糙度,要求伺服系统除具有较高的定位精度外,还有良好的快速响应特性,即要求跟踪指令信号的响应要快:一方面伺服系统加减速过渡时间要短;另一方面是恢复时间要短,且无振荡。

4. 低速时大转矩输出

数控机床切削加工,一般低速时采用大切削量(切削深度和宽度),要求伺服驱动系统在低速进给时,要有大的输出转矩。

二、数控机床主轴驱动系统的特点

(1)随着生产力的不断提高、机床结构的改进、加工范围的扩大,要求机床主轴的速度和功率也不断提高,主轴的转速范围也不断地扩大,主轴的恒功率调速范围更大,并有自动换刀的主轴准停功能等。

(2)为了实现上述要求,主轴驱动要采用无级调速系统驱动。一般情况下主轴驱动只有速度控制要求,少量有位置控制要求,所以主轴控制系统只有速度控制环。

(3)由于主轴需要恒功率调速范围大,采用永磁式电动机就不合适,往往采用他励式直流伺服电动机和笼型感应交流伺服电动机。

(4)数控机床主旋转运动不需丝杠或其他直线运动的机构,机床的主轴驱动与进给驱动有很大的差别。

(5)早年的数控机床多采用直流主轴驱动系统,但由于直流电动机的换向限制,大多数系统恒功率调速范围都非常小。在微处理器技术和大功率晶体管技术快速发展起来之后,从 20 世纪 80 年代初期开始,数控机床的主轴驱动应用了交流主轴驱动系统。目前,国内外新生产的数控机床基本都采用了交流主轴驱动系统,交流主轴驱动系统将完全取代直流主轴驱动系统。这是因为交流电动机不像直流电动机那样在高转速和大容量方面受到限制,而且交流主轴驱动系统的性能已达到直流驱动系统的水平,甚至在噪声方面还有所降低,价格也比直流主轴驱动系统的低。

三、直流主轴伺服系统

直流主轴伺服系统由他励式直流电动机和直流主轴速度控制单元组成。直流主轴速度单元是由速度环和电流环构成的双闭环速度控制系统,用于控制主轴电动机的电枢电压,进行恒转矩调速。控制系统的主回路采用反并联可逆整流电路,因为主轴电动机的容量大,所以主回路的功率开关元件大都采用晶闸管元件。主轴直流电动机调速还包括恒功率调速,由励磁控制回路完成。因为主轴电动机为他励式电动机,励磁绕组需要有另一直流电源供电,用减弱励磁控制回路电流方式使电动机升速。

采用直流主轴速度控制单元之后,只需 2～3 级机械变速,即可满足数控机床主轴的调速要求。

四、交流主轴伺服系统

交流主轴伺服系统由交流主轴速度控制单元和交流主轴伺服电动机组成。交流主轴速度控制单元一般是数字式控制形式,由微处理器担任的转差频率矢量控制器和晶体管逆变器控制感应电动机速度,速度传感器一般采用脉冲编码器或旋转变压器。

在伺服系统中,直流伺服电动机能获得优良的动态与静态性能,其根本原因是被控量只有电动机磁场和电枢电流,且这两个量是独立的,如果完满地补偿电枢反应,两量互不影响。此时,电磁转矩与磁通和电枢电流分别成正比关系,因此控制简单,输出特性为线性的。而交流感应电动机没有独立的励磁回路,转子电流时刻影响着磁通的变化,而且交流感应电动机的输入量是随时间交变的量,磁通也是空间的交变矢量,仅仅控制定子电压和电源频率,其输出特性显然不是线性的。如果能够模拟直流电动机,求出交流电动机与此对应的磁场与电枢电流,分别而独立地加以控制,就会使交流电动机具有与直流电动机近似的优良调速特性。为此,必须将三相交流变量(矢量)转换为与之等效的直流量(标量),建立起交流电动机的等效数学模型,然后按直流电动机的控制方法对其进行控制,再将控制信号等效转变为三相交流电量,驱动感应交流电动机,完成对交流电动机的速度控制。这种"矢量—标量—矢量"的过程就是矢量变换控制过程。在矢量变换控制中,首先是将三相交流量(三相交流电动机)等效为两相交流量(二相交流电动机),再将二相交流量(二相交流电动机)旋转后等效为模拟直流量(直流电动机),控制后,再将调制好的模拟直流量转换为三相交流量输出。在这个过程中要进行复杂的运算和坐标变换计算,所以矢量控制往往由微处理器系统来完成。

(一) 变频电源的应用

变频器即电压频率变换器是一种将固定频率的交流电变换成频率、电压连续可调的交流电,以供给电动机运转的电源装置。交流电动机变频调速与控制技术已经在机床、纺织、印刷、造纸、冶金、矿山以及工程机械等各个领域得到了广泛应用。

中小功率变频电源产品由于运行时其散热表面的温度可高达 90 ℃,所以大多数要求壁挂立式安装,并在机壳内配有冷却风扇以保证热量得到充分的散发。在电气柜中应注意给变频电源的两侧及后部留出足够空间,而且在它的上部不应安排容易受人为因素影响的器件。多台变频电源安装在一起时要尽量避免竖排安装,如必须竖排则要在两层间配备隔热板。变频电源工作的环境温度不得超过 50 ℃。

（二）变频电源的基本接线

小功率变频电源产品的外形如图 5-21 所示。一般三相输入、三相输出变频电源的基本电气接线原理图如图 5-22 所示。

在图 5-22 中,主电路接入口 R、S、T 处应按常规动力线路的要求预先串接符合该电动机功率容量的空气断路器和交流接触器,以便对电动机工作电路进行正常的控制和保护。经过变频后的三相动力接出口为 U、V、W,在它们和电动机之间可安排热继电器,以防止电动机过长时间过载或单相运行等问题。电动机的转向仍然靠外部的线头换相来确定或控制。

B1、B2 用来连接外部制动电阻,改变制动电阻值的大小可调节制动的强烈程度。

工作频率的模拟输入端为 A11 和 A12,模拟量地端

图 5-21　变频电源外形

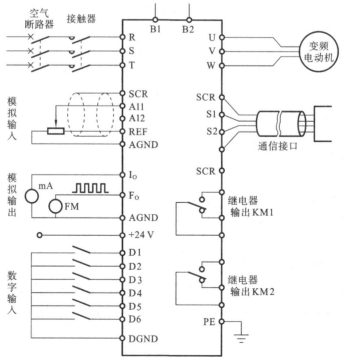

图 5-22　变频电源基本接线原理

AGND 为零电位点。电压或电流模拟方式的选择一般通过这些端口的内部跳线来确定。电压模拟输入也可以从外部接入电位器实现（有的变频电源将此环节设定在内部），电位器的参考电压从 REF 端获取。

工作频率挡位的数字输入由 D3、D4、D5 的三位二进制数设定，"000"认定为模拟控制方式。另外三个数字端可分别控制电动机电源的启动、停止、启动及制动过程的加减速时间选定等功能。数字量的参考电位点是 DGND。

一般变频电源都提供模拟电流输出端 I_0 和数字频率输出端 F_0，便于建立外部的控制系统。如需要电压输出可外接频压转换环节来实现。继电器输出 KM1 和 KM2 可反映诸如变频电源有无故障、电动机是否在运转、各种运转参数是否超过规定极限、工作频率是否符合给定数据等种种状态，便于整个系统的协调和正常运行。

通信接口可以选择是否将该变频电源作为某个大系统的终端设备，它们的通信协议一般由变频电源厂商规定，不可改变。

为保证变频电源的正常工作，其外壳 PE 应可靠地接入大地零电位。所有与信号相关的接线群都要有屏蔽接点 SCR。

（三）变频器主接线端子的介绍

主接线端子是变频器与电源及电动机连接的接线端子。

1. 主接线端子的示意图

主接线端子的示意图如图 5-23 所示。

图 5-23　主接线端子的示意图

2. 主接线端子的功能

主接线端子的功能如表 5-7 所示。

表 5-7　主回路端子的功能表

目　　的	使 用 端 子
主回路电源输入	R、S、T
变频器输出	U、V、W
直流电源输入	−、+
直流电抗器连接	+、B1（去掉短接片）
制动电阻连接	B1、B2
接地	⏚

五、变频器的试运行连接

Micromaster 440 型变频器的外形如图 5-24（a）所示。当采用电位器作速度的给定模拟量,用开关作为启动/停止和正转/反转控制简单试运行的连接方式,如图 5-24(b)所示。按该图连接以后,确认无误即可进行操作。

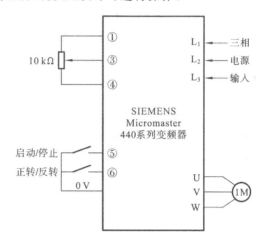

(a) 440型变频器外观图 　　(b) 440型变频器简单试运行连接图

图 5-24 变频器外观及运行连接图

六、变频器与华中世纪星数控系统的连接

Micromaster 440 型变频器与华中世纪星数控系统连接的端子与接口如图 5-25 所示。

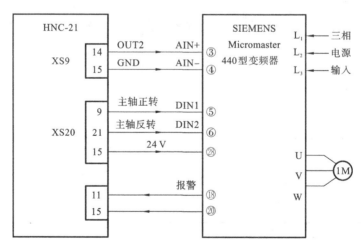

图 5-25 变频器与华中世纪星数控系统的连接图

七、变频器中电动机参数的设置

在 Micromaster 440 型变频器的基本操作面板(BOP)进行调试,把变频器所有参数复位为出厂时的缺省设置值。接通变频器三相(380 V)输入电源,然后进行快

速调试,将参数 P0010 设置为"1",设置参数 P0100(＝0)和下列电动机参数:

电动机额定电压　　　　　P0304＝380 V
电动机额定电流　　　　　P0305＝1.5 A
电动机额定功率　　　　　P0307＝0.55 kW
电动机额定频率　　　　　P0310＝50 Hz
电动机额定转速　　　　　P0311＝1 390 r/min

再依次设置参数 P0700＝1(将变频器设置为基本操作面板 BOP 控制方式)、P1000＝1(用 BOP 控制频率的升降)、P1080＝0(电动机最小频率为 0 Hz)、P1082＝50(电动机最大频率为 50 Hz)、P1120＝10(斜坡上升时间为 10 s)和 P1121＝10(斜坡下降时间为 10 s)。完成上述步骤后,将参数 P3900 设置为"1",使变频器自动执行必要的电动机其他参数计算,并使其余参数恢复为缺省设置值,自动将 P0010 参数设置为"0"。

八、数控系统与主轴系统的连接

华中世纪星 HNC-21 数控系统通过 XS9 主轴控制接口和 PLC 输入/输出接口,连接各种主轴驱动器,实现正反转、定向、调速等控制,还可以外接主轴编码器,实现螺纹车削和铣床上的刚性攻螺纹功能。

(一) 主轴启停

主轴启停控制由 PLC 承担,标准铣床 PLC 程序和标准车床 PLC 程序中关于主轴启停控制的信号如表 5-8 所示。

表 5-8　与主轴启停有关的输入/输出开关量信号

信号说明	标号(X/Y 地址)		所在接口	信号名	引脚号
	铣	车			
输入开关量					
主轴速度到达	X3.1	X3.1	XS11	I25	23
主轴零速	X3.2			I26	10
输出开关量					
主轴正转	Y1.0	Y1.0	XS20	008	9
主轴反转	Y1.1	Y1.1		009	21

利用 Y1.0、Y1.1 输出即可控制主轴系统的正、反转及停止,一般定义接通有效:当 Y1.0 接通时,可控制主轴系统正转;Y1.1 接通时,主轴系统反转;二者都不接通时,主轴系统停止旋转。在使用某些主轴变频器或主轴伺服单元时,也用 Y1.0、Y1.1 作为主轴单元的使能信号。

部分主轴系统的运转方向由速度给定信号的正、负极性控制,这时可将主轴正转信号用于主轴使能控制,主轴反转信号不用。

部分主轴控制器有速度到达和零速信号,由此可使用主轴速度到达和主轴零速输入功能,实现PLC对主轴运转状态的监控。

(二)主轴速度控制

华中世纪星HNC-21通过XS9主轴接口中的模拟量输出可控制主轴转速,当主轴模拟量的输出范围为$-10\sim10$ V时,用于双极性速度指令输入主轴驱动单元或变频器,这时采用使能信号控制主轴的启、停。当主轴模拟量的输出范围为$0\sim10$ V,用于单极性速度指令输入的主轴驱动单元或变频器,这时采用主轴正转、反转信号控制主轴的正、反转。模拟电压的值由用户PLC程序送到相应接口的数字量决定。

(三)主轴定向控制

与主轴定向有关的输入/输出开关量信号如表5-9所示。实现主轴定向控制的方案及控制方式如表5-10所示。

表5-9 与主轴定向有关的输入/输出开关量信号

信号说明	标号(X/Y 地址)	所在接口	信号名	脚号
	铣			
输入开关量				
主轴定向完成	X3.3	XS11	I27	27
输出开关量				
主轴定向	Y1.3	XS20	O11	20

表5-10 主轴定向控制的方案及控制方式

序号	控制的方案	控制方式及说明
1	用带主轴定向功能的主轴驱动单元	标准铣床PLC程序中定义了相关的输入/输出的信号。由PLC发出主轴定向命令,即Y1.3接通主轴单元完成定向后送回主轴定向完成信号X3.3
2	用伺服主轴即主轴工作在位置控制方式下	主轴作为一个伺服控制轴,可在需要时由用户PLC程序控制定向到任意角度
3	用机械方式实现	根据所采用的具体方式,用户可自行定义有关的PLC输入/输出点,并编制相应PLC程序

(四)主轴编码器连接

通过主轴接口XS9可外接主轴编码器,用于螺纹、切割、攻螺纹等,华中世纪星HNC-21数控系统可接入两种输出类型的编码器,即差分编码器TTL方波或单极性TTL方波。一般使用差分编码器,确保长的传输距离的可靠性及提高抗干扰能力。华中世纪星 HNC-21 数控系统与主轴编码器的接线图如图 5-26 所示。

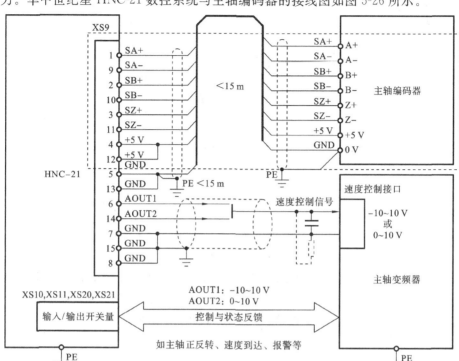

图 5-26　数控系统与主轴变频器的接线图

注:若没有主轴编码器则无虚线框中的内容

(五) 数控系统与主轴系统的连接实例

1. 与普通三相异步电动机连接

用无调速装置的交流异步电动机作为主轴电动机时,只需利用数控系统输出开关量控制中间继电器和接触器,便可控制主轴电动机的正转、反转、停止,如图 5-27 所示。图 5-28 中 KA3、KM3 控制电动机正转,KA4、KM4 控制电动机反转。

华中世纪星 HNC-21 数控系统与普通三相异步主轴电动机的连接,可配合主轴机械换挡实现有级调速,还可外接主轴编码器实现螺纹车削加工或刚性攻螺纹。

2. 与交流变频主轴连接

采用交流变频器控制交流变频电动机,可在一定范围内实现主轴的无级变速,这时需利用数控系统的主轴控制接口(XS9)中的模拟量输出信号(模拟电压),作为变频器的速度给定,采用开关量输出信号(XS20、XS21)控制主轴启、停(或正、反转)。华中世纪星 HNC-21 数控系统与主轴变频器的接线图如图 5-27 所示。

采用交流变频主轴时,由于低速特性不很理想,一般需配合机械换挡以兼顾低速特性和调速范围。需要车削螺纹或攻螺纹时,可外接主轴编码器。

3. 与伺服驱动主轴连接

采用伺服驱动主轴可获得较宽的调速范围和良好的低速特性,还可实现主

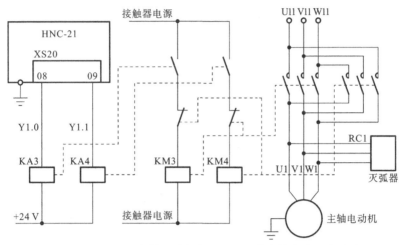

图 5-27　HNC-21 数控系统与普通三相异步主轴电动机的连接

注:接触器的单相灭弧器省略未画

轴定向控制。利用数控系统上的主轴控制接口(XS9)中的模拟量输出信号(模拟电压),作为主轴单元的速度给定;利用 PLC 输出控制启、停(或正、反转)及定向。华中世纪星 HNC-21 数控系统与主轴伺服的接线图如图 5-28 所示。

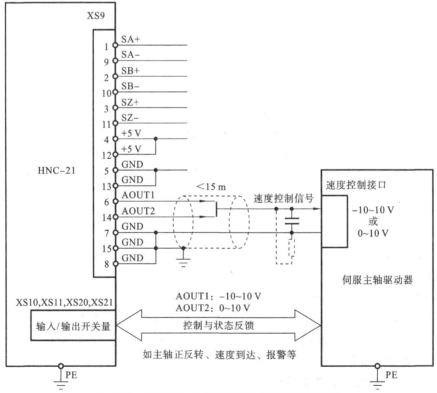

图 5-28　HNC-21 数控系统与主轴伺服的接线图

需车削螺纹或攻螺纹时,可利用主轴伺服本身反馈给数控装置接口 XS9 的主轴位置信息,如图 5-29 所示;也可外接主轴编码器,如图 5-30 所示。

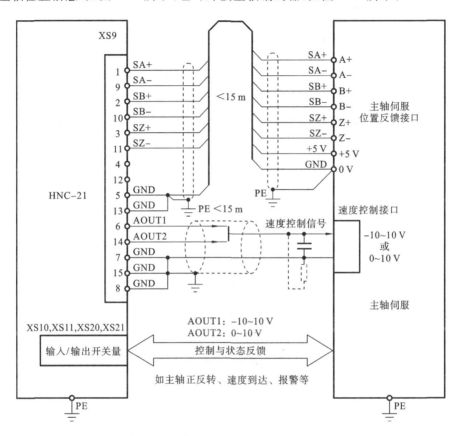

图 5-29　数控系统与主轴伺服的接线图(位置反馈来自主轴伺服)

九、主轴准停控制

主轴准停是指使主轴准确停止在某一固定位置,以便加工中心在该处进行换刀等操作。现代数控机床中,一般采用电气控制方式使主轴定向,只要数控装置发出 M19 主轴准停指令,主轴就能准确地定向。它是利用安装在主轴上的主轴位置编码器或接近开关(如磁性接近开关、光电开关等)作为位置反馈元件,控制主轴准确地停止在规定的位置上。

主轴准停控制,实际上是在主轴速度控制的基础上,增加一个位置控制环。图 5-31 所示分别为采用主轴位置编码器或磁性开关两种方案的原理图。采用磁性传感器时,磁性元件直接安装于主轴上,而磁性传感头则固定在主轴箱上,为减少干扰,磁性传感头与放大器之间的连线需采用屏蔽线,且连线越短越好。采用位置编码器时,若安装不方便,可通过 1∶1 齿轮连接。这两种方案要依机床

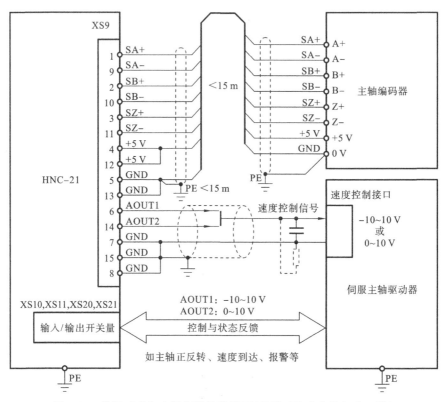

图 5-30 数控系统与主轴伺服的接线图(位置反馈来自外部编码器)

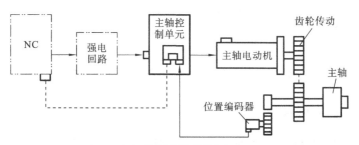

(a)采用位置编码器的方案

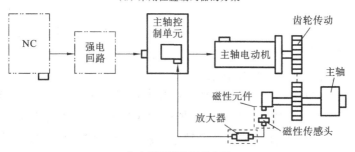

(b)采用磁性开关方案

图 5-31 主轴准停控制原理图

实际情况来选用。

主轴位置编码器的工作原理和光电脉冲编码器相同,但其线纹是 1 024 条/周,经 4 倍频细分电路细分为 4 096 个脉冲/转,输出信号幅值为 5 V。

第 2 部分　任务分析与实施

子任务 1　数控机床主传动系统的要求

一、任务描述

本任务主要解决数控机床主传动系统的电气连接。

二、任务实施

（一）MCCB 接线用断路器

在电源与输入端子之间,先插入适合变频器功率的接线用断路器。

MCCB 的时间特性要充分考虑变频器的过热保护的时间特性,一般为达到额定输出电流的 150% 的时间超过 1 min。

（二）MC 电磁接触器

可以通过断开 MC 断开主回路电源,电动机自由滑行停止,但频繁地开、闭会引起变频器故障。MC 的容量常选为变频器额定电流的 1.5～2 倍。

（三）R 制动电阻

在制动力矩不能满足要求时使用,运用于大惯性负载、频繁制动或快速刹车的情况。

（四）接地线的设置

接地端子务必接地。

（五）AC 电抗器或 DC 电抗器

连接大功率（600 kV·A 以上）的电源变压器场合时,会有进线电解电容的切换,切换时将有很大的峰值电流流入输入电源回路,有可能损坏整流部分元的器件。为避免这样的情况产生,一般在变频器的输入侧接入 AC 电抗器或者在 DC 电抗器端子上安装 DC 电抗器。接入电抗器后也有改善功率因数的效果,同时除去从电源线入侵变频器的噪声,也可以降低从变频器流出的噪声,提高抗干扰能力。

（六）主回路输出侧的接线

变频器与电动机的接线如图 5-32 所示。绝对禁止将输入电源接入输出端

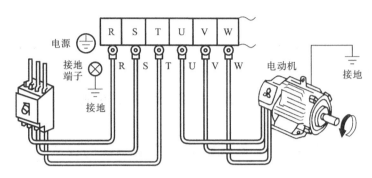

图 5-32 主回路的接线

子、将输出端子短路和接地。

（七）漏电开关的安装

由于变频器的输出是高频脉冲波,应安装漏电开关,漏电开关请选用变频器专用的漏电开关(动作电流在 30 mA 以上)。选择通用的漏电开关时,其开关的动作电流在 200 mA 以上。

子任务 2 主轴系统定向功能和进给功能

一、任务描述

数控机床主轴的速度是由电压频率变换器(即变频器)实现的。什么是变频器?变频器是由哪几部分组成?主接线端子有哪些功能?下面就对这些问题进行讲解。

二、任务实施

（一）Micromaster 440 型变频器与华中世纪星数控系统的连接

根据图 5-26 所示的连接图,将 Micromaster 440 型变频器与华中世纪星数控系统进行连接。

为了与华中世纪星数控系统 I/O 控制逻辑功能配合,需将 Micromaster 440 型变频器的 DIN2 设置为"反转/停止"控制方式,即将"P0701"设置为"2"(P0701 ＝2)。

（二）修改控制信号源参数

完成了 Micromaster 440 型变频器与华中世纪星数控系统接线和变频器中电动机参数的设置后,变频器即进入待命状态。按下开关,电动机转动,可进行给定频率的增加与减少、电动旋转方向的改变、进行点动(按"JOG"键)操作等。

接通三相(380 V)输入电源后,修改控制信号源参数,使"P0700＝2"(由端口输入控制,信号源为模拟输入),使"P1000＝2"(这时输入模拟电压从 AIN1＋和 AIN1－接入,电压范围为 0～10 V,单极性,其对应的缺省设置频率范围为 0～50 Hz;若要扩大控制频率范围,例如扩大至 100 Hz,则可将基准频率参数设置为 P2000＝100 Hz)。缺省设置的 I/O 功能见表 5-11。

表 5-11　缺省设置的 I/O 功能表

数字输入端口		数字输出端口	
DIN1⑤	启动/停止	RELAY1	变频器故障
DIN2⑥	正/反转	RELAY2	变频器报警
DIN3⑦	故障复位	RELAY3	变频器准备就绪
DIN4⑧、DIN5⑯、DIN6⑰	固定频率选择		

上述连接、参数设置确认无误后,接通各部分电源,便可由华中世纪星数控系统的主轴控制命令控制变频器的运行。

第 3 部分　习题与思考

1. 变频器的主要功能有哪些?

2. 画出变频器的控制电路的基本控制框图。

3. 绘制变频调速系统的电气连接图。

4. 数控机床如何实现主轴的准停控制?

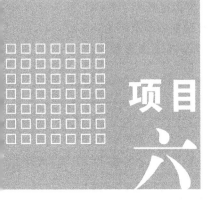

项目六

数控系统连接
及参数调试

项目描述

▶数控系统是实现数控机床自动控制功能的核心,数控系统连接调试即将数控装置与主轴控制单元、进给控制单元、检测装置等连接起来并进行系统及各单元参数调试,以实现数控机床的高性能数控加工功能。

学习目标

▶掌握数控机床电气控制系统的连接方法及步骤。

▶了解数控机床常见故障并掌握故障处理方法。

▶掌握华中数控系统参数设置及调试方法。

能力目标

▶看懂电气控制原理图,根据电气控制原理图能进行数控装置与主轴控制单元、进给控制单元、检测反馈装置等的安装、接线。

▶能根据数控系统连接说明书及电气控制各元件的使用说明进行数控系统参数的设置和机床调试,能进行机床常见故障的分析及处理。

任务 1 数控系统的连接及常见故障处理

知识目标

(1) 掌握数控机床常用电器元件的作用及电器连接方法。

(2) 了解数控装置与各个电器部件之间的关系及综合连接。

能力目标

(1) 能根据数控系统说明书进行机床系统各部分的连接。

(2) 能对数控机床常见故障进行处理。

第1部分 知识学习

数控机床的核心部件即数控系统。以 TK1640 数控车床为例,该车床数控系统是由数控装置、变频调速主轴及三相异步电动机、交流伺服驱动装置及交流伺服电动机、测量装置、机床本体等组成。数控系统连接即将数控装置与主轴控制单元、进给控制单元、检测装置等连接起来,如图 6-1 所示即为华中数控系统体系结构图。

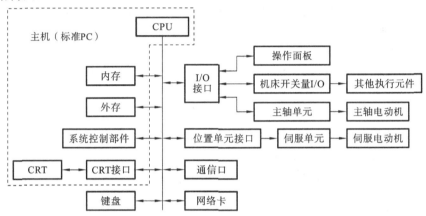

图 6-1 华中数控系统体系结构图

一、数控机床电气控制系统的连接注意事项

数控机床电气控制系统的连接是一项必须十分细致的工作,若有丝毫疏忽大意,都会带来很多麻烦甚至埋下安全隐患。所以在对数控机床电气控制系统的连接之前,必须认真分析阅读电气原理图,并在连接过程中注意如下事项。

(1) 仔细阅读电气原理图,熟悉电气控制系统的组成部分。

(2) 检查产品型号及元器件的型号、规格、数量等与图样是否相符。

(3) 检查元器件是否完好。

(4) 元件组装顺序应从板前看,由上到下、由左到右。

(5) 动力线各项线的颜色应分开,控制线的颜色(交直流分开、高低压分开)、接地线的颜色要专用的黄/绿色,接地端子的标示要明显。

(6) 所有连接导线中间不应有接头。每个电器元件的一个接线点最多允许接两根线,且连接必须可靠。

(7) 在接线过程中表示套管的标识数字或符号应该朝向电气柜门,以便调试检修时能快速查找。

(8) 确保接线端子紧固,接线端子螺钉拧紧后,检查是否用较小的力就可将导线拉脱,若是,应重新拧紧螺钉。

（9）信号线最好只从一侧进入电气柜，信号电缆的屏蔽层双端接地。控制电缆最好使用屏蔽电缆。不要使 DC24V 和 AC220V 信号电缆共用同一条电缆槽。

（10）柜子与柜门间的线束要捆扎，垂度要合适。

二、数控机床电气控制系统连接的一般步骤

数控机床电气控制系统的接线顺序一般采取先主电路后控制电路的顺序，主要步骤如下。

（1）主电源回路的连接，包括伺服驱动系统、主轴变频系统、步进驱动系统的强电电源的接线，在接线过程中，要注意区分电源的输入和输出端，千万不能将线接反，否则将会损坏设备。

（2）控制回路的连接。根据电气控制原理图，连接系统中的继电器输入/输出开关量的控制线。

（3）数控系统和手摇脉冲发生器的连接。

（4）数控系统和步进驱动器/伺服驱动器控制线的连接。

（5）数控系统和变频主轴控制线的连接。

（6）刀架电动机的连接，包括刀架电动机的电源线及刀位信号的控制线。

（7）工作台上超程控制信号线、反馈线、急停控制回路等的连接。

（8）风扇等其他部件的连接。

三、数控机床电气控制系统的线路检查

在连完所有的接线后，必须对机床电气控制系统所有的接线进行检查，对照电气原理图，检查连接线路是否有接错、短路等现象。检查线路的主要工具是万用表，由强到弱沿着线路走向逐一进行排查。

（一）断 电 检 查

（1）变压器的规格和进线的方向、顺序。

（2）主轴电动机、伺服电动机的强电电缆的相序。

（3）DC24 V 电源极性连接是否正确。

（4）步进驱动器直流电源极性连接是否正确。

（5）步进电动机相线与驱动器连接是否正确。

（6）刀架电动机正反转控制线路是否无误。

（7）各接线端子是否可靠连接。

（8）检查限位开关、断电保护热继电器的可动部分是否灵活。

（9）检查断路器、接触器、继电器等电器元件的可动部分是否灵活。

（10）所有地线是否都已正确可靠地连接。

（二）通 电 检 查

做通电检查前，要尽量将电动机和传动机械部分脱离，将电气控制装置上相

应的转换开关置于零位,行程开关恢复到正常位置。开动机床检查时,一定要在操作者的配合下进行,以免发生意外事故。

通电检查时,一般按先易后难原则,一部分一部分进行,每次检查通电的部位不要太大,范围越小,故障越明显。检查顺序:一般应先检查控制电路,后检查主电路;先检查辅助系统,后检查主传动系统;先检查控制系统,后检查调整系统;先检查交流系统,后检查直流系统;先检查重点部位,后检查一般部位。特别是对比较复杂的机床电气设备故障进行检查时,应在检查前拟好一个检查顺序,将复杂电路划分为若干单元,要耐心仔细地一个单元一个单元地检查下去,以防故障点被遗漏。

四、TK1640 数控车床电气控制电路分析示范

(一) TK1640 数控车床电气控制电路

数控机床电气控制部分与普通机床电气控制有着很大的差别,主要体现在数控机床电气控制大部分采用了自动控制器件,如数控装置、伺服驱动控制系统器件等。分析 TK1640 数控车床电气控制电路,可列出主要控制器件,如表 6-1 所示。

表 6-1　TK1640 数控车床电气控制设备主要器件

序号	名称	规　格	主　要　用　途	备注
1	数控装置	HNC-21TD	控制系统	HCNC
2	软驱单元	HFD-2001	数据交换	HCNC
3	控制变压器	AC380/220V 300W /110V 250W /24V 100W	伺服控制电源、开关电源供电 交流接触器电源 照明灯电源	HCNC
4	伺服变压器	3P AC380/220 V 2.5kW	伺服电源	HCNC
5	开关电源	AC220V/DC24V 145W	HNC-21TD,PLC 及中间继电器电源	明玮
6	伺服驱动器	HSV-16D030	X、Z 轴电动机伺服驱动器	HCNC

1. 分析机床的运动及控制要求

TK1640 数控车床主轴的旋转运动由 5.5 kW 变频主轴电动机实现,与机械变速配合得到低速、中速和高速三段范围的无级变速。Z 轴、X 轴的运动由交流伺服电动机带动滚珠丝杠实现,两轴的联动由数控系统控制。加工螺纹由光电编码器与交流伺服电动机配合实现。除上述运动外,还有电动刀架的转位,冷却电动机的启、停等。

2. 分析 TK1640 数控车床电气控制电路中的 380 V 强电回路

(1) 打开 TK1640 数控车床电气柜门,根据电气控制实际接线绘制强电回路

电气原理图。

在分析机床的运动及控制要求基础上,根据电气接线分析主回路及控制回路并规范绘制电气原理图。图 6-2 所示为 TK1640 数控车床电气控制电路中的 380 V 强电回路电气原理图。

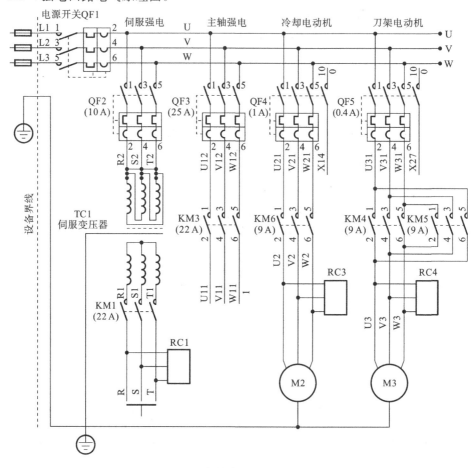

图 6-2 TK1640 数控车床强电回路电气原理图

(2) 分析强电回路工作原理。图 6-2 中 QF1 为电源总开关。QF3、QF2、QF4、QF5 分别为主轴强电、伺服强电、冷却电动机、刀架电动机的空气开关,它们的作用是接通电源及短路、过流时起保护作用;其中 QF4、QF5 带辅助触点,该触点输入到 PLC,作为 QF4、QF5 的状态信号,并且这两个空气开关的保护电流为可调的,可根据电动机的额定电流来调节空气开关的设定值,起到过流保护作用。KM3、KM1、KM6 分别为主轴电动机、伺服电动机、冷却电动机交流接触器,由它们的主触点控制相应电动机;KM4、KM5 为刀架正反转交流接触器,用于控制刀架的正反转。TC1 为三相伺服变压器,将交流 380 V 变为交流 200 V,供给伺服电源模块。RC1、RC3、RC4 为阻容吸收,当相应的电路断开后,吸收伺服电源模块、冷却电动机、刀架电动机中的能量,避免产生过电压而损坏器件。

3. 电源电路原理图的绘制及分析

根据电气接线分析主回路及控制回路,图 6-3 所示为 TK1640 数控车床电气控制电路中的电源回路参考原理图。

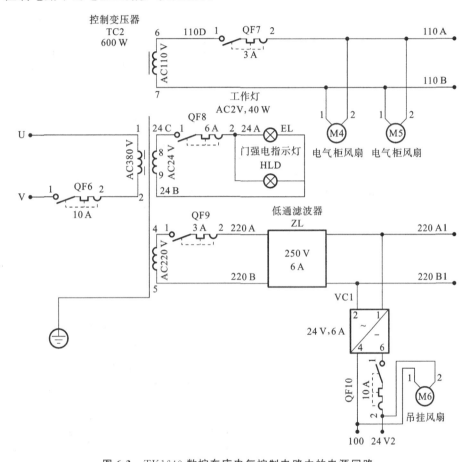

图 6-3　TK1640 数控车床电气控制电路中的电源回路

图 6-3 中:TC2 为控制变压器,其初级为 AC380 V,次级为 AC110 V、AC220 V、AC24 V,其中 AC110 V 给交流接触器线圈和强电柜风扇提供电源;AC24 V 给电气柜门指示灯、工作灯提供电源;AC220 V 通过低通滤波器滤波后给伺服模块、电源模块、DC24 V 电源提供电源;VC1 为 24 V 电源,将 AC220 V 转换为 DC24 V 电源,给华中世纪星数控系统、PLC 输入/输出、24 V 继电器线圈、伺服模块、电源模块、吊挂风扇提供电源;QF6、QF7、QF8、QF9、QF10 空气开关为电路的短路保护开关。

4. 控制电路分析

(1) 主轴电动机的控制　图 6-4、图 6-5 所示分别为 TK1640 数控车床的交

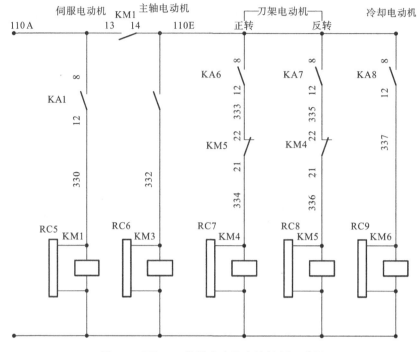

图 6-4　TK1640 数控车床的交流控制回路图

流控制回路图和直流控制回路图。

　　在图 6-2 中,先将 QF2、QF3 空气开关合上。在图 6-5 中,当机床未压下限位开关、伺服未报警、急停按钮未压下、主轴未报警时,KA2、KA3 继电器线圈通电,继电器触点吸合,并且 PLC 输出点 Y00 发出伺服允许信号,KA1 继电器线圈通电,继电器触点吸合,如图 6-4 所示,KM1 交流接触器线圈通电,交流接触器触点吸合,KM3 主轴交流接触器线圈通电。在图 6-2 中,交流接触器主触点吸合,主轴变频器加上 AC380 V 电压;若有主轴正转或主轴反转及主轴转速指令(手动或自动),如图 6-5 所示,PLC 输出主轴正转 Y10 或主轴反转 Y11 有效,主轴转速指令输出对应于主轴转速的直流电压值(0~10 V)至主轴变频器,主轴按指令值的转速正转或反转;当主轴速度达到指令值时,主轴变频器输出主轴速度达到信号给 PLC,主轴转动指令完成。主轴的启动时间、制动时间由主轴变频器内部参数设定。

　　(2)刀架电动机的控制　　当有手动换刀或自动换刀指令时,系统将换刀指令转变为刀位信号,如图 6-5 所示,PLC 输出 Y06 有效,KA6 继电器线圈通电,继电器触点闭合,如图 6-4 所示,KM4 交流接触器线圈通电,交流接触器主触点吸合,刀架电动机正转;当 PLC 输入点检测到指定刀具所对应的刀位信号时,PLC 输出 Y06 有效撤销,刀架电动机正转停止;接着 PLC 输出 Y07 有效,KA7 继电器线圈通电,继电器触点闭合,如图 6-4 所示,KM5 交流接触器线圈通电,交流接

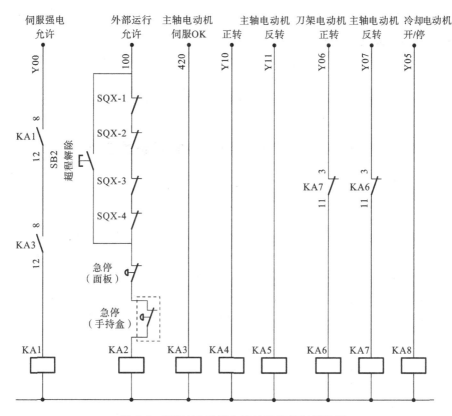

图 6-5 TK1640 数控车床的直流控制回路图

触器主触点吸合,刀架电动机反转,延时一定时间后(该时间由参数设定,并根据现场情况作调整),PLC 输出 Y07 有效,KM5 交流接触器主触点断开,刀架电动机反转停止,换刀过程完成。为了防止电源短路和电气互锁,在刀架电动机正转继电器线圈、接触器线圈回路中串入了反转继电器、接触器常闭触点,在反转继电器、接触器线圈回路中串入了正转继电器、接触器常闭触点(见图 6-4 和图 6-5)。请注意,刀架转位选刀时只能沿一个方向转动,取刀架电动机正转。刀架电动机反转时,刀架锁紧定位。

(3) 冷却电动机控制 当有手动或自动冷却指令时,如图 6-5 所示,PLC 输出 Y05 有效,KA8 继电器线圈通电,继电器触点闭合,如图 6-4 所示,KM6 交流接触器线圈通电,交流接触器主触点吸合,冷却电动机旋转,带动冷却泵工作。

(二) 了解数控机床常见故障并掌握故障处理方法

数控机床是一种机、电、液高度一体化的产品,它应用了精密机械、液压技术、电气技术、微电子技术等,因此,在数控机床的故障分析中,也要从机、电、液不同的角度对同一故障进行分析诊断,以避免片面性。通常要排除故障,应在故障综合分析基础上,确认是机、电、液中的哪一个系统有问题,以便在相应系统中做进一步的诊断及排除故障。一般情况下,数控机床的故障都可以通过数控系统的自诊断功能来进行判断。鉴于故障诊断的灵活性,以下子任务 2 中仅简单介绍 HNC-21 数控装置、进给装置调试使用过程中的常见故障及其解决方法。

第 2 部分　任务分析与实施

子任务 1　数控机床电气控制系统的连接

一、任务描述

　　数控机床电气部分的连接是一项非常细致而又烦琐的工作。完成此任务后可巩固识图能力和提高接线及安装工艺水平。数控机床电气控制系统的接线顺序一般采取先主电路后控制电路的顺序,在连接完所有的接线后,必须在教师指导下,对照电气控制原理图,对所有接线进行仔细检查,观察是否有接错、断路、短路等现象。检查线路的主要工具是万用表,按由强到弱沿着线路走向逐一进行检测。

二、任务实施

　　(一) 数控系统的连接(数控综合试验台电气原理图见附录 1)

　　首先将实验台的电气接线按照一定顺序拆下,并按照一定顺序放好,然后依据数控综合试验台电气原理图进行接线。连接顺序如下。

　　(1) 主电源回路的连接,包括伺服装置、变频器、步进电动机的强电电源的接线。连接强电电源时应注意电源的输入端和输出端,切记不要将电源的输入端和输出端接反,否则会损坏设备。

　　(2) 数控系统刀架电动机的连接。连接时注意刀架电动机的互锁功能是通过什么方法实现的,刀架电动机的正反转是通过什么方法实现的,它们在接线时有何特点。

　　(3) 数控系统继电器和输入/输出开关量控制接线的连接。

　　(4) 数控装置和手摇装置的连接。

　　(5) 数控装置和步进驱动器控制线的连接。

　　(6) 数控装置和变频主轴控制线的连接。

　　(7) 数控装置和交流伺服控制线的连接。

　　(8) 工作台上的电动机电源线、反馈电缆及其他控制信号线的连接,包括急停回路、超程控制信号线的连接等。

　　(9) 刀架电动机的连接。

（二）数控系统的调试

在连接完所有接线后，下面所要做的工作是对所连接的试验台进行调试，调试时按照下面的步骤进行。

注意：在第一次上电进行系统调试时，请在指导老师的指导下进行。

线路检查顺序为：由强到弱按线路走向顺序检查，并用万用表逐步进行检测。

（1）变压器的规格和进线的方向、顺序是否正确。

（2）主轴电动机、伺服电动机的强电电缆顺序是否正确。

（3）DC24 V 电源极性连接是否正确。

（4）步进驱动器直流电源极性连接是否正确。

（5）所有地线是否都已正确可靠地连接。

（三）系统调试

1．通电

（1）按下急停按钮，断开系统中的所有空气开关。

（2）合上空气开关 QF1。

（3）检查变压器 TC1 的电压是否正常。

（4）合上控制 DC24 V 电源的空气开关 QF4，检查 DC24 V 电源工作是否正常。给 HNC-21 数控装置通电，检查面板上的指示灯是否点亮，检查 NC5301-8 开关量接线端子和 NC5301-R 继电器板的电源指示灯是否点亮。

（5）用万用表测量步进驱动器直流电源正极和 GND 两脚之间电压应为 +35 V 左右，合上控制步进驱动器直流电源空气开关 QF3。

（6）合上空气开关 QF2。

（7）检查设备用到的其他部分电源是否正常。

2．系统功能检查

（1）左旋并拔起操作台右上角的"急停"按钮使系统复位，系统默认进入"手动"方式，软件操作界面的工作方式变为"手动"。

（2）按下"+X"或"−X"按键（指示灯亮），X 轴应产生正向或负向连续移动。松开"+X"或"−X"按键（指示灯灭），X 轴减速停止。用同样的操作方法时用"+Z"、"−Z"按键可使 Z 轴产生正向或负向连续移动。

（3）在手动工作方式下以低速分别点动 X、Z 轴，使其压向限位开关，仔细观察是否能压上限位开关，若到位后未压上限位开关，应立即停止点动；若压上限位开关，仔细观察轴是否立即停止运动，软件操作界面是否出现急停报警，这时一直按压"超程解除"按键，使该轴向相反方向退出超程状态后松开"超程解除"按键，若显示屏上运行状态栏提示"运行正常"，取代了"出错"，表示恢复正常，可以继续操作。检查完 X、Z 轴正、负限位开关后，手动将工作台移回中间。

(4)按一下"回参考点"按键,软件操作界面的工作方式变为"回零"。再按一下"＋X"和"＋Z"按键,检查显示器的坐标数据,看机床X、Z坐标是否为零。

(5)在手动工作方式下,按一下"主轴正转"键(指示灯亮),主轴电动机以参数设定的转速正转,检查主轴电动机是否运转正常;按住"主轴停止"键,使主轴停止正转。按一下"主轴反转"键(指示灯亮),主轴电动机以参数设定的转速反转,检查主轴电动机是否运转正常;按住"主轴停止"键,使主轴停止反转。

(6)在手动工作方式下,按一下"刀号选择"键,选择所需的刀号。再按一下"刀位转换"键,转塔刀架应转动到所选的刀位。

(7)调入一个或编写一个演示程序,自动运行程序,观察十字工作台的运行情况。

3. 关机

(1)按下急停按钮。

(2)断开空气开关 QF2、QF3。

(3)断开空气开关 QF4。

(4)断开空气开关 QF1,断开 380 V 电源。

子任务 2　数控机床的常见故障检测与处理

一、任务描述

通过以上对数控机床的连接和调试,在初步掌握了数控机床电气控制原理的基础上,能对常见故障进行检测分析与处理。

二、任务实施

(一)系统不能正常启动

表 6-2 至表 6-6 所示为数控机床控制系统不能启动的故障原因与解决措施。

1. 屏幕没有显示

表 6-2　屏幕无显示的原因与解决措施

分类	原　　因	措　　施	参　考
接线	电源不正确	检查电源插座,看输入电源是否正常,应为 AC 220 V 或 DC 24 V,检查接线极性是否正确	HNC-21 手册 2.3 节
调整	亮度太低或太高	调整背部的亮度调节旋钮	
硬件	HNC-2CPU 板损坏	与公司联系更换	

2. DOS 系统不能启动

表 6-3　DOS 系统不能启动的原因与解决措施

分类	原　因	措　施	参　考
软件	文件被破坏	用软盘运行系统、用杀毒软件检查软件系统,重新安装系统软件	
硬件	电子盘或硬盘物理损坏	更换电子盘或硬盘用软盘运行系统	

3. 不能进入数控主菜单

表 6-4　不能进入数控主菜单的原因与解决措施

分类	原　因	措　施	参　考
系统软件	系统文件被破坏	用杀毒软件检查系统;重新安装系统软件	
参数	用于控制 HSV-11 型伺服驱动器的串口参数设置错误	重新安装系统,先用软盘启动替换原有参数文件在硬件配置参数中重新设置部件的地址参数(型号 530;1 标识 49)。XS40～XS43 配置[0]依次为:0, 1, 2, 3	HNC-21 手册 3.7.5 节

4. 进入数控主菜单后黑屏

表 6-5　进入数控主菜单后黑屏的原因与解决措施

分类	原　因	措　施	参　考
接线	电源不正确	检查电源插座;检查电源电压;确认电源的负载能力应该不低于 100 W	
系统软件	系统文件被破坏	用杀毒软件检查系统;重新安装系统软件	
参数	用于控制 HSV-11 型伺服的串口参数设置错误	重新安装系统;用软盘启动,替换原有参数文件。在硬件配置参数中,重新设置部件的地址参数(型号:5301;标识:49)。从 XS40～XS43 配置[0]依次为:0,1,2,3	HNC-21 手册 3.7.5 节

5. 运行或操作中出现死机或重新启动

表 6-6　运行或操作中死机或重启的原因与解决措施

分类	原　因	措　施	参　考
参数	参数设置不当	重新启动后,在急停状态下检查参数。检查坐标轴参数,PMC 用户参数;作为分母的参数不应该为 0	HNC-21 手册
操作	同时运行了系统以外的其他内存驻留程序;正从软盘或网络调用较大的程序;从已损坏的软盘上调用程序	等待中断零件程序的调用	

续表

分类	原　　因	措　　施	参　　考
系统软件	系统受破坏 DOS 系统配置文件 CONFIG.SYS 中毒,同时打开的文件数量过少	检查病毒;重新安装系统;设置同时打开文件数为 50 或更多;FILES＝50	
接线	电源功率不够	检查电源插座;检查电源电压;确认电源的负载能力应该不低于 100 W	HNC-21 手册 2.3 节

(二) 不能急停和复位

表 6-7 和表 6-8 所示为数控机床不能急停和复位的原因和解决措施。

1. 不能产生复位信号

表 6-7　不能产生复位信号的原因与解决措施

分类	原　　因	措　　施	参　　考
硬件	急停回路没有闭合	检查超程限位开关的常闭触点;检查急停按钮的常闭触点;若未装手持单元或手持单元上无急停按钮,XS8 接口中的 4、17 应短接	HNC-21 手册 2.10 节
PLC 软件	未向系统发送复位信息	检查 KA 中间继电器;检查 PLC 程序	PLC 编程

2. 复位不能完成

表 6-8　复位不能完成的原因与解决措施

分类	原　　因	措　　施	参　　考
硬件	松开急停按钮,PLC 中规定的系统复位所需要完成的信息未满足要求。如伺服动力电源准备好,主轴驱动准备好等信息	检查逻辑电路;若使用 HSV-11 型伺服一般是伺服动力电源未准备好;检查电源模块;检查电源模块接线;检查伺服动力电源空气开关	
PLC 软件	PLC 程序编写错误	检查 PLC 程序	PLC 编程

(三) 伺服电动机不能正常运转

检查伺服驱动系统,经常用到交换法来确认故障范围,包括:交换伺服驱动器所连接的电动机;交换伺服驱动器所使用的电缆;交换伺服驱动器所占用的 HNC-21 数控装置的控制接口。若检查、排除故障需要拆装电缆或插拔接插件,应先关断电源进行。参数修改后应该关闭电源 3 min 以后再重新启动。应确保进给驱动装置或主轴驱动器的信号地与 HNC-21 数控装置的信号地可靠连接。

伺服系统的连接如图 6-6 所示。

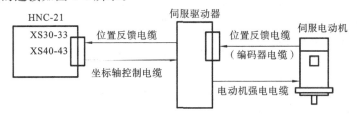

图 6-6 伺服系统连接图

表 6-9 至表 6-19 所示为伺服电动机不能正常运转的原因与解决措施。

1. 接通伺服驱动器动力电源立即报警

表 6-9 接通伺服驱动器动力电源立即报警的原因与解决措施

分类	原　因	措　施	参　考
接线	伺服电动机强电电缆相序错	检查伺服电动机相序；若是 HSV-11 型伺服驱动 1FT6 系列电动机，V、W 两相应该交换	
接线	位置反馈电缆接错	检查位置反馈电缆	HNC-21 手册 4.1.1 节
接线	位置反馈电缆与电动机强电电缆不一一对应	检查电动机接线	

2. 伺服电动机静止时抖动

表 6-10 伺服电动机静止时抖动的原因与解决措施

分类	原　因	措　施	参　考
接线	位置反馈电缆未接好	检查位置反馈电缆	
电动机	电动机编码器工作不正常	进一步检查伺服电动机及伺服驱动器	
参数	特性参数调得太硬	检查伺服驱动器有关增益调节的参数，仔细调整参数；对于 HSV-11 型伺服驱动器，可以适当减小速度环比例系数和速度环积分时间常数	HNC-21 手册 3.7.3 节

3. 伺服电动机缓慢转动发生零漂

表 6-11 伺服电动机缓慢转动发生零漂的原因与解决措施

分类	原　因	措　施	参　考
参数	伺服驱动器参数错误	伺服驱动器应设置为外部指令控制。检查伺服驱动器的内部控制方式参数是否与实际的一致，如脉冲接口式的驱动器应设为位置控制方式，模拟接口式的驱动器应设为速度控制方式	伺服驱动器与伺服电动机使用手册

续表

分类	原　因	措　施	参　考
参数	坐标轴参数设置错误	伺服驱动器型号参数的设置应与实际一致	HNC-21 手册 3.7.3 节
接线	数控装置与伺服驱动器之间的坐标轴控制电缆未接好	检查坐标轴控制电缆（XS30、XS31、XS32、XS33）	
接线	坐标轴控制电缆受干扰	坐标轴控制电缆屏蔽可靠接地;坐标轴控制电缆尽量不要缠绕;坐标轴控制电缆与其他强电电缆尽量远离,且不要平行布置;模拟接口式坐标轴控制电缆应该在靠近伺服驱动器一侧并联 500～1000 Ω 的电阻和 1000 pF 的瓷片电容	HNC-21 手册 2.9 节

4. 电动机不运转

表 6-12　电动机不运转的原因与解决措施

分类	原　因	措　施	参考
接线	控制电缆未连通	检查电动机强电电缆 检查坐标轴控制电缆	
接线	伺服动力电源未接通	检查伺服动力电源	
参数	伺服驱动器的参数不正确	伺服驱动器的内部参数应设置为外部指令控制,即接收数控装置的控制	
参数	坐标轴参数设置不正确	检查伺服驱动器是否正确接收到使能信号;检查数控装置中的伺服驱动器型号参数	HNC-21 手册
参数	硬件配置参数不正确	对于脉冲式伺服驱动器,数控装置的脉冲信号类型的设置（配置[0]参数）与伺服驱动器内的设置应该一致	HNC-21 手册
操作	机床锁住	按机床锁住按钮,解除机床锁住状态	
安装	电动机堵转	检查抱闸电动机的抱闸是否打开,检查机械负载是否过大	

5. 电动机只能运行一小段距离

表 6-13　电动机只能运行一小段距离的原因与解决措施

分类	原　因	措　施	参考
接线	位置反馈电缆和电动机强电电缆连接不正确	检查电动机强电电缆与位置反馈电缆的一一对应关系;检查电动机强电电缆的相序;检查位置反馈电缆是否有断线	

续表

分类	原　因	措　施	参考
参数	坐标轴参数设置不正确	正确设置电动机每转脉冲数;对于脉冲接口式伺服,应正确设置伺服内部参数[1]和伺服内部参数[2](伺服驱动器对数控装置输出的位置控制脉冲的倍频比)。应用 HSV-11 型伺服驱动器时,应正确设置伺服内部参数[0](电动机磁极对数):2(STZ),3(1FT6)	HNC-21 手册
安装	机械负载过大	检查机械负载是否过大	

6. 电动机运转时跳动

表 6-14　电动机运转时跳动的原因与解决措施

分类	原　因	措　施	参考
接线	没有可靠接地	按要求对整个系统可靠接地;每个单元或器件均应可靠接地;驱动器与数控装置的信号端应可靠共地	HNC-21 手册 2.11 节
接线	伺服驱动器供电不可靠	检查伺服动力电源控制回路的连接情况	
接线	受到干扰	位置反馈电缆、坐标轴控制电缆应该采用屏蔽电缆且屏蔽层可靠接地;位置反馈电缆中的电源与电源地的线径应加粗,采用 2~3 根电线并接坐标轴控制电缆,位置反馈电缆太细或超过要求的长度 15 m 以内,坐标轴控制电缆、位置反馈电缆强电电缆等应分开布线;坐标轴控制电缆、位置反馈电缆尽量不要缠绕	
接线	编码器电缆和电动机电源电缆连接不正确	检查电动机强电电缆与位置反馈电缆的一一对应关系;检查电动机强电电缆的相序;HSV-11 型伺服配置 1FT6 系列伺服电动机时,V 和 W 相要交换;检查编码器电缆是否有断线	
接线	位置反馈电缆断线	检查维修位置反馈电缆	
参数	伺服驱动器参数设置不正确	检查伺服驱动器参数,并用伺服内部指令,直接运行电动机,以检验参数的正确性。然后再连接到数控装置上运行	
参数	坐标轴参数设置不正确	检查伺服驱动器增益调节参数,仔细调整参数;对于 HSV-11 型伺服驱动器,可以适当减小速度环比例系数和速度环积分时间常数	
参数	坐标轴参数设置不正确	应用 HSV-11 型伺服时,应正确设置伺服内部参数[0](电动机磁极对数):2(STZ),3(1FT6)	第 3 章

续表

分类	原 因	措 施	参 考
安装	机械负载不均匀	检查机械负载	
电动机	电动机编码器损坏	维修或更换电动机	

7. 电动机爬行

表 6-15　电动机爬行的原因与解决措施

分类	原 因	措 施	参 考
接线	电动机没有可靠接地	检查电动机强电电缆； 检查坐标轴控制电缆	HNC-21 手册 2.11 节
机械	负载过重	检查伺服强电	
参数	伺服驱动器参数不正确	检查伺服驱动器有关增益调节的参数,仔细调整参数	
参数	坐标轴参数设置不正确	对于 HSV-11 型伺服驱动器,可以适当增大速度环比例系数和速度环积分时间常数	HNC-21 手册 3.7.3 节

8. 电动机定位不准确,出现累积误差

表 6-16　电动机定位不准确的原因与解决措施

分类	原 因	措 施	参 考
接线	电动机没有可靠接地	检查电动机强电电缆 检查坐标轴控制电缆	HNC-21 手册 2.11 节
	位置反馈电缆不可靠	采用质量好的屏蔽电缆或双绞双屏蔽电缆；加粗位置反馈电缆中的电源线线径,如采用多根线并用电缆屏蔽层可靠接地,电缆两端加磁环	HNC-21 手册 2.11 节
机械	机械连接不可靠	调整机械连接	
电动机	电动机编码器损坏	更换电动机	

9. 电动机轴输出扭矩很小

表 6-17　电动机轴输出扭矩很小的原因与解决措施

分类	原 因	措 施	参考
接线	电动机没有可靠接地,受到干扰	检查电动机强电电缆； 检查位置反馈电缆； 检查坐标轴控制电缆	
电动机	电动机编码器工作不正常	更换电动机	

10. 启动时升降轴自动下滑

表 6-18 启动时升降轴自动下滑的原因与解决措施

分类	原　因	措　施	参考
机械	没有配重或平衡装置;配重或平衡装置失效或工作不可靠	增加配重或平衡装置;检查配重或平衡装置	
控制	升降轴电动机抱闸打开太早	检查 PLC 程序,确保接通升降电动机的驱动器的动力电源后,再打开抱闸	

11. 轴回参考点时出错

表 6-19　轴回参考点时出错的原因与解决措施

分类	原　因	措　施	参考
操作	在坐标轴回参考点定位时自动中断	检查 PLC 程序中坐标轴回参考点部分的编程,若想中断回参考点,应该在回参考点定位前,用进给保持或其他 PLC 程序规定的方式中断	

（四）变频或伺服主轴运转不正常

表 6-20 和表 6-21 所示为数控机床变频或伺服主轴运转不正常的原因与解决措施。

1. 主轴超速或不可控

表 6-20　主轴超速或不可控的原因与解决措施

分类	原　因	措　施	参考
参数	D/A 参数未设置	在硬件配置参数和 PMC 系统参数中正确设置 D/A 参数	HNC-21 手册
参数	主轴驱动器参数错误	检查主轴驱动器的参数设置:主轴驱动器应该设置成外部指令控制	
PLC 编程	PLC 程序错误	检查 PLC 程序中主轴速度和 D/A 输出部分的程序	
接线	速度控制信号电缆连接错误	确认 D/A 输出形式:若使用 10 V 输出,用 XS9 中的 6 脚 AOUT1 和 7 脚(GND);若使用输出 0～＋10 V,则用 XS9 中的 14 脚 AOUT2 和 15 脚 GND	HNC-21 手册
接线	干扰	速度控制信号电缆应该采用屏蔽电缆,屏蔽层应接地,速度控制信号电缆的主轴驱动器一侧应并联 500～1000 Ω 的电阻和 1000 pF 的瓷片电容	HNC-21 手册
硬件	D/A 电路损坏	维修或更换数控装置	

2. 加工时螺距不对

表 6-21　加工时螺距不对的原因与解决措施

分类	原　因	措　施	参考
参数	主轴编码器每转脉冲数设置错误	确认主轴编码器每转脉冲数	
机械	主轴编码器损坏	更换主轴编码器。可以用手转动主轴,观察主轴速度显示以检查编码器的好坏	
PLC 编程	主轴编码器联轴器损坏	更换或维修	
接线	主轴编码器接线错误	检查主轴编码器反馈电缆:A 相,B 相,Z 脉冲,电源	
硬件	主轴编码器的电源供电功率不够	确认主轴编码器所需电源功率,若高于 HNC-21 XS9 接口的输出能力,则应为主轴编码器单独提供 DC5 V 电源	

(五)输入、输出开关量工作不正常

表 6-22 和表 6-23 所示为数控机床输入/输出开关量工作不正常的原因与解决措施。

1. 没有输入或输出信号

表 6-22　没有输入或输出信号的原因与解决措施

分类	原　因	措　施	参考
参数	硬件配置参数错	正确指定开关量输入、输出部件的参数:型号——5301;标识——13(输入)或 14(输出)地址——0;配置[0]——0,1,2	HNC-21 手册 3.7.5 节
参数	PMC 系统参数错	正确指定 PMC 系统参数中的开关量输入、输出部件号和组数	HNC-21 手册 3.7.6 节
接线	信号未共地	外部输入、输出开关量所用的 DC24 V 电源地应该通过 XS1、XS10、XS11、XS20、XS21 与 HNC-21 数控装置的 DC24 V 电源地(外部电源 2)共地	HNC-21 手册 2.8 节

2. 开关量状态不稳定

表 6-23　开关量状态不稳定的原因与解决措施

分类	原　因	措　施	参考
接线	干扰	HNC-21 数控装置与强电柜分开时,建议输入、输出开关量分别用屏蔽电缆连接并可靠接地;所用线缆不得太细或超过要求的长度(15 m 以内);HNC-21 数控装置应可靠接地	HNC-21 手册 2.8 节

分类	原　因	措　施	参考
接线	HNC-21 数控装置电源不正常	检查 HNC-21 数控装置电源电压;确认 HNC-21 数控装置电源容量不低于 100 W	HNC-21 手册 2.3 节
接线	其他与 PLC 共用直流 24 V 电源的器件干扰太大	检查该部分器件的抗干扰电路,如抱闸线圈、电磁阀等的续流二极管是否损坏	HNC-21 手册 2.3 节

第 3 部分　习题与思考

1. "接地"的作用是什么? 在数控机床中有哪些"接地"端?

2. 简述数控系统的组成,使用简图描述数控系统各模块之间的连接关系。

3. 画出华中数控系统硬件连接结构图。

4. 简述数控机床电气控制系统的调试过程。

5. 在数控机床调试过程中,软限位与硬限位如何进行调整与设置?

6. 简述 NC、PMC、机床外围强电控制线路三者之间的关系。

7. 数控机床电气控制系统有哪些常见的故障?

8. 电气故障常用的诊断方法有哪几种?

9. 简述数控机床维修的基本过程。

10. 数控机床上常见的故障有哪几类?

11. 在数控机床维修与调试训练平台上,急停故障是如何模拟的?

12. 数控系统上的电池所起的作用是什么,电池电量不足时应该如何更换?

任务 2　数控系统的参数调试

知识目标

(1) 了解数控机床各控制功能部件的基本参数设置。

(2) 了解各参数的功能及修改方法。

能力目标

(1) 能根据数控系统参数调试说明进行系统参数修改和调试。

(2) 能对数控机床限位及驱动装置参数进行修改调试。

第 1 部分　知识学习

数控系统参数一般在出厂前已经设置好,通常不允许非专业人员修改。如果要修改数控系统参数,必须理解参数的功能和熟悉原设定值,否则,参数设置不正确或更改时可能造成严重的后果。参数修改后,必须重新启动数控装置方能生效。在 HNC-21 数控装置中,设置了三种级别的权限,即数控厂家、机床厂家、用户。不同级别的权限可以修改的参数是不同的,数控厂家的权限级别最高、机床厂家的权限级别其次、用户的权限级别最低。

一、系统参数的功能

数控系统启动后,显示如图 6-7 所示窗口和修改参数值的区域。在某一个菜单中用"Enter"按键选中某项后出现另一个菜单,则前者称主菜单,后者称子菜单。菜单可以分为两种:弹出式菜单和图形按键式菜单,如图 6-8 所示。在主菜单中选择参数索引 F1 按钮,会弹出图 6-8 所示的参数子菜单。下面介绍一些查看和修改参数的常用按钮的功能。

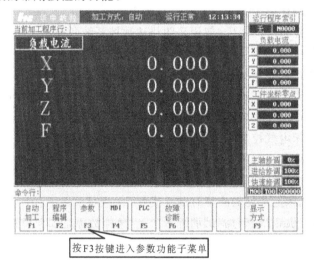

图 6-7　数控系统主操作界面

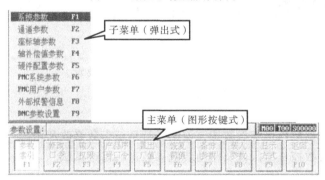

图 6-8　参数设置菜单

Esc:① 终止输入操作;② 关闭窗口;③ 返回上一级菜单,并最终返回图形按键式菜单。

F1～F10:直接进入相应的菜单或窗口,实现特定的功能。

Enter：① 确认开始修改参数；② 进入下一级子菜单；③ 确认输入的内容。

↑、↓、←、→：在菜单或窗口内移动光标或光标条。

PgUp、PgDn：在菜单或窗口内前后翻页。

二、系统参数功能详细说明

单击图 6-9 中的"参数索引 F1"按钮，弹出的子菜单中有九项参数（见图 6-10），下面依次对各项参数做简单介绍。

1. 通道参数

"通道名称［机床厂家］" 值：字母或数字的组合。最多 8 位字符，用于区别不同的通道。

"通道使能［机床厂家］" 值：0,1。对于通道 0，其出厂值为"1"；对于其他通道，其出厂值为"0"；所选通道 0 无效，非零有效。

以下的参数是指定分配给某通道的有效逻辑轴名（X、Y、Z、A、B、C、U、V、W），以及与之对应的实际轴号（0～15）。实际轴号在系统中最多只能分配一次。

"X 轴轴号［机床厂家］" 值：$-1,0,1,2,3,\cdots,15$。分配到本通道的逻辑轴 X 的实际轴轴号，-1 为无效。

"Y 轴轴号［机床厂家］" 值：$-1,0,1,2,3,\cdots,15$。分配到本通道的逻辑轴 Y 的实际轴轴号，-1 为无效。

"Z 轴轴号［机床厂家］" 值：$-1,0,1,2,3,\cdots,15$。分配到本通道的逻辑轴 Z 的实际轴轴号，-1 为无效。

"A、B、C、U、V、W 轴轴号（0～15 有效，-1 无效）［机床厂家］" 若数控装置设置为四坐标系统，则 A、B、C、U、V、W 中某轴的轴号的出厂值为"3"。

分配到本通道的逻辑轴的实际轴轴号，-1 为无效。实际轴号 0～15 与轴参数中的轴号是一致的。例如：若某通道的逻辑轴 A 的实际轴轴号为 3，则在轴参数中，轴 3 即对应该通道的 A 轴，在轴 3 参数中，轴名需要设为 A。

"主轴编码器部件号［数控厂家］" 值："-1"，0,1,2,$\cdots$,31。指定主轴编码器部件号，以便在硬件配置参数中找到相应编号的硬件设备。若没有安装主轴编码器，则设置为 -1。

"主轴编码器每转脉冲数［数控厂家］" 值：$-32\,768\sim32\,767$。出厂值为"0"；主轴每旋转一周，编码器反馈到数控装置的脉冲数。

"旋转轴拐角误差（脉冲当量）［机床厂家］" 值：0～65 535。出厂值为"20"。

"通道内部参数［数控厂家］" 值：$-32\,768\sim32\,767$，出厂值为"0"。

2. 轴补偿参数

"反向间隙［机床厂家］" 单位：内部脉冲当量。值：0～65 535，出厂值为"0"。一般设置为机床常用工作区的测量值。如果采用双向螺距补偿则此值可以设为 0。

"螺补类型[机床厂家]" 值:0,1,2,3,4。出厂值为"0"。0:无;1:单向;2:双向;3:单向扩展;4:双向扩展。

"补偿点数[机床厂家]" 值:0～127(0～5 000)。出厂值为"0"。螺距误差补偿的补偿点数,单向补偿时最多可补 128 点,双向补偿时最多可补 64 点。扩展方式下所有轴总点数可达 5 000 点。

"参考点偏差号[机床厂家]" 值:0～127(0～5 000)。出厂值为"0"。参考点在偏差表中的位置排列原则:按照各补偿点在坐标轴的位置从负向往正向排列,由 0 开始编号。

例如,若补偿点为−180,−120,−60,0,参考点为 0,则参考点偏差号为 3。

"补偿间隔[机床厂家]" 单位:内部脉冲当量。值:0～4 294 967 295。出厂值为"0",指两个相邻补偿点之间的距离。

"偏差值[机床厂家]" 单位:内部脉冲当量。值:−32 768～3 276。出厂值为"0"。绝对式补偿:偏差值=指令机床坐标值−实际机床坐标值,即偏差值是坐标轴位移的实际值与指令值之间的偏差,也即为了使坐标轴到达准确位置,所需多走或少走的值。若为双向螺补,应先输入正向螺距偏差数据,再紧随其后输入负向螺距偏差数据。而且补偿数据(正向、负向)都要按补偿点在机床坐标系内的位置按坐标方向依次输入。

3. PMC 系统参数

"开关量输入总组数[机床厂家]" 单位:字节。每字节代表 8 位开关量输入。值:0～65 535。出厂值为"46",表示开关量输入总字节数,其中,第 0～4 字节所代表的 40 位为 HNC-21 数控装置自带的外部开关量输入;第 5～29 字节为预留扩展的开关量输入;第 30～45 字节为 HNC-21 编程键盘和机床操作面板上各开关量输入。

"开关量输出总组数[机床厂家]" 单位:字节。每字节代表 8 位开关量输出。值:0～65 535,出厂值为"38",表示开关量输出总字节数,其中,第 0～3 字节代表的 32 位为 HNC-21 数控装置自带的基本外部开关量输出;第 4～27 字节为预留扩展的开关量输出;第 28,29 字节所代表的 16 位为主轴 D/A 的数字量输出;第 30～37 字节为 HNC-21 编程键盘和机床操作面板上各按键指示灯等的开关量输出。

"输入模块 * 部件号(* :0～7)[数控厂家]" 值:−1,0～31。注: * 号输入模块所指向的输入接口在硬件配置参数中的部件号,−1 为未安装。输入模块通常有两个:面板(控制面板与 NC 键盘)开关量输入、外部开关量输入。

"输入模块 * 组数(* :0～7)[数控厂家]" 单位:字节。值:0～127。输入接口所包含的开关量输入的字节数,0 为未安装。输入模块通常有两个:面板(控制面板与 NC 键盘)开关量输入有 16 组,外部开关量输入有 30 组(其中有 25 组为远程输入预留)。

"输出模块 * 部件号(* :0～7)[数控厂家]" 值:−1,0～31。注: * 号输出模块所指向的输出接口在硬件配置参数中的部件号,-1 为未安装。输出模块通常有三个:面板(控制面板与 NC 键盘)按键指示灯输出、主轴 D/A 指令数字量输出、外部开关量输出。

"输出模块＊组数(＊:0～7)[数控厂家]" 单位:字节。值:0～127。输出接口包含的开关量输出的字节数,0 为未安装。输出模块通常有三个:面板(控制面板与 NC 键盘)按键指示灯输出有 8 组、主轴 D/A 指令数字量输出有 2 组、外部开关量输出有 28 组(其中有 24 组为远程输出预留)。

4. PMC 用户参数

P[0]～P[99] 值:-32 768～32 767,出厂值为"0";在 PLC 编程中调用,并由 PLC 程序定义其含义。用以实现不修改 PLC 源程序,而通过修改用户参数的方法来调整一些 PLC 控制的过程参数,例如,润滑开时间、润滑停时间、主轴最低转速、主轴定向速度等,来适应现场要求。

5. 外部报警信息

共 16 个外部报警信息,用户可以在 PLC 编程中定义其报警条件,并在此设置报警信息内容,具体方法见 PLC 编程资料。

6. DNC 参数

"选择串口号(1,2)[用户]" 值:"1",1,2。DNC 通信时的所用串口号。

"数据传输波特率[用户]" 值:"9 600",300～38 400。DNC 通信时的波特率,应该与 PC 计算机上的设置相同。

"收发数据位长度[用户]" 值:"8",5,6,7,8。DNC 通信时的数据位长度。

"数据传输停止位(1,2)[用户]" 值:"1",1,2。DNC 通信时的停止位数。

"奇偶校验位(1:无校验 2:奇校验 3:偶校验)[用户]" 值:"1",1,2,3。DNC 通信时是否需要校验。

7. 备份参数、装入参数与批量调试

当有多台相同的设备需要调试时,可以利用系统的备份参数与装入参数功能实现批量调试。具体步骤如下:调试完一台设备;在参数子菜单输入权限 F3;在参数子菜单中选择备份参数 F7;选择备份到 A 盘;输入备份参数文件名;在待调试设备的参数子菜单中输入权限 F3;选择装入参数 F8;选择从 A 盘装入;选择在步骤 5 中输入的备份参数文件名。

第 2 部分　任务分析与实施

子任务 1　华中数控系统参数修改与调试

一、任务描述

在数控机床电气安装和调试以及机械加工过程中常常需要对系统的一些参

数进行调试,及设置合理的系统参数,本任务的目的就是训练查看和设置部分基本的系统参数的技能。

二、任务实施

(一)查看、设置华中数控系统参数

在图 6-7 所示的主操作界面下按"输入权限 F3"按钮进入参数功能子菜单。命令行与菜单条的显示如图 6-9 所示。参数查看与设置的具体操作步骤如下。

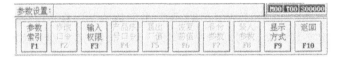

图 6-9　参数功能子菜单

(1) 在参数功能子菜单下,按"参数索引 F1"按钮,系统将弹出如图 6-10 所示的"参数索引"子菜单。

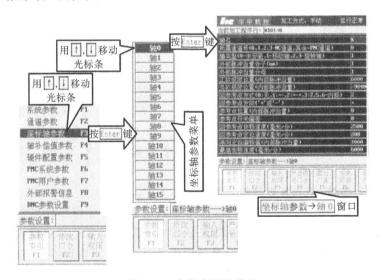

图 6-10　参数索引子菜单

(2) 用 ↑、↓ 选择要查看或设置的选项,按"Enter"键进入下一级菜单或窗口。

(3) 如果所选的选项有下一级菜单,例如"坐标轴参数",系统会弹出该坐标轴参数选项的下一级菜单,即图 6-11 所示的"坐标轴参数"菜单。

(4) 用同样的方法选择、确定选项,直到所选的选项没有更下一级的菜单为止。此时,图形显示窗口将显示所选参数块的参数名及参数值,例如在"坐标轴参数"菜单中选择"轴 0",则显示如图 6-10 右上所示的"坐标轴参数-轴 0"窗口,

用 ↑、↓、←、→、"PgUp"、"PgDn"等键移动蓝色光标条,到达所要查看或设置的参数处。

(5) 如果在此之前,用户没有进入"输入权限 F3"菜单,或者输入的权限级别比待修改的参数所需的权限低,则只能查看该参数。若按"Enter"按钮试图修改该参数,系统将弹出如图 6-12 所示的提示对话框。

图 6-11　坐标轴参数-轴 0 窗口　　　　图 6-12　修改参数前输入权限

(6) 如果完成了权限设置,输入了修改此项参数所需的权限口令,则若用户按"Enter"键,则进入参数设置状态(在参数值处出现闪烁的光标)。在输入完参数值后,按"Enter"键确认或按"Esc"键取消,刚才的参数输入或修改(此时光标消失)。

(7) 继续用 ↑、↓、←、→、"PgUp"、"PgDn"等键在本窗口内移动蓝色光标条,到达需要查看或设置的其他参数处,重复步骤(6),直至完成窗口中各项参数的查看和修改为止。

子任务 2　正、负软极限的设置和机床回参考点设置

一、任务描述

(一) HNC-21 数控系统回参考点相关参数

(1) 回参考点方式［机床厂家］　值:0,1,2,3,5,6。出厂值通常设为"0"或"2",回参考点方式中各设定值的含义如下。

0——无。

1——单向回参考点方式。以规定的方向(回参考点方向)和回参考点快移速度寻找参考点,压下参考点开关后,以回参考点定位速度继续移动,接收到的

第一个 Z 脉冲的位置(或步进电动机 A 相第一次输出的位置)加上参考点偏差即为参考点位置。

2——双向回参考点方式。以规定的方向(回参考点方向)和回参考点快移速度寻找参考点,压下参考点开关,反向离开参考点开关,然后再以回参考点定位速度向参考点开关方向前进,再次压下参考点开关后,接收到的第一个 Z 脉冲的位置加上参考点偏差即为参考点位置。

3—— Z 脉冲方式。以规定的方向(回参考点方向)压下参考点开关后,接收到的第一个 Z 脉冲的位置加上参考点偏差即为参考点位置。

5——内部(对 HNC-21 数控系统伺服有效)伺服驱动装置单向回参考点(参考点开关接在伺服驱动装置),不推荐用户使用。

6——内部(对 HNC-21 数控系统伺服有效)伺服驱动装置双向回参考点(参考点开关接在伺服驱动装置),不推荐用户使用。

回参考点的方式有四种。

方式一　回参考点前,机床先以快速 v_2 趋近参考点,然后启动回参考点的操作,轴便以 v_1 慢速向参考点移动。轴碰到参考点开关后,数控系统即开始寻找位置检测装置上的零点标志,当发现零点标志时,发出与零脉冲相对应的栅格信号,轴在此信号下速度制动为零,然后再向前移参考点偏移量而停止,所停止位置为参考点。偏移量的大小通过测量由参数设定。回参考点的方式一如图 6-13所示。

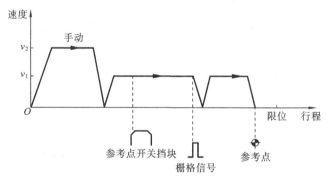

图 6-13　回参考点的方式一

方式二　回参考点时,轴先以速度 v_2 向参考点快速移动,碰到参考点开关后,在减速信号的控制下,减速到 v_1 并继续前移,脱开挡块后,再找零标志。当轴达到零标志时,系统发出栅格信号,轴制动到速度为零,然后再以 v_1 前移参考点偏移量而停止于参考点。回参考点的方式二如图 6-14 所示。

方式三　回参考点时,轴先以速度 v_2 向参考点快速移动,碰上参考点开关后速度制动到零,然后反向以速度 v_1 慢速移动,当轴达到零点标志时,数控系统发出栅格信号时,轴制动到速度为零,然后再以 v_1 前移参考点偏移量而停止于参考

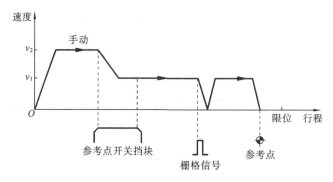

图 6-14 回参考点方式二

点。回参考点的方式三如图 6-15 所示。

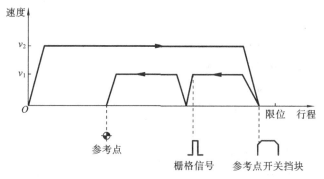

图 6-15 回参考点的方式三

方式四 回参考点时,轴先以速度 v_2 向参考点快速移动,碰到参考点开关后速度制动到零,再反向微动直至脱离参考点开关,然后又沿原方向微动碰上参考点开关,并以速度 v_1 慢速前移。当轴达到零点标志,系统发出栅格信号时,轴制动到速度为零,然后再以 v_1 前移参考点偏移量而停止于参考点。回参考点的方式四如图 6-16 所示。

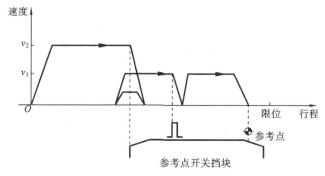

图 6-16 回参考点的方式四

（2）回参考点方向［机床厂家］ 值：—、+。若发出回参考点指令,坐标轴寻找参考点的初始移动方向。当发出回参考点指令时坐标轴已经压下了参考点开关,则初始移动方向与回参考点方式有关。

(3) 参考点位置[机床厂家]　单位:内部脉冲当量。值:-2 147 483 648~2 147 483 647,出厂值为"0"。该参数用来设置参考点在机床坐标系中的坐标位置,一般将机床坐标系的零点定为参考点位置,因此通常将其设置为0。

(4) 参考点开关偏差[机床厂家]　单位:内部脉冲当量。值:-32 768~32 767,出厂值为"0"。注:回参考点时,坐标轴找到Z脉冲后,并不作为参考点,而是继续走过一个参考点开关偏差值,才将其坐标设置为参考点。

(5) 回参考点快移速度[机床厂家]　单位:mm/min或(°)/min。值:0~65 535,出厂值为"500"。回参考点时,在压下参考点开关前的快速移动速度,该值必须小于最高快移速度。若回参考点速度设置得太快,应注意参考点开关与临近的限位开关(一般为正限位开关)的距离不宜太小,以避免因回参考点速度太快而来不及减速,压下了限位开关,造成急停。另外,参考点开关的有效行程也不宜太短,以避免机床来不及减速就已越过了参考点开关,而造成回参考点失败。

(6) 回参考点定位速度[机床厂家]　单位:mm/min或(°)/min。值:0~65 535。出厂值为"200"。回参考点时,在压下参考点开关后,降低定位移动的速度,单位为mm/min或(°)/min,该参数必须小于回参考点的快移速度。

(7) 正软极限位置[机床厂家]　单位:内部脉冲当量。值:-2 147 483 648~2 147 483 647,出厂值为"8 000 000"。注:软件规定的正方向极限软件保护位置,只有在机床回参考点后,此参数才有效。

(8) 负软极限位置[机床厂家]　单位:内部脉冲当量。值:-2 147 483 648~2 147 483 647,出厂值为"-8 000 000"。注:软件规定的负方向极限软件保护位置,只有在机床回参考点后,此参数才有效。

正、负软极限设置必须考虑坐标轴的有效行程范围,坐标轴参数中的正软极限位置和负软极限位置通常设置在两个超程限位开关位置的内侧。回参考点速度不宜太快,建议在1 000 mm/min以下。参考点挡块应有一定的长度,建议有效行程在30 mm以上,否则,在回参考点速度较快时,坐标轴有可能冲过参考点挡块。参考点开关挡块与限位开关挡块的安装方式如图6-17所示。

（a）正确安装（有重叠）　　　　　　（b）不正确安装（没有重叠）

图6-17　参考点开关挡块与限位开关挡块的安装方式

A—参考点挡块;B—与参考点相邻的限位挡块;a—参考点开关;b—与参考点相邻的限位开关

如图6-16所示,通常要求参考点挡块与相邻的超程限位挡块有一定的重叠,即保证相邻的超程限位挡块压下超程限位开关时,参考点挡块仍未松开参考点开关,以避免机床的坐标轴参考点开关恰好停在相邻的参考点挡块和超程限位挡块之间时,坐标轴回参考点时因为限位开关被压下而不能正确回参考点。

二、任务实施

以配置广州数控系统的数控车床为例,进行机床回参考点及正、负软极限位置参数设置练习。按照下面列出的回参考点及正、负软极限相关参数号及功能说明进行参数设置调试。

系统参数号	各参数的位置							
003			DECZ	DECX				

DECZ $=0$:Z 轴返回参考点时减速信号为"0"表示减速。

DECZ $=1$:Z 轴返回参考点时减速信号为"1"表示减速。

DECX $=0$:X 轴返回参考点时减速信号为"0"表示减速。

DECX $=1$:X 轴返回参考点时减速信号为"1"表示减速。

系统参数号	各参数的位置							
004			PPD					

PPD $=0$:用 G50 设置绝对坐标与返回参考点时,仅设置绝对坐标。

PPD $=1$:用 G50 设置绝对坐标与返回参考点时,同时设置相对坐标与绝对坐标。

系统参数号	各参数的位置							
005		ISOT					ZMZ	ZMX

ISOT $=0$:在启动或急停后返回机械零点之前,手动快速移动无效。

ISOT $=1$:在启动或急停后返回机械零点之前,手动快速移动有效。

ZMX、ZMZ:X 轴、Z 轴的机械零点返回方向和初始的反向间隙方向。

ZMX、ZMZ $=0$:返回机械零点方向及间隙方向为负。

ZMX、ZMZ $=1$:返回机械零点方向及间隙方向为正。

系统参数号	各参数的位置							
006		APRS	ZCZ	ZCX			RTMZ	RTMX

APRS$=0$:返回参考点后,不自动设定绝对坐标系。

APRS $=1$:返回参考点后系统自动设定绝对坐标系,坐标值由系统参数 NO.044 和 NO.045 设置。

ZCX、ZCZ$=0$:返回机械零点时,需要独立的减速信号和零位信号。

ZCX、ZCZ$=1$:返回机械零点时,用一个接近开关同时作减速信号和零位信号。用接近开关同时作减速开关和回零开关时须设置为 1。

ZRSZ、ZRSX:X、Z 轴有无机械零点。

ZRSZ、ZRSX =0:X、Z 轴无机械零点,执行回机械零点时,不检测减速信号和零点信号,直接回到机床坐标系的零点。

ZRSZ、ZRSX =1:X、Z 轴有机械零点,执行回机械零点时,需要检测减速信号和零点信号。

系统参数号	各参数的位置					
008			LTVZ	LTVX	LMTZ	LMTX	

LTVZ =0:Z 轴硬限位低电平有效。

LTVZ =1:Z 轴硬限位高电平有效。

LTVX =0:X 轴硬限位低电平有效。

LTVX =1:X 轴硬限位高电平有效。

LMTZ =0:Z 轴硬限位检测功能无效。

LMTZ =1:Z 轴硬限位检测功能有效。

LMTX =0:X 轴硬限位检测功能无效。

LMTX =1:X 轴硬限位检测功能有效。

系统参数号	各参数的位置					
014				MESP	MOT	M@SP	MST

MESP=0:急停功能有效。

MESP=1:急停功能无效。

MOT=0:检查软件行程限位。

MOT=1:不检查软件行程限位。

M@SP=0:外接暂停(* SP)信号有效。此时必须外接暂停开关,否则系统显示"暂停"。

M@SP=1:外接暂停(* SP)信号无效,此时不是暂停开关,可由宏指令定义(♯1015)功能。

MST=0:外接循环启动(ST)信号有效。

MST=1:外接循环启动(ST)信号无效。

数控机床参数设置如表 6-24 所示。

表 6-24　数控车床参数设置

参数号	设 定 参 数	参数值范围及设置
043	返回参考点时的低速速度	X、Z 轴返回机械零点时,低速的速度。设定范围:6~6000 mm/min。标准设置:200

参数号	设 定 参 数	参数值范围及设置
044	回零后自动坐标系设定 X 值(μm)	回零后自动坐标系设定的绝对坐标值。设定量:±9999999。单位:μm。标准设定:0
045	回零后自动坐标系设定 Z 值(μm)	
046	X 轴正向行程极限(μm)	设定量:±9999999。单位:μm。标准设定:9999999
047	X 轴负向行程极限(μm)	设定量:±9999999。单位:μm。标准设定:−9999999
048	Z 轴正向行程极限(μm)	设定量:±9999999。单位:μm。标准设定:9999999
049	Z 轴负向行程极限(μm)	设定量:±9999999。单位:μm。标准设定:−9999999

子任务 3　M535 步进驱动器参数设置

一、任务描述

1. 步进驱动器工作模式

步进电动机驱动一般有三种基本模式:整步、半步、细分。其主要区别在于电动机线圈电流的控制精度(激磁方式)。

1)整步驱动

在整步运行中,同一种步进电动机既可配整/半步驱动器也可配细分驱动器,但运行效果不同。步进驱动器按脉冲/方向指令对两相步进电动机的两个线圈循环激磁(将线圈充电设定电流),这种驱动方式的每个脉冲将使电动机移动一个基本步距角,即 1.80°(标准两相电动机的一圈共 200 个步距角)。

2)半步驱动

在单相激磁时,电动机转轴停至整步位置上,驱动器收到下一脉冲后,如给另一相激磁且保持原来相继处在激磁状态,则电动机转轴将移动半个步距角,停在相邻两个整步位置的中间。如此循环地对两相线圈进行单相和双相激磁,步进电动机将以每个脉冲 0.90°的半步方式转动。所有 Leadshine 公司的整/半步驱动器都可以执行整步和半步驱动,由驱动器拨码开关的拨位进行选择。和整步方式相比,半步方式具有精度高一倍和低速运行时振动较小的优点,所以实际使用整/半步驱动器时一般选用半步模式。

3)细分驱动

细分驱动模式具有低速振动极小和定位精度高两大优点。对于有时需要低速运行(即电动机转轴有时工作在 60 r/min 以下)或定位精度要求小于 0.90°的步进应用中,细分驱动器获得广泛应用。其基本原理是对电动机的两个线圈分别按正弦和余弦形的台阶进行精密电流控制,从而使得一个步距角的距离分成若干个细分步完成。如十六细分的驱动方式可使每圈 200 个标准步距间的步进电动机达到每圈 200×16＝3 200 个步距间的运行精度(即 0.1125°)。Leadshine 公司可提供规格齐全、性能优越、品质可靠、价格优惠的十余款细分驱动器。

2. 驱动器的选型参数

1)驱动器的电流

电流是判断驱动器能力的大小,是选择驱动器的重要指标之一,通常驱动器的最大电流要略大于电动机标称电流,通常驱动器有 2.0 A、3.5 A、6.0 A、8.0 A 等规格。

2)驱动器供电电压

供电电压是判断驱动器升速能力的标志,常规电压供给有 DC24 V、DC40 V、DC80 V、AC110 V 等。

3)驱动器的细分

细分是控制精度的标志,通过增大细分能改善精度。细分能增加电动机平稳性,通常步进电动机都有低频振动的特点,通过加大细分可以得以改善,使电动机运行非常平稳。

3. M535 型步进驱动器接线信号功能说明

(1)弱电接线信号 P1 的功能如表 6-25 所示。

表 6-25 弱电接线信号 P1 的功能

PUl+(+5 V) PUL−(PUL)	脉冲信号:单脉冲控制方式时为脉冲控制信号,此时脉冲上升沿有效;双脉冲控制方式时为正转脉冲信号,脉冲上升沿有效。为了可靠响应,脉冲的低电平时间应大于 3 μs
DIR+(+5 V) DIR−(DIR)	方向信号:单脉冲控制方式时为高/低电平信号,双脉冲控制时为反转脉冲信号,脉冲上升沿有效。单/双脉冲控制方式设定由驱动器内部跳线排 JMP1 实现。为保证电动机可靠响应,方向信号应先于脉冲信号至少 5 μs 建立,电动机的初始运行方向与电动机的接线有关,互换任一相绕组(如 A+、A−交换)可以改变电动机初始运行的方向
ENA+(+5 V) ENA−(ENA)	使能信号:此输入信号用于使能/禁止,高电平使能,低电平时驱动器不能工作,电动机处于自由状态

(2)强电接线信号 P2 的功能如表 6-26 所示。

表 6-26　强电接线信号 P2 的功能

GND	直流电源地
+V	直流电源正极。24～46 V 间任何值均可,但推荐理论值(对应 AC220 V)DC40 V 左右
A	电动机 A 相,A+、A—互调,可更换一次电动机运转方向
B	电动机 B 相,B+、B—互调,可更换一次电动机运转方向

（3）电气规格如表 6-27 所示。

表 6-27　电气规格

	最小值	典型值	最大值
输出电流/A	1.3	—	3.5
输入 DC 电源电压/V	24	32	46
控制信号输入电流/mA	6	10	30
步进脉冲频率/kHz	0	—	300
绝缘电阻/MΩ	500		

4. M535 型步进驱动器接线

完整的步进电动机控制系统应含有步进电动机、步进驱动器、直流电源及控制器(脉冲源),图 6-18 所示为典型的系统连接图。

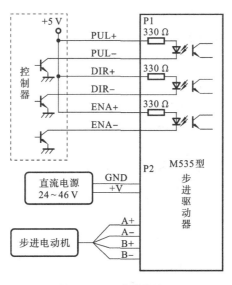

图 6-18　驱动器接线图

225

二、任务实施

1. 步进电动机、驱动器、数控系统的连接图

步进电动机(57HS13 型)、步进电动机驱动器(M535 型)与数控系统(HNC-21TF)的连接如图 6-19 所示。

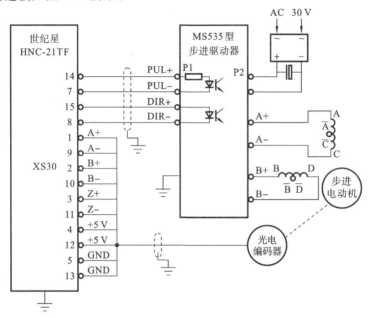

图 6-19 步进电动机、驱动器与 HNC-21TF 数控系统的连接

2. 参数的设置与系统的调试

完成步进电动机、驱动器与 HNC-21TF 数控系统的连接后,就要设置参数和进行系统的调试。

1) HNC-21TF 数控系统参数设置

步进电动机有关坐标轴参数设置如表 6-28 所示,硬件配置参数设置如表 6-29 所示。

表 6-28 坐标轴参数

参 数 名	参数值	参 数 名	参数值
伺服驱动型号	46	伺服内部参数[2]	0
伺服驱动器部件号	0	伺服内部参数[3]、[4]、[5]	0
最大跟踪误差	0	快移加、减速时间常数	0
电动机每转脉冲数	400	快移加速度时间常数	0
伺服内部参数[0]	8①	加工加、减速时间常数	0
伺服内部参数[1]	0	加工加速度时间常数	0

注:①步进电动机拍数。

226

表 6-29 硬件配置参数

参数名	型号	标识	地址	配置[0]	配置[1]
部件	5301	46①	0	0	0

注：①不带反馈。

2) M535 步进电动机驱动器参数设置

按驱动器前面板表格,将细分数设置为2,将电动机电流设置为57HS13 步进电动机的额定电流。

3. 系统的调试

在线路和电源检查无误后,进行通电试运行,以手动或手摇脉冲发生器方式发送脉冲,控制电动机慢速转动和正、反转,在没有堵转等异常情况下,逐渐提高电动机转速。

第 3 部分 习题与思考

1. 华中数控系统调试的基本流程是什么?

2. 什么是机床的参考点? 在数控机床上,回参考点是如何实现的?

3. 在数控机床调试过程中,首先要进行主轴定向参数初始化过程,一般设置哪些与定向有关参数? 并说明各参数所代表的含义。

4. 数控机床如何保证主轴旋转和坐标轴进给的同步控制?

5. 若一台机床主轴实际转速与系统屏幕上显示的转速不相符,可能的原因有哪些?

6. 某立式加工中心采用 FANUC-BESK 7M 数控系统。故障现象是主轴不能定向,并有 08 号报警。经查阅维修手册,08 报警为主轴定向故障,同时检查主轴交流驱动线路板的七个发光二极管,从左到右依次为：LED1(绿)为定向指令发出；LED2(绿)为低挡速；LED3(绿)为磁道峰值检测(磁道峰值在 ±10 V 之外时灯亮)；LED4(绿)为减速指令；LED5(绿)为精定位(主轴在 ±10 V 内定向时灯亮)；LED6(绿)为定位完成；LED7(红)为试验方式。故障时 LED1 灯亮,LED3 和 LED5 灯闪烁。

(1) 根据故障报警号和发光二极管的状态,判断故障的原因。

(2) 该机床主轴的准停是靠什么检测装置完成的?

7. 如何选择伺服电动机? 选择伺服电动机应考虑哪些关键参数?

8. 在数控机床调试过程中,首先要进行伺服驱动参数初始化过程,一般设置哪些与伺服驱动有关的参数? 各参数有什么意义?

9. 在数控机床位置精度检测时,主要检测哪些项目?

10. 什么是数控机床伺服系统的稳态精度?

11. 伺服系统速度调节范围中对最低速和最高速分别有什么要求和约束?

12. 常用的螺母丝杠消除间隙方法有哪几种？

13. 一台 FANUC 6M 系统的加工中心,采用光栅尺作为位置检测,在 X 轴运动到某一部位时,发生 416 号报警。该报警产生的原因:① 电缆连接错误;② 印制线路板故障;③ 位置检测装置不良。根据故障现象用合适的诊断方法确定故障的部位。

14. 某数控镗铣床,出现 X 润滑故障报警提示。该机床坐标轴润滑采用间隙润滑方式,由 PLC 控制。

(1) 应检查润滑系统油路哪些方面的内容?

(2) 间隙润滑时间由 PLC 的定时器控制。润滑泵提供的系统压力必须在 5 s 内建立起来,否则会导致报警。压力到达后,润滑泵停止,60 s 后再启动润滑泵知道系统压力再次到达,如此往复来实现间隙润滑。

15. 当调整润滑油路不能消除故障时,应调整 PLC 中的什么参数?调整的原因是什么?

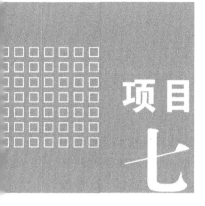

项目 七

数控机床的 PLC 系统的编译与调试

项目描述

▶数控机床的顺序控制功能主要由 PLC 系统来实现,所以掌握如何调试与编译数控机床的 PLC 系统十分重要。

学习目标

▶熟悉华中数控系统可编程控制器的软件结构。

▶掌握简单 PLC 程序的编写及编译。

▶掌握标准 PLC 的基本原理和结构。

▶熟悉标准 PLC 的各个输入点及其所提供的各项功能。

▶掌握标准 PLC 的修改与调试方法。

能力目标

▶掌握数控系统中 PLC 的基本原理和结构,理解内置式 PLC 的实现方法,能够用 C 语言编制简单的 PLC 程序。

▶了解华中数控标准 PLC 的各项功能,掌握数控系统标准 PLC 的调试方法,能够熟练修改相关设置,实现简单功能。

任务 1 数控机床系统 PLC 编程与调试

知识目标

(1) 掌握可编程控制器的特点及分类。

(2) 掌握华中内置式 PLC 的结构及运行原理。

(3) 掌握可编程控制器的编程语言。

(4) 掌握可编程控制器的控制对象。

能力目标

(1) 能编制编译简单的 PLC 程序。

（2）能编制简单的顺序控制功能程序。

第1部分　知识学习

一、可编程控制器的特点及分类

（一）可编程控制器概述

可编程控制器（programmable logic controller，PLC）是计算机技术与自动控制技术有机结合的一种通用工业控制器。在 PLC 出现之前，机床的顺序控制是以机床当前运行状态为依据，使机床按照预先规定好的动作依次工作。这种控制方式的实现，是由传统的继电器逻辑电路 RLC（relay logic circuit，RLC）完成的。这种电路是将继电器、接触器、按钮、开关等机电式控制器件用导线、端子等连接起来的控制回路，由于它存在体积大、耗电多、寿命短、可靠性差、动作迟缓、柔性差、不易扩展等许多缺点，正逐渐被 PLC 组成的顺序控制系统所代替。现在，PLC 已成为数控机床不可缺少的控制装置。

计算机数控装置（CNC）和 PLC 协同配合，共同完成数控机床的控制。其中，CNC 主要完成与数字运算和管理等有关的功能，如零件程序的编辑、插补运算、译码、位置伺服控制等。PLC 主要完成与逻辑运算有关的一些动作，没有轨迹方面的具体要求，同时辅助控制装置完成机床相应的开关动作，如工件的装夹、刀具的更换、冷却液的开关等一些辅助动作；它还接收机床操作面板的指令，一方面直接控制机床的动作，另一方面将一部分指令送往 CNC，用于加工过程的控制。

（二）可编程控制器特点

PLC 是一种专门用于工业顺序控制的微机系统。为了适应顺序控制的要求，PLC 省去了微机的一些数字运算功能，而强化了逻辑运算控制功能，是一种介于继电器控制和微机控制之间的自动控制装置。

PLC 是专为在恶劣的工业环境下使用而设计的，所以具有很强的抗干扰能力。除输入/输出部分采用光电隔离的措施外，对电源、运算器、控制器、存储器等也设置了多种保护和屏蔽。

PLC 没有继电器那种机械触点，因此，不存在触点的接触不良、熔焊、磨损和线圈损坏等故障。相对于 RLC，PLC 采用软件实现用户控制逻辑，结构紧凑、体积小，很容易装入机床内部或电气柜内，便于实现动作复杂的控制逻辑和数控机床的机电一体化。

目前大多数的 PLC 均采用梯形图编程方式。梯形图与继电器逻辑控制电路十分相似，图形符号形象直观，工作原理易于理解和掌握，编程简单，操作方便，程序改变灵活。

PLC 可与编程器、个人计算机等连接，可以很方便地实现程序的显示、编辑、诊断、存储和传送等操作。

（三）可编程控制器的分类

PLC 的产品很多，型号规格也不统一，可以从结构、原理、规模等方面分类。从数控机床应用的角度，可编程控制器可分为以下两类。

一类是 CNC 的生产厂家专为数控机床顺序控制而将数控装置 CNC 和 PLC 综合起来而设计制造的"内装型"（build-in type）PLC。

另一类是专业的 PLC 生产厂家的产品，它们的输入/输出信号接口技术规范、输入/输出点数、程序存储容量以及运算和控制功能均能满足数控机床的控制要求，称为"独立型"（stand-alone type）PLC。

1. 内装型 PLC

内装型 PLC 从属于 CNC 装置，PLC 与 CNC 装置之间的信号传送在 CNC 装置内部即可实现。PLC 与数控机床之间则通过 CNC 输入/输出接口电路实现信号传送。

内装型 PLC 实际是 CNC 装置带有的 PLC 功能，一般作为 CNC 装置的基本功能提供给用户，其性能指标是根据从属的 CNC 系统的规格、性能、适用机床的类型等确定的。它的硬件和软件部分是作为 CNC 系统的基本功能或附加功能与 CNC 系统的其他功能统一设计、制造的。因此，系统的硬件和软件整体结构十分紧凑，且 PLC 所具有的功能针对性强，技术指标合理、实用，尤其适用于单机数控设备的应用场合。

在系统的具体结构上：内装型 PLC 可与 CNC 共用 CPU，也可以单独使用一个 CPU；硬件控制电路可与 CNC 装置其他电路制作在同一块印制电路板上，也可以单独制成一块附加电路板，当 CNC 装置需要附加 PLC 功能时，再将此附加电路板安装到 CNC 装置上；内装型 PLC 一般不单独配置输入/输出接口电路，而是使用 CNC 系统本身的输入/输出电路；PLC 所用电源由 CNC 装置提供，不需另备电源。

采用内装型 PLC 结构，CNC 系统可以具有某些高级控制功能。如梯形图编辑和传送功能，在 CNC 内部直接处理大量信息等，如图 7-1 所示为内装型 PLC 的硬件结构。

2. 独立型 PLC

独立型 PLC 又称外装型或通用型 PLC。对数控机床而言，独立型 PLC 独立于 CNC 装置，具有完备的硬件结构和软件功能，能够独立完成规定的控制任务。

独立型 PLC 具有如下基本的功能结构：① CPU 及其控制电路；② 系统程序存储器；③ 用户程序存储器；④ 输入/输出接口电路；⑤ 与编程机等外部设备通信的接口和电源。

独立型 PLC 一般采用积木式模块结构或插板式结构，如图 7-2 所示为独立

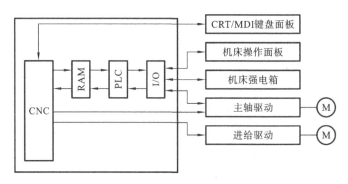

图 7-1 内装型 PLC 的硬件结构

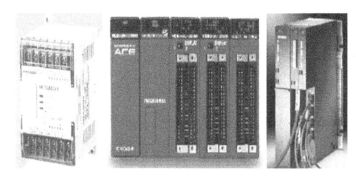

图 7-2 独立型 PLC

型 PLC。各功能电路多做成独立的模块或印制电路插板,具有安装方便、功能易于扩展和变更的优点。例如:可采用通信模块与外部输入/输出设备、编程设备、上位机、下位机等进行数据交换;采用 D/A 模块可以对外部伺服装置直接进行控制;采用计数模块可以对加工数量、刀具使用次数、旋转工作台的分度等进行检测和控制;采用定位模块可以直接对诸如刀库、转台、旋转轴等机械运动部件或装置进行控制。

独立型 PLC 的性价比低于内装型 PLC 的性价比。

目前,提供独立型 PLC 的厂商主要有德国西门子、美国罗克韦尔、日本三菱等公司。

二、华中数控内装型 PLC 的内部结构及运行原理

华中数控内装型 PLC 已集成在数控装置内,华中数控 PLC 采用 C 语言编程,具有灵活、高效、使用方便等特点。

(一) 华中数控内装型 PLC 的结构及相关寄存器的访问

华中数控铣削数控系统的 PLC 为内装型 PLC,如图 7-3 所示为华中数控系统内装型 PLC 的逻辑结构。其中:

(1) X 寄存器为机床输出到 PLC 的开关信号,最大可有 128 组(或称字节,

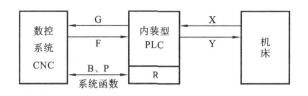

图 7-3 华中数控系统内装型 PLC 的逻辑结构

下同）；

（2）Y 寄存器为 PLC 输出到机床的开关信号,最大可有 128 组；

（3）R 寄存器为 PLC 内部中间寄存器,共有 768 组；

（4）G 寄存器为 PLC 输出到计算机数控系统的开关信号,最大可有 256 组；

（5）F 寄存器为计算机数控系统输出到 PLC 的开关信号,最大可有 256 组；

（6）P 寄存器为 PLC 外部参数,可由机床用户设置（运行参数子菜单中的 PMC 用户参数命令）,共有 100 组；

（7）B 寄存器为断电保护信息,共有 100 组。

X、Y 寄存器会随不同的数控机床而有所不同,主要与实际机床的输入/输出开关信号（如限位开关、控制面板开关等）有关。但 X、Y 寄存器一旦定义好,软件就不能更改其寄存器各位（bit）的定义,如果要更改,必须更改相应的硬件接口或接线端子。

R 寄存器是 PLC 内部的中间寄存器,可由 PLC 软件任意使用。

G、F 寄存器是由数控系统与 PLC 事先约定好的,PLC 硬件和软件都不能更改其寄存器各位（bit）的定义。

P 寄存器可由 PLC 程序与机床用户任意定义。

（二）华中数控内装型 PLC 的软件结构及其运行原理

与一般 C 语言程序都必须提供 main() 函数一样,用户编写内装型 PLC 的 C 语言程序时必须提供如下系统函数定义及系统变量值：

```
extern void init(void);          //初始化 PLC
extern unsigned plc1_time;       //函数 plc1() 的运行周期,单位:ms
extern void plc1(void);          //PLC 程序入口 1
extern unsigned plc2_time;       //函数 plc2() 的运行周期,单位:ms
extern void plc2(void);          //PLC 程序入口 2
```

函数 init() 是用户 PLC 程序的初始化函数,系统将只在初始化时调用该函数一次。该函数一般设置系统 MSBT 功能的响应函数及系统复位的初始化工作。

变量 plc1_time 及 plc2_time 的值分别表示 plc1()、plc2() 函数被系统周期调用的周期时间,单位:ms。系统推荐值分别为 16 ms 及 32 ms,即 plc1_time=16, plc2_time=32。

函数 plc1() 及 plc2() 分别表示数控系统调用 PLC 程序的入口,其调用周期分别由变量 plc1_time 及 plc2_time 指定。

系统初始化 PLC 时,将调用 PLC 提供的 init()函数(该函数只被调用一次)。在系统初始化完成后,数控系统将周期性地运行如下过程:① 从硬件端口及数控系统成批读入所有 X、F、P 寄存器的内容;② 如果 plc1_time 所指定的周期时间已到,调用函数 plc1();③ 如果 plc2_time 所指定的周期时间已到,调用函数 plc2();④ 系统成批输出 G、Y、B 寄存器的内容。

因此,用户提供的 plc1()函数及 plc2()函数必须根据 X 及 F 寄存器的内容正确计算出 G 及 Y 寄存器的值。

三、可编程控制器的编程语言

PLC 是专为工业自动控制而开发的装置,通常 PLC 采用面向控制过程、面向问题的"自然语言"编程。不同厂家的产品采用的编程语言不同,这些编程语言有梯形图、语句表、控制系统流程图等。为了增强 PLC 的各种运算功能,有的 PLC 还配有 BASIC 语言,并正在探索用其他高级语言来编程。

(一) 梯形逻辑图

梯形逻辑图简称梯形图(ladder diagram,LAD),它是从继电器-接触器控制系统的电气原理图演化而来的,是一种图形语言,它沿用了常开触点、常闭触点、继电器线圈、接触器线圈、定时器和计数器等术语和图形符号,也增加了一些简单的计算机符号,来完成时间上的顺序控制操作。触点和线圈等的图形符号就是编程语言的指令符号。

这种编程语言与电路图相呼应,简单、形象、直观、易编程、容易掌握,是目前应用最广泛的编程语言之一。

(二) 指令语句表

指令语句表简称语句表(statement list,STL),类似于计算机的汇编语言,它是用语句助记符来编程的。不同的机型有不同的语句助记符,但都要比汇编语言简单得多,很容易掌握,也是目前用得最多的编程方法。

命令语句主要使用逻辑语言建立 PLC 输入和输出的关系,其中包括逻辑AND、OR、NOT 及定时器、计数器、移位寄存器、算术运算和 PID 控制功能等。中小型 PLC 一般用语句表编程。

每条命令语句包括命令部分和数据部分。其命令部分要指定逻辑功能;其数据部分要指定功能存储器的地址号或直接数值。

语句表编程简单明了,语句少,其结构类似于电路的串并联方式,容易掌握。

(三) 计算机的通用语言

计算机通用语言可以实现梯形图法和指令语句表法难以实现的复杂逻辑控制功能,但它没有梯形图法形象,比用指令语句表法编程复杂,因此较难掌握。常用的通用语言有 C、BASIC、PASCAL、FORTRAN 语言等,其中采用 C 语言较多。

另外,还有控制系统流程图(CSF)、逻辑方程式(布尔代数式)等方法,但使用较少,而且工程技术人员对计算机通用语言又比较难掌握,因此,大部分编程方法都采用梯形图法和指令语句表法。

目前常用的 PLC 产品很多,不同厂家的 PLC 各种指标和性能不同,其编程方法、具体的指令格式以及继电器编号也不同,具体操作时可查阅有关产品说明书。

华中数控 PLC 采用 C 语言编程,具有灵活、高效、使用方便等特点。

四、数控机床的控制对象

数控机床作为自动化控制设备,是在自动控制下进行工作的,数控机床所受控制可分为两类,即数字控制和顺序控制。

对刀具轨迹采用数字控制。

对辅助机械动作(强电控制)、主轴转速、刀具选择、辅助功能等采用顺序控制。

(一)PLC 顺序控制任务

PLC 顺序控制任务如下。

(1)主轴启停,正反转,速度控制。

(2)冷却、润滑系统接通与断开。

(3)刀库的启停与刀具的选择和更换。

(4)卡盘的松开与夹紧。

(5)自动门的打开与闭合。

(6)尾座和套筒的启停、前进、后退控制。

(7)排屑等辅助装置的控制。

在讨论 PLC、数控系统和机床各机械部件、机床辅助装置、强电线路之间的关系时,常把数控机床分为"NC 侧"和"MT 侧"(即机床侧)两大部分。"NC 侧"包括 CNC 系统的硬件和软件,与 CNC 系统连接的外部设备。"MT 侧"则包括机床机械部分及其液压、气压、冷却、润滑、排屑等辅助装置,机床操作面板,继电器线路,机床强电线路等。PLC 处于 NC 与 MT 之间,对 NC 和 MT 的输入、输出信号进行处理。

(二)PLC 与外部的接口信息

对 CNC 装置来说,由 MT 向 NC 传送的信号称为输入信号,由 NC 向 MT 传送的信号称为输出信号。数控系统及配套 PLC 装置的输入、输出信号的类型如下。

1. 硬件电气接口信息

PLC 与数控装置、机床及机床电气设备之间的电气连接部分。电气接口从信号的流向看包括输入接口和输出接口,从信号的幅值特性看包括模拟量接口和开关量接口。

对 PLC 而言,由机床或 NC 等外部设备向 PLC 传送的信号称为输入信号,由 PLC 向机床或 NC 等外部设备传送的信号称为输出信号。若信号的幅值是连续变化的称为模拟量信号,若只有导通和断开两种状态则称为开关量信号。开关量接口一般采用直流 24 V 供电,低电平有效,即 NPN 型开关量接口,也有些采用或同时具备高电平有效的接口,即 PNP 型开关量接口。

PLC 常用的电气接口一般有开关量输入接口、开关量输出接口和模拟量输出接口等三种。

1) 开关量输入接口

典型的输入接口电路如图 7-4 所示。

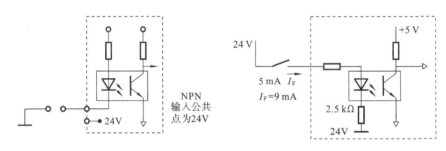

图 7-4　输入接口图

外部触点闭合时,＋24 V 电压加到接收器电路上,经滤波和电平转换处理后,输出至 NC 内部,成为内部电子电路可以接收和处理的信号。

图中接收电路采用光电耦合转换电路(虚线框内),开关量输入信号是机床侧的开关、按钮、继电器触点、检测传感器等采集的闭合/断开状态信号。这些状态信号需经上述接口电路处理,才能变成 PLC 或 NC 能够接收的信号。当采用有源开关器件(如无触点开关、霍尔开关等)时,必须采用 DC24 V 规格,检测元件的 NPN/PNP 型号必须与 PLC 接口的型号一致。开关量输入接口的导通电流一般为 5~9 mA。

2) 开关量输出接口

PLC 输出电路一般为晶体管输出,如图 7-5(a)所示为输出接口图,最大输出电流一般为 100 mA 左右,可以驱动发光二极管、继电器线圈等。另外还可以经过继电器、晶闸管等放大后再输出到外部接口,继电器和晶闸管输出的负载能力较大,可以达到 2 A 以上,能够驱动电磁阀和交流接触器线圈等。晶体管输出为直流输出,双向晶闸管输出为交流输出,继电器输出则可以是交、直流负载。

对于交流感性负载(如交流接触器线圈),必须在负载两端加阻容吸收电路,可以选用成品也可自行用 100~200 Ω/W 的电阻和 0.1 μF 630 V 的电容组装;

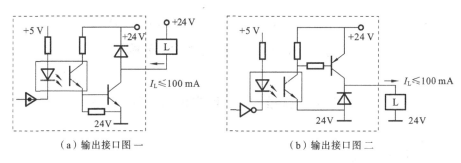

（a）输出接口图一　　　　　　　　　（b）输出接口图二

图 7-5　输出接口图

对于直流感性负载（如继电器线圈），需加续流二极管，如图 7-5（b）所示。有些继电器自带续流二极管，在公共输出端必须串接短路保护器件（熔断器或空气开关）。

当负载的工作电压或工作电流超过输出信号的工作范围时，应先用 PLC 输出接口驱动小型继电器（一般工作电压为 DC24 V），然后再用它们的触点驱动强电电路的继电器、接触器或直接驱动这些负载。

3）模拟量输出接口

模拟量输出接口有电压和电流输出两种。

模拟指令输出范围典型值：① －20～＋20 mA（电流型）；② －10～＋10 V（电压型），负载电流为 10 mA；③ 0～＋10 V（电压型），负载电流为 10 mA。

4）软件寄存器接口信息

PLC 为了运算和实现某些特殊功能，以及满足内装型 PLC 与 NC 间数据交换的需要设置了寄存器变量或功能函数。

如图 7-6 所示为输入/输出寄存器接口图。

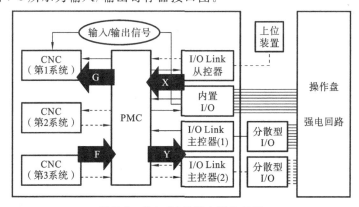

图 7-6　输入/输出寄存器接口图

根据不同机型的 PLC，常用的寄存器有以下几种：① 输入寄存器（X/I）——保存各输入接口的状态；② NC 控制寄存器；③ 输出寄存器（Y/O）——保存各输出接口的状态；④ 辅助寄存器（R/M）；⑤ 计数器（C）；⑥ 定时器（T）；⑦ 断电保存寄存器(B/M);⑧ 用户指令寄存器(P);⑨ NC 状态寄存器(F)。

第 2 部分　任务分析与实施

子任务 1　简单 PLC 程序的编写及编译

一、任务描述

进入华中数控系统的 DOS 环境,尝试进行华中数控系统 PLC 程序的编写,并通过简单的按键输入使点输出灯亮作为例子练习编写过程,然后对 PLC 程序的安装设置进行操作。

二、任务实施

(一) PLC 程序的编写编译过程

华中数控系统 PLC 程序的编译环境为:Borland C++ 3.1 和 MS-DOS 6.22。数控系统约定 PLC 源程序后缀为". cld",即" * . cld"文件为 PLC 源程序。

最简单的 PLC 程序只要包含系统必需的几个函数和变量定义即可编译运行,当然它是空操作。

(1) 在主菜单下,通过外接键盘输入"Alt＋X",可以进入华中数控系统的 DOS 环境。

(2) 在 DOS 环境下,进入数控软件 PLC 所安装的目录,如 C:＼HNC-21＼PLC,在 DOS 提示符下输入命令:

C:＼HNC-21＼PLC>edit plc_null. cld<回车>

建立一个文本文件,并命名"plc_null. cld",其文件内容为:

```
//
//plc_null. cld:
//PLC 程序空框架,保证可以编译运行,但什么功能也不提供
//
//版权所有@2000,武汉华中数控系统有限公司,保留所有权利
//http://huazhongcnc. com email:market@huazhongcnc. com
#include "plc. h"              //PLC 系统头文件
void init()                    //PLC 初始化函数
{
}
void plc1(void)                //PLC 程序入口 1
{
```

```
plc1_time=16;                    //系统将在 16 ms 后再次调用 plc1( )函数
}
void plc2(void)                  //PLC 程序入口 2
{
plc2_time=32;                    //系统将在 32 ms 后再次调用 plc2( )函数
}
```

（3）在数控系统的 PLC 目录下，输入如下命令（在车床标准 PLC 系统中，需要自行编写 makeplc. bat 文件）：

C：\HNC-21\PLC＞makeplc plc_null. cld＜回车＞

系统会响应：

1 file(s) copied

MAKE Version 3. 6 Copyright(c)1992 Borland International

Available memory 64299008 bytes

bcc ＋plc. CFG -Splc. cld

Borland C＋＋ Version 3. 1Copyright (c) 1992 borland International

plc. cld：

Available memory 4199568

TASM/MX/O plc. ASM，plc. OBJ

Turbo Assembler Version 3. 1Copyright (c) 1988，1992 Borland International

Assembling file：   plc. ASM

Error messages：   None

Warning messages：   None

Passes：   1

Remaining memory：   421k

tlink /t/v/m/c/Lc：\BC31\LIB @MAKE0000. $ $ $

Turbo Link Version 5. 1 Copyright (c) 1992 Borland International

Warning：Debug info switch ignored for COM files

1 file(s) copied

并且又回到 DOS 提示符下：

C：\HNC_21\PLC＞

这时表示 PLC 程序编译成功，编译结果为文件 plc_null. com。然后，更改数控软件系统配置文件 NCBIOS. CFG，并加上如下一行文本，让系统启动时加载新编写的 PLC 程序：

Device＝C：\HNC-21\plc\plc_null. com

（4）通过键盘输入：n＜回车＞，退出华中数控 DOS 系统。

（5）例如，当按下操作面板的"循环启动"按钮时，"＋X 点动"灯点亮。假定

"循环启动"按钮的输入点为 X0.1，"＋X 点动"灯的输出点位置为 Y2.7。

更改文件 plc_null.cld 的函数 plc1()的操作如下：

```
void plc1(void)                    //PLC 程序入口 1
{
Plc1_time＝16；                    //系统将在 16 ms 后再次调用 plc1()函数
if (X[0]&0x02)                     //"循环启动"按钮被按下
Y[2]＝0x80；                       //点亮"＋X 点动"灯
else                              //"循环启动"按钮没有被按下
Y[2]&＝～0x80；                    //灭掉"＋X 点动"灯
}
```

重新输入命令 makeplc plc_null，并将编译所得的文件 plc_null.com 放入
NCBIOS.CFG 所指定的位置。重新启动数控系统后，当按下"循环启动"键时，
"＋X 点动"灯应该被点亮。

（二）PLC 程序的安装设置

PLC 的程序编译后，将产生一个 DOS 可执行".com"文件。要安装写好的
PLC 程序，必须更改华中数控系统的配置文件"ncbios.cfg"。具体操作如下。

在 DOS 的环境下，进入数控软件所安装的目录，如 C:/HNC-21，在 DOS 提
示符下输入如下命令：C:\HNC-21>edit ncbios.cfg<回车>。

可编辑数控系统配置文件。一般情况下，配置文件的内容如下：

```
DEVICE＝.\DRV\HNC-21.DRV          //世纪星数控装置驱动程序
DEVICE＝.\DRV\SV_CPG.DRV          //伺服驱动程序
DEVICE＝C:/HNC-21\plc\plc_null.com //PLC 程序
PARMPATH＝.\PARM                  //系统参数所在目录
DATAPATH＝.\DATA                  //系统数据所在目录
PROGPATH＝.\PROG                  //数控 G 代码程序所在目录
BINPATH＝.BIN                     //系统 BIN 文件所在目录
TMPPATH＝.\TMP                    //系统临时文件所在目录
HLPPATH＝.\HLP                    //系统帮助文件所在目录
NETPATH＝X:                       //网络路径
DISKPATH＝A:                      //软盘
```

子任务 2　四工位自动刀架的编程控制

一、任务描述

以四工位自动刀架为例，刀架电动机采用三相交流 380 V 供电，正转时
驱动刀架正向旋转，各刀具按顺序依次经过加工位置，刀架电动机反转时，

刀架自动锁死,保证刀具能够承受切削力。每把刀具各有一个霍尔位置检测开关。用华中数控系统内置式 PLC 实现如图 7-7 所示车床刀架示意图的电路的控制操作。

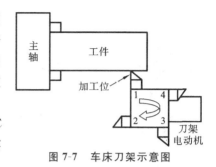

图 7-7　车床刀架示意图

　　分析图 7-7 所示的示意图,内部 PLC 怎么实现刀架位置控制?控制过程怎么实现?下面我们进行任务的分析与实施。

二、任务实施

1. 换刀动作

换刀动作由 T 指令或手动换刀按钮启动,换刀过程如下:

(1)刀架电动机正转;

(2)检测到所选刀位的有效信号后,停止刀架电动机,并延时(100 ms);

(3)延时结束后刀架电动机反转锁死刀架,并延时(500 ms);

(4)延时结束后停止刀架电动机,换刀完成。

车床刀架不存在刀具交换的问题,刀具选好后即可以开始加工。因此,车床的换刀由 T 指令(选刀指令)完成,而不需要换刀指令(M06)的参与。

2. 安全互锁

(1)刀架电动机长时间旋转(如 20 s),而检测不到刀位信号,则认为刀架出现故障,立即停止刀架电动机,以防止将其损坏并报警提示。

(2)刀架电动机过热报警时,停止换刀过程,并禁止自动加工。

3. 程序设计

如图 7-8 所示为刀架控制的电气设计。

图 7-8 中各器件的含义如表 7-1 所示。

表 7-1　图 7-8 中各器件的含义

序　号	名　　称	含　　义
1	M2	刀架电动机
2	QF3	刀架电动机带过载保护的电源空开
3	KM5、KM6	刀架电动机正、反转控制交流接触器
4	KA1	有急停控制的中间继电器
5	KA6、KA7	刀架电动机正、反转控制中间继电器
6	S1～S4	刀位检测霍尔开关
7	SB11	手动刀位选择按钮
8	SB12	手动换刀启动按钮
9	RC3	三相灭弧器
10	RC9、RC10	单相灭弧器

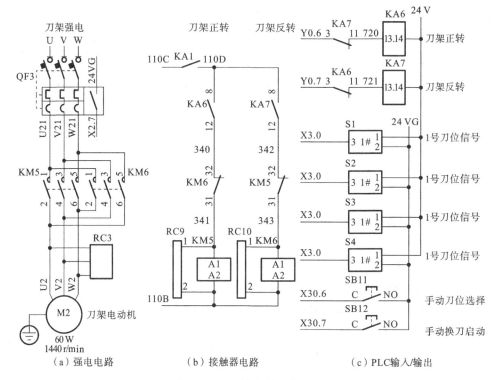

（a）强电电路　　　　　　（b）接触器电路　　　　　　（c）PLC输入/输出

图 7-8　刀架控制的电气设计

自动刀架控制涉及的输入/输出寄存器如下。

X2.7：刀架电动机过热报警输入。

X3.0～X3.3：1～4 号刀到位信号输入。

X30.6：手动刀位选择按钮信号输入。

X30.7：手动换刀启动按钮信号输入。

Y0.6：刀架正转继电器控制输出。

Y0.7：刀架反转继电器控制输出。

（1）PLC 程序按定时循环扫描的方式执行，与换刀相关的程序扫描周期为 16 ms，用 plc1_time 表示。程序中利用这一点实现定时（延时）功能。程序中用到的变量说明如下。

*sys_ext_alm()：用于设定外部报警，为一个 16 位二进制数，每 1 位代表一个报警，可设定 0～15 共 16 个外部报警。某位为 1 时，相对应的外部报警显示，为 0 时则清除相对应的报警。

mod_T_code(0)：T 指令代码，一般为 3 位十进制数，百位表示刀号，个位和十位表示刀偏号。置"-1"时 T 指令完成。

T_stage：定义换刀顺序标记的局部变量（字符型）。

T_stage_dwell：定义换刀延时时间的局部变量(无符号整型)。

T_NO：定义所选刀号的局部变量(字符型)。

(2) 车床刀架用 T 指令换刀的 C 语言 PLC 处理程序如下。

① 在 DOS 提示符下输入如下命令：

C:\HNC-21\PLC\EDIT PLCTEST.CLD<回车>

建立一个文本文件,并命名为 PLCTEST.CLD,其内容如下：

```
#pragma inline
#include "PLC.h"
void init()
{
if((X[2]&0x80)==0)                    //若电动机过热(X2.7 为 0)
*sys_ext_alm()|=4;                    //则显示 2 号外部报警:刀架电动机过热
mod_T_code(0)=-1;                     //强制 T 指令完成
return;                               //从 T 指令处理程序返回到 PLC 主程序(以下
                                      //  简称"返回")

}
else                                  //否则
*sys_ext_alm()&=~4;                   //清除 2 号外部报警
T_NO=mod_T_code(0)/100;               //由 T 指令获得所要选的刀号,如 T121,指选
                                      //  1 号刀,刀偏值取 21 号
if(T_stage_dwell>plc1_time)           //若设定的换刀延时时间未完成
{
T_stage_dwell-=plc1_time;             //则延时时间减去本程序执行周期的扫描时间
return;                               //并且返回
}
else                                  //否则
T_stage_dwell =0;                     //清零为下次延时准备
//进入 switch 结构,执行换刀顺序的下一步
switch(T_stage)                       //读取换刀顺序标记
{
case 0:                               //换刀第 0 步
Y[0]|=0x40;                           //输出 Y0.6,刀架正转
break;                                //退出 switch 结构(以下简称"退出")
case 1:                               //换刀第 1 步
if((X[3]&0xF)!=(1<<(T_NO-1)))
{                                     //若本扫描周期读取的刀位信号与指令不符,
                                      //  则回到换刀第 0 步,即保持正转继续找刀
T_stage=0;
T_change_time+=plc1_time;             //记录正转时间
If(T_change_time>8000)               //若超过 8 s 没有找到目标刀位,则显示 3 号
```

```
{
    * sys_ext_alm()|=8;                     外部报警:换刀超时
    Y[0]&=~0x40;                            //停止电动机
    mod_T_code(0)=-1;                       //T指令强制完成
    break;                                  //退出
}
else
    * sys_ext_alm()&=~8;                    //清除3号外部报警
    break;                                  //退出
}
    Y[0]&=~0x40;                            //否则,表示已到达所选刀位,Y0.6置零,停止
                                                刀架正转
    T_stage_dwell=100;                      //设定停止延时为100 ms
    break;
    case 2:                                 //换刀第2步
    Y[0]|=0x80;                             //Y0.7置1,刀架电动机反转锁死刀架
    T_stage_dwell=500;                      //反转时间为500 ms
    break;                                  //退出
    case 3:                                 //换刀第3步
    Y[0]&=~0x80;                            //Y0.7置0,刀架电动机停止旋转
    mod_T_code(0)=-1;                       //置T指令完成标记
    break;                                  //退出
}
    T_stage++;                              //换刀顺序标记加1
}                                           //若顺利,下面的程序扫描周期中待延时时间
                                                完成后自动进入换刀顺序过程的下一步
```

换刀可以用手动按钮实现,PLC处理程序与上面相似,只是换刀号"T_NO"的获取方法不是靠T指令,而是靠选刀按钮设定。

② 在DOS提示符下输入如下命令:

C:\HNC-21\PLC>EDIT MAKEPLC. BAT<回车>

建立一个批处理文件TEST. BAT,其内容如下。

copy PLCTEST. CLD plc. cld<回车>

mack -fplc<回车>

copy plc. com PLCTEST. COM

del * .obj

del plc. com

del plc. cld

然后运行TEST(<回车>即可)。如编译过程不报错误,则编译成功;否则,

查编译错误。

③ 编译成功后,须在 DOS 提示符下输入:

C:\HNC-21>EDIT NVBIOS. CFG<回车>

让系统启动时加载新近编写的 PLC 程序:

device＝c:\hcnc2000\plc\ PLCTEST.com

以上就是在华中数控系统平台上编写并编译 C 语言 PLC 程序的全过程。

由此可知,由于华中数控采用内置式 PLC,PLC 与 CNC 之间没有多余的连线,且 PLC 上的信息能通过 CNC 显示器显示,使采用 C 语言编程的 PLC 的编译过程更为方便,而且故障诊断功能和系统的可靠性也有提高。

第 3 部分　习题与思考

1. 描述华中数控系统内置式 PLC 原理。

2. 简要说明 C 语言编程实现 PLC 功能方法的步骤。

3. 练习实现编制简单数控系统 PLC 顺序功能的程序。

任务 2　华中数控标准 PLC 系统设置操作

知识目标

(1) 掌握华中系统标准 PLC 的 I/O 点的组成。

(2) 掌握华中系统标准 PLC 的设计与调试步骤。

能力目标

(1) 能熟练修改标准 PLC 各个输入/输出点及所提供的各项功能参数。

(2) 能根据任务要求进行标准 PLC 功能的设置。

第 1 部分　知 识 学 习

一、华中系统标准 PLC 的简介

为了简化 PLC 源程序的编写,减轻工程人员的工作负担,华中数控开发了标准 PLC 系统。车床标准 PLC 系统主要包括 PLC 配置系统和标准 PLC 源程序两部分。其中,PLC 配置系统可供工程人员进行修改,它采用的是友好的对话框填写模式,运行于 DOS 平台下,与其他高级操作系统兼容,可以方便、快捷地对 PLC 选项进行配置。配置完保存后生成的头文件加上标准 PLC 源程序就可以编译成可执行的 PLC 执行文件。

（一）标准 PLC 的输入/输出点的组成

输入/输出点的定义分为操作面板定义和外部 I/O 定义,其设置的界面如图 7-9 所示。

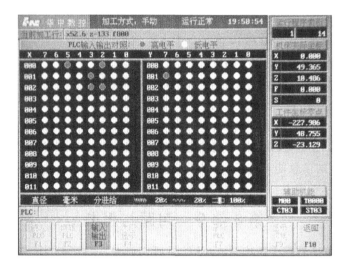

图 7-9　输入点的组成

该表格主要由功能名称和功能定义组成。

1. 功能名称

如图 7-9 所示为输入点的组成,在表格里用汉字标注表示的是功能名称,如"冷却开停"、"Z 轴锁住"等。

2. 功能定义

分为输入点和输出点定义。以输入点为例,具体包含三个部分组、位和有效。

(1)组　组指的是该项功能在电气原理图中所定义的组号,该功能不需要时,可以按照后面的修改方法将其设置为-1,将其屏蔽掉。

(2)位　位指的是该项功能在组里的有效位,一个字节共有 8 个数据位,所以该项的有效数字为 0~7,若该项被屏蔽则会显示"*",如图 7-9 所示。

(3)有效　有效指的是在何种情况下该位处于有效状态,一般是指高电平有效还是低电平有效。如果是高电平有效,则填"H",否则填"L",当该功能被屏蔽时,该项显示为"*"。

注意:要避免同一个输入点被重复定义,如"自动"定义为 X40.1,其他方式就不要再定义为 X40.1 了。

(二)输入/输出点的修改

以操作面板点定义中的"自动"为例,对其输入、输出点进行编辑。先假设"自动"这一方式在 30 组 1 位,低电平有效,则修改如下。

(1)按"Enter"键,蓝色亮条所指选项的颜色和背景都会发生变化,同时有一光标闪烁。

将"30"改为"40",按"Enter"键把蓝色亮条移到自动方式的输入点的"组"这一栏。

（2）按"Enter"键即可。

（3）按"→"键把蓝色光条移到输入点的"位"这一栏。

（4）按"Enter"键，将"0"改为"1"，按"Enter"键即可。

（5）按" ➤"键把光标移到输入点的"有效"这一栏。

（6）按"Enter"键，将"H"改为"L"，按"Enter"键即可。

（7）输出点的修改类似。

这样就完成了整个修改过程。

二、数控机床PLC系统的设计及调试步骤

数控机床 PLC 系统的设计与数控系统的设计是密不可分的，目前机床数控系统一般都自带或提供 PLC 的功能，这其中既有内装型 PLC，也有独立型 PLC。

（一）PLC 系统设计步骤

1. 工艺分析

首先对被控机床设备的工艺过程、工作特点、控制系统的控制过程、功能和特性进行分析，估算 I/O 开关量的点数，I/O 模拟量的接口数量和精度要求，从而对 PLC 提出整体要求。

2. 系统调研

对根据设备的要求初步选定的数控系统进行调研，了解其所提供的 PLC 系统的功能和特点，包括 PLC 的类型、接口种类和数量、接口性能、扩展性、PLC 程序的编制方法。

3. 确定方案

（1）根据前两步的工作，综合考虑数控系统和 PLC 系统的功能、性能、特点，本单位的需要和使用习惯以及整机性价比确定 PLC 系统的方案。

（2）实际上这里主要是从 PLC 的角度对数控系统提出要求，从而确定数控系统的方案。

（3）只有少数情况下才会需要选用独立型 PLC。例如，从经济的角度考虑，选用了简易型数控系统，但设备需要较多的模拟量接口或大量的开关量接口，而数控系统提供的 PLC 不能满足要求，则需要选用独立型 PLC。

4. 选择标准

在选择独立型 PLC 时主要考虑四个因素：

（1）功能范围。

（2）I/O 点数。

（3）存储器容量。

根据系统大小不同，选择用户存储器容量不同的 PLC，一般厂商提供 1 KB、2 KB、4 KB、8 KB、16 KB 程序步等容量的存储器。选择方法主要凭经验估算，

其估算法有下列两种。

① PLC 内存容量(指令条数)约等于 I/O 总点数的 $10\sim15$ 倍。

② 指令条数 $=6(\mathrm{I/O})+2(T_\mathrm{m}+C_\mathrm{tr})$。式中 T_m 为定时器总数,C_tr 为计数器总数。有时可在其上基础增加 20% 的裕量。

5. 处理时间

1) 电气设计

PLC 控制系统的电气设计包括原理图、元器件清单、电气柜布置图、接线图与互联图,如果是定型设备还应包括工艺图,这在其他章节有详细介绍。电气设计时特别要注意以下几点。

(1) PLC 输出接口的类型,是继电器输出还是光电隔离输出等。

(2) PLC 输出接口的驱动能力,一般继电器输出为 2 A,光隔输出为 500 mA。

(3) 模拟量接口的类型和极性要求,一般有电流型输出($-20\sim20$ mA)和电压型输出($-10\sim10$ V)两种可选。

(4) 采用多直流电源时的共地要求。

(5) 输出端接不同负载类型时的保护电路。执行电器若为感性负载,需接保护电路。直流可加续流二极管,交流可加阻容吸收电路。

(6) 若电网电压波动较大或附近有大的电磁干扰源,应在电源与 PLC 间加设隔离变压器、稳压电源或电源滤波器。

目前数控机床特别是通用数控机床的各项功能,例如主轴控制、车床刀架转位、加工中心刀库的换刀、润滑、冷却的启/停等已经标准化,各种数控系统一般都内置或提供了满足这些功能的 PLC 程序。采用独立型 PLC 时,一般厂家也会提供满足通用数控机床要求的标准 PLC 程序。因此,设计 PLC 程序最重要的方法就是详细了解并参考系统提供的标准 PLC 程序。

2) PLC 程序设计

程序设计是 PLC 应用中最关键的问题。PLC 程序设计的基本思路是按照设备的要求设计输入和输出信号的逻辑关系,在输入某些信号时得到预期的输出信号,从而实现预期的工作过程。因此,简单而常用的方法是以过程为目标,分析每个过程的启动条件和限制条件,根据这些条件编写该过程的 PLC 程序,完成了所有过程的 PLC 程序即完成了整个 PLC 程序。

其中某个过程可以仅涉及一个输出接口,例如冷却电动机的启动/停止;也可以涉及多个输出接口,例如加工中心换刀的过程。这种方法比较容易实现 PLC 程序的模块化,易于各过程的独立调试。

PLC 程序设计的一般步骤如下。

(1) 若所采用的 PLC 自带有程序,应该详细了解程序已有的功能,对现有需求的满足程度和可修改性,尽量采用 PLC 自带的程序。

(2) 将所有与 PLC 相关的输入信号(按钮、行程开关、速度及时间等传感器),输出信号(接触器、电磁阀、信号灯等)分别列表,并按 PLC 内部接口范围,给每个信号分配一个确定的编号。

(3) 详细了解生产工艺和设备对控制系统的要求。画出系统各个功能过程的工作循环图或流程图、功能图及有关信号的时序图。

(4) 按照 PLC 程序语言的要求设计梯形图或编写程序清单。梯形图上的文字符号应按现场信号与 PLC 内部接口对照表的规定标注。

3) PLC 程序设计的一般原则

(1) 保证人身与设备安全的设计永远都不是多余的。

PLC 的设计应该是在保证操作者和设备安全的前提下完成其功能,没有安全保证的设备是没有实际应用价值的。

(2) PLC 程序的安全设计,并不代表硬件的安全保护可以省略。

PLC 程序的安全设计,仅是在软件上提供保护功能,为了避免软件工作异常和调试中程序编写错误或操作不当引起的事故,还要在硬件上设计保护功能。例如,电动机正/反转接触器的互锁设计,进给电动机的限位保护开关,这些均在硬件上实现,不需要通过 PLC 控制。

(3) 了解 PLC 自身的特点。不同的厂家的 PLC 都各有特点,在应用中也会不同,因此要了解 PLC 自身的特点才能正确使用并发挥 PLC 应有的能力,如初始状态、工作方式(循环扫描/周期扫描)、扫描周期。

(4) 设计调试点易于调试。PLC 程序的设计往往不是一次可以完成,常常需要分步反复调试和实验,因此,在 PLC 设计中,与一般的软件设计类似,需要利用中间寄存器设计跟踪标记和断点,以方便调试。

(5) 模块化设计。数控机床的 PLC 一般要完成许多功能,模块化设计便于对各个功能进行单独调试,当改变某一功能的控制程序时,也不会对 PLC 的其他功能产生影响。

(6) 尽量减少程序量。减少程序量可以减少程序运行的时间,提高 PLC 的响应速度,这对于循环扫描的 PLC 尤为重要。另外某些内装式 PLC 与数控系统共用处理器、存储器等资源,减少 PLC 的程序量对于节省系统资源也是非常必要的。

(7) 全面注释,便于维修。PLC 所服务的数控机床要求长时间的稳定运行,因此,PLC 出现问题时要能立刻排除,详细的注释有利于维修人员维修、日常维护以及系统扩展新的功能。

(二) 标准 PLC 调试步骤

(1) 输入程序。型号不同,PLC 有多种程序输入方法。

(2) 检查电气线路

(3) 模拟调试。

(4) 运行调试。

（5）非常规调试,验证安全保护和报警的功能。

（6）安全检查并投入考验性试运行。

第2部分　任务分析与实施

子任务1　标准 PLC 的基本操作

一、标准 PLC 的基本操作

（1）标准 PLC 的操作是在如图 7-10 所示主界面下进行的,按"F10"按钮进入扩展功能子菜单。

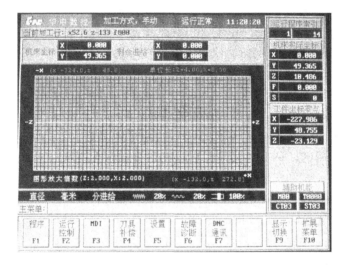

图 7-10　主菜单

（2）在图 7-11 所示扩展功能子菜单下,按"F1"按钮,系统弹出如图 7-12 所示的 PLC 子菜单。

（3）在 PLC 子菜单下,按"F2"按钮,系统弹出如图 7-13 所示的输入口令对话框,在口令对话框输入默认初始口令"HIG",则弹出输入口令确认对话框,按"Enter"确认,便进入如图 7-14 所示的标准 PLC 配置系统。

（4）在选择数控系统类型的选项栏,选择所要进入的系统。在此,按"F2"选择数控车床系统,确认后便进入车床标准 PLC 系统,如图 7-15 所示为车床标准 PLC 配置系统。

（5）"PgUp"、"PgDn"为五大功能项相邻界面间的切换键;同一功能界面中用"Tab"键切换输入点;用"←"、"↑"、"→"、"↓"键移动蓝色亮条选择要编辑的选项;按"Enter"键编辑当前选定的项;编辑过程中,按"Enter"键表示输入确认,

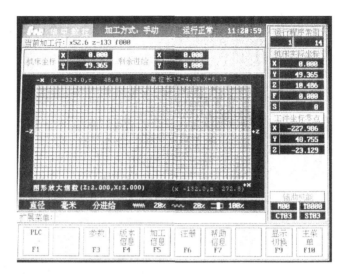

图 7-11 扩展功能子菜单

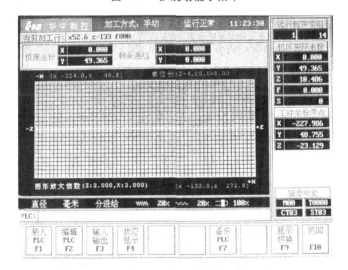

图 7-12 PLC 子菜单

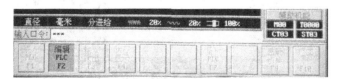

图 7-13 输入口令

按"Esc"键表示取消输入;无论输入点还是输出点,字母"H"表示高电平有效,即为"1",字母"L"表示低电平有效,即为"0";在任何功能项界面下,都可按"Esc"键退出系统。

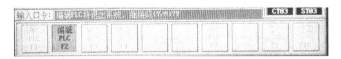

图 7-14　确认输入权限口令

图 7-15　车床标准 PLC 配置系统

　　(6) 在查看或设置完车床标准 PLC 系统后,按"Esc"键,系统将弹出如图 7-16、图 7-17 所示系统提示,按"Enter"键确认后,系统将自动重新编译 PLC 程序,并返回系统主菜单,新编译的 PLC 程序生效。

图 7-16　系统提示一

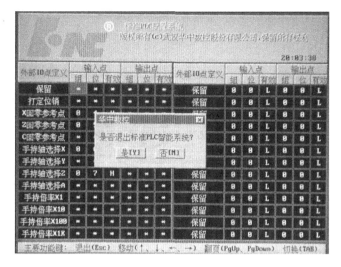

图 7-17　系统提示二

二、配置参数详细说明(以数控车床系统为例)

车床标准 PLC 配置系统覆盖大多数车床所具有的功能,具体有以下五大功能项。

（1）机床支持选项配置。

（2）主轴输出点定义(主要用于电磁离合器输入点配置)。

（3）刀架输入点定义。

（4）面板输入/输出点定义。

（5）外部输入/输出点定义。

机床支持选项配置主界面如图 7-18 所示。机床支持选项配置,在本 PLC 配置界面中,字母"Y"表示支持该功能,字母"N"表示不支持该功能。

针对图 7-18,下面分别讲解系统每一项所代表的机床功能。

（一）主轴系统选项

1. 支持手动换挡

该选项指的是通过手动换挡方式,既没有变频器,也不支持电磁离合器自动换挡,是一种单纯的手动换挡方式。

2. 是否通过 M 指令换挡

该选项指的是系统带有变频器,又具有机械变速功能,但是机械换挡时没有机械换挡到位信号,所以可以通过 M42、M41 来给系统一个挡位信号。

3. 支持星形-三角形换接启动

该选项是指主轴电动机在正转或反转时,先用星形线圈启动电动机正转或反转,提供启动转矩,然后过一段时间后切换成三角形线圈来转动电动机。

图 7-18　机床支持选项配置

4. 支持抱闸

该选项是指主轴系统是否支持主轴抱闸功能。如果没有此项功能,则要选"N"屏蔽此项功能。

5. 主轴有编码器

该选项指的是主轴是否具有转速检测功能,即主轴是否有编码器。

6. 是否支持 10 V 模拟电压输出

华中数控系统可以提供 0～10 V 或－10～10 V 的模拟电压,根据所选的变频器或伺服驱动器所采用的控制电压的类型,来选择 PLC 的选项。

(二) 进给系统选项

1. 是否支持广州机床

如果支持选择"Y",不支持选"N"。

2. X 轴抱闸

该选项指的是系统是否有 X 轴抱闸功能。如果没有此项功能,则要选"N"屏蔽此功能。

3. 保留

备用选项,如果有其他功能可以增加。

(三) 刀架系统选项

1. 是否采用特种刀架

如果采用特种刀架,则选"Y",否则选"N"。

2. 支持双向选刀

该选项指的是系统的刀架既可以正转又可以反转。如果既可以正转又可以反转,在选刀时就可以根据当前使用刀号判断出要选中目标刀具需要正转还是反转,以达到使刀架旋转最小角度就能选中目标刀。

3. 刀架锁紧定位销

该选项指的是在当前要选用的目标刀具已经旋转到位,此时刀架停止转动,然后刀架打出一个锁紧定位销锁住刀架。一般的刀架是锁紧定位销打出一段时间后反转刀架来锁紧定位。

4. 插销到位信号

该选项指的是刀架锁紧定位销打出后,会反馈一个插销到位信号给系统,系统收到此信号后才能反转刀架来锁紧刀架。刀架锁紧到位信号指的是换刀后刀架会给系统回送一个刀架是否锁紧的信号。

5. 有刀架到位信号

车床刀架选刀时有无到位信号,如有则选择"Y",如果无则选择"N"。

（四）其他功能选项

（1）是否支持气动卡盘　车床的卡盘松紧是不是自动的,是否通过外接输入信号来松紧卡盘。

（2）防护门　机床的防护门是否外接输入信号,以检测门的开和关,从而确保安全加工。

（3）是否支持尾座套筒　是否支持尾座套筒,有此选项选择"Y",没有选"N"。

（4）支持联合点位。

（5）保留　系统暂时不用该项,用户可以不对此项进行任何配置。

注意:在以上配置项中,系统选项中有些选项是互斥的。比如主轴系统选项中自动换挡、手动换挡、变频换挡三项中同时生效的只有一项。

操作方法步骤如下:

（1）用"←"、"↑"、"→"、"↓"移动蓝色亮条选择要编辑的选项;

（2）按"Enter"键,蓝色亮条所指选项的颜色和背景都会发生变化;

（3）用"←"、"→"、"BackSpace"、"Del"键对其内容进行编辑修改;

（4）修改完毕,按"Enter"键确认;

（5）若输入正确,图形显示窗口相应位置将显示修改过的值,否则原值不变。

内容选项设置完毕,按"PgDn"键进入主轴输入点定义界面。

三、华中系统标准 PLC 调试的内容与方法

（一）调试的内容

（1）操作数控装置,进入输入/输出开关量显示状态,对照电气原理图,逐个检查 PLC 输入、输出点的连接和逻辑关系是否正确。

在图 7-10 所示的主操作界面下,按"F10"键进入扩展功能子菜单。菜单条的显示如图 7-11 所示。在扩展功能子菜单下,按"F1"键,系统将弹出如图 7-19 所示的 PLC 子菜单界面;在 PLC 子菜单下,按"F4"键,系统将弹出操作界面,按"F1"键,便进入如图 7-20 所示的机床输入到 PMC 状态界面。

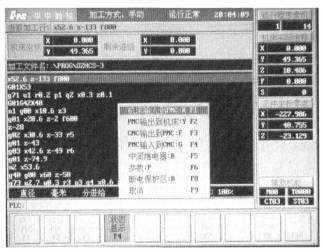

图 7-19   PLC 子菜单界面

图 7-20   机床输入到 PMC 状态

输入/输出开关量显示状态 X、Y 默认为二进制显示。每 8 位一组,每一位代表外部一位开关量输入或输出信号,例如图中 X[00]的 8 位数字量从右往左依次代表开关量输入的 I0~I7,X[01]代表开关量输入的 I8~I15,以此类推。同样,Y[00]即通常代表开关量输出的 00~07,Y[01]代表开关量输出的 08~015,以此类推。

各种输入/输出开关量的数字状态显示形式,可以通过"F6"、"F7"键在二进制、十进制和十六进制之间切换。若所连接的输入元器件的状态发生变化,比如行程开关按下,则所对应的开关量的数字状态显示也会发生变化。由此可检查输入/输出开关量电路的连接是否正确。

(2)检查机床超程限位开关是否有效,报警显示是否正确。

(二)调试的方法

在进行数控机床相关内容修改后,通常按照下列步骤调试、检查 PLC 系统。

(1)在 PLC 状态中观察所需的输入开关量(X 变量)或系统变量(R、G、F、P、B 变量)是否正确输入,若没有则检查外部电路;对于 M、S、T 指令,则应编写一段包含该指令的零件程序,用自动或单段的方式执行程序,在执行过程中观察相应的变量是否正常。注意:在 MDI 方式正在执行的过程中是不能观察 PLC 状态的。

(2)在 PLC 状态中观察所需输出开关量(Y 变量)或系统变量(R、G、F、P、B 变量)是否正确输出。若没有输出或输出错误,则检查 PLC 源程序。

(3)检查由输出开关量(Y 变量)直接控制的电子开关或继电器是否动作,若没有动作,则检查连线。

(4)检查由继电器控制的接触器开关是否动作,若没有动作,则检查连线,图 7-21 所示为数控机床电气柜。

(5)检查执行单元,包括主轴电动机、步进电动机、伺服电动机等。

图 7-21　数控机床电气柜

子任务 2　车床试验台电动刀架 PLC 控制调试

一、任务描述

综合试验台使用的是车床上使用的普通的电动刀架,其动作顺序如下。

(1)首先给数控系统一个换刀命令,数控系统接收到换刀信号后,发出一个刀架正转的信号,此时刀架开始正向选刀。

（2）刀架在旋转的同时,系统不停地检查刀架的到位信号。到位信号是由刀架内的霍尔元件进行提供,输入点为 X1.1～1.4,也可以自行定义输入/输出点。

（3）当系统检测到输入信号与所设定的信号一致时,系统就判断出刀具已经到位;此时系统延时 50 ms,停止刀架的正向旋转,系统输出一个主轴反转的信号,刀架开始反向旋转。对普通的四工位刀架来说,刀架反向旋转就是一个刀架锁紧的过程。注意刀架反向旋转时间不能过长,一般在 1.5 s 以内,防止把刀架电动机烧坏。

（4）需要特别注意的是,换刀时刀架电动机旋转时间不能太长,特别是反向旋转时间,所以在设置刀架换刀参数时,一定要考虑时间不能过久。例如:可以对换刀时间做一个限制,在一定时间内如果换刀不成功的话,自动取消换刀动作。

二、任务实施

（一）实验目的与要求

（1）了解标准 PLC 基本原理和结构。

（2）能够熟练修改标准 PLC 各个输入/输出点及 PLC 所提供的各项功能。

（二）实验仪器与设备

（1）数控综合实验台 1 台。

（2）万用表 1 台,2 mm 平口旋具 1 把。

（3）PC 键盘一个。

（三）主轴挡位及输出点定义

如图 7-22 所示为主轴挡位配置界面,主要是用在电磁离合器换挡和高低速自动换挡,高低速自动换挡是指通过高、低速线圈切换来换高挡或低挡。

主轴速度调节:自动换挡选项为"Y",本配置界面中定义的输出点才有效,在变频换挡或手动换挡选项为"Y"时,应关闭此菜单选项中的所有输出点。

（四）刀架信号输入点定义

华中世纪星系列数控车床上,采用的是四工位转位刀架,分别用输入点 X1.4、X1.5、X1.6、X1.7 位定义,正/反转分别用输入点 Y0.6 和 Y0.7,如图 7-23 所示为刀架输入点定义。

（1）配置界面如图 7-23 所示,主要是对刀具的输入点进行定义,在位编辑行对应的编辑框中输入"−1"表示此输入点无效。在刀号输入点编辑框中输入"1"表示对应的输入点在此刀位中有效,为"0"表示对应的输入点在此刀位中无效。

（2）当前系统刀架支持总数为 4 把,输入的组为第 1 组(本配置系统只支持刀具的所有输入点在同一组),输入的有效位为 4 位,分别是 X1.4、X1.5、X1.6、

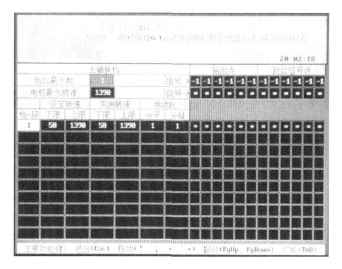

图 7-22　主轴换挡界面

图 7-23　刀架输入点定义

X1.7,1 号刀对应的输入点是 X1.4,2 号刀对应的输入点是 X1.5,3 号刀对应的输入点是 X1.6,4 号刀对应的输入点是 1.7。

（3）刀架的正转为 Y0.6,反转为 Y0.7。如果 PLC 这样设置,编译后系统应该可以正常运行。

（4）此时刀架运转正常的情况下,将 PLC 的刀架正反转输出信号 Y0.6、Y0.7 进行互换,重新编译后,运转刀架和原来的转动方向恰好相反。

（5）将电断开,把输入转接板的刀架到位信号 X1.3、X1.4 的输入位置向后平移两个点,重新上电后进行换刀操作,则刀架上 3 号、4 号刀在选择时不会定位停止,刀架一直旋转。

第3部分　习题与思考

1. 可编程控制器有哪些类型？
2. 简述华中数控内装型PLC的结构及原理。
3. 简述华中数控PLC的编写及编译。
4. 简述车床标准PLC系统的配置。
5. 简述PLC调试的内容与方法。

附录 A　数控综合实验台电气原理图

序号	代　号	名　称	型号、规格	数量	备　注
01	+T-TC1	控制变压器	AC 380V/AC 220V/AC 24V 500W R 型　400W　100W	1	九川
02	+T-VC1	开关电源	AC 220V/DC 24V 145W S-145-24	1	明玮
03	+P-HNC21	数控装置	HNC-21TF（预装网络和 DNC 软件）	1	自制
04	+P-HFD	软驱单元	HFD-1101（包含软驱单元组件和全套线缆）	1 套	自制
05	+T-QF1	空气开关	DZ47-63D 3P　6A	1	九川
06	+T-QF2	空气开关	DZ47-63D 3P　3A	1	九川
07	+T-QF3	空气开关	DZ47-63D 1P　3A	1	九川
08	+T-QF4	空气开关	DZ47-63D 1P　3A	1	九川
09	+T-KM1,KM2	交流接触器	CJX1-9/22（AC220V 9A）	2	九川
10	+T-RC1,RC2	单相灭弧器	JD6310200TK-2P	2	昆山
11	+T-RC3	三相灭弧器	JD63561503K-3P	1	昆山
12	+T-SDMX	步进驱动模块	M535S	1	雷赛
13	+M-MX	步进电动机	57HS13	1	雷赛
14	+T-SDMZ	伺服驱动模块	RS1A01AA（带专用插头）	1	三洋
15	+M-MZ	伺服电动机	P50B05020DXS1J（带接插头）	1	三洋
16	+T-US	变频器	SJ100-007HFE	1	日立
17	+T-AP8	PLC 输入板	HC5301-8	1	自制
18	+T-APR	PLC 输出继电器板	HC5301-R	1	自制
19	+T-R1	电阻	RJ14-1/4W 510Ω	1	四川永星
20	+T-TC2	伺服变压器	JCY2-0.4	1	九川
21		精密十字滑台	TK02-02 * 200	1 套	自制
22		负载实验台	HED-21S-FZT	1 套	自制
23	+P-PG1	手摇脉冲发生器	ZSS645-100B/05F	1	无锡
24		HED-21S 工作台	HNC-21T-SYT	1	自制
25		刀架平衡架	HED-21S-SYT-207	1	自制
26		光栅尺	JCXE5/250mm（带线 1.7m）	1	贵阳新天光电
27	+T-AP1	整流桥	HC1101	1 套	自制

					部件名称	元器件清单	武汉华中数控股份有限公司
标记	处数	分区	更改文件号	签名	年 月 日	阶段标记	部件代号	HED-21S-3 数控综合实验台
设计			工艺					
制图			标准化			S	00	
审核			批准			共 2 张　第 1 张		

续表

序号	代 号	名 称	型号、规格	数量	备 注
28	+T-XS1	模数化插座	AC 250V 10A 单相两孔插座	1个	正泰
29	+T-XS2	模数化插座	AC 250V 10A 单相三孔插座	1个	正泰
30		杆型接线柱	3310 （M4 红色）	15	正泰
31		杆型接线柱	3310 （M4 黑色）	33	正泰
32		有机玻璃板（带 4 根铜螺柱）		1	外协加工
33		三相异步电动机	Y801-4B5 Y 系列 0.55kW 四极	1	河北电机
34		电动刀架（四工位）	LDB4 0625（带线缆、信号线 2.4 m，电源线 2 m）	1套	常州亚兴
35		限位开关	V-105-1A5	6	欧姆龙
36		钮子开关	CNZ 1/2	8	上海
37		磁粉制动(离合)器	CZ-0.5	1个	江苏航天
38		磁粉制动(离合)器电源	WLK-1A	1个	江苏航天
39		插头	DB25 头针（带壳）	1	上海
40		插头	DB25 头孔（带壳）	1	上海
41		插头	DB15 针、孔（带壳）	各1套	上海
42		端子排	JB-15A-12	5	武汉三星
43		接地排	84 mm×30 mm(10 孔)	1	自制
44		磁性表座	CZ-6A	1	上海银燕
45		电缆线	RVV4＊0.5	2.5m	
46		电缆线	RVV4＊1.5	2m	
47		电缆线	RVV2＊0.5	2m	
48		屏蔽线	RVVP25＊0.21	1.5m	
49		屏蔽线	RVVP4＊0.4	0.3m	
50		屏蔽线	RVVP4＊0.21	2m	
51		屏蔽线	RVVP3＊0.21	1m	
52		屏蔽线	RVVP4＊2＊0.21	7.4m	
53		屏蔽线	RVVP7＊0.21	1.5m	
54		警示说明标牌 粘贴式标牌		1套	上海新奇生

注：
购买磁粉制动器时要求厂家提
供的转矩特性曲线图测试的点
(激磁电流)应为 0.00A、0.02A、
0.05A、0.08A、0.10A、0.20A

部件名称	元器件清单	武汉华中数控股份有限公司		
标记	处数	分区	更改文件号	签名	年 月 日
设计		工艺		阶段标记	部件代号	HED-21S-3
制图		标准化		S	00	数控综合实验台
审核		批准		共 2 张 第 2 张	

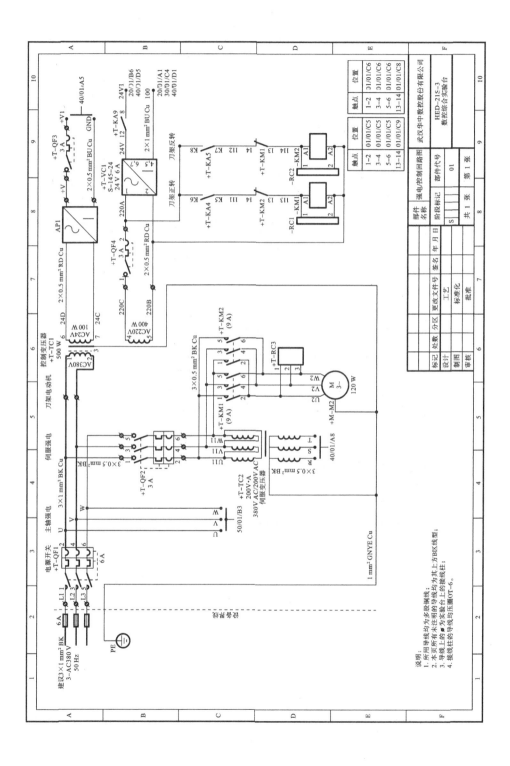

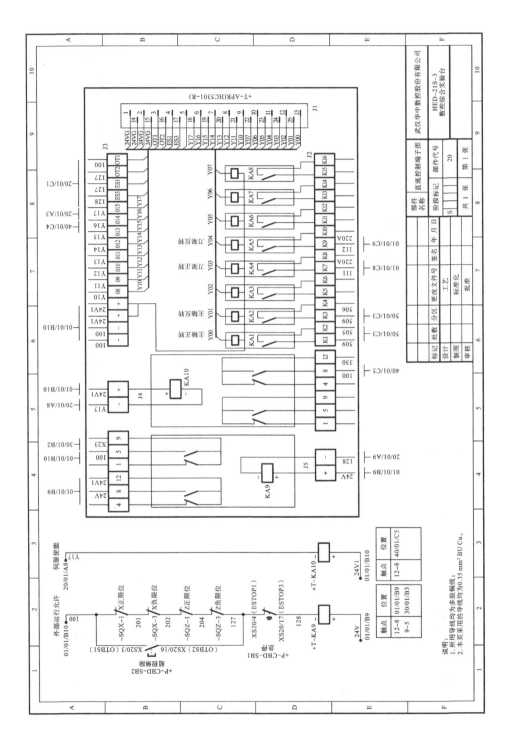

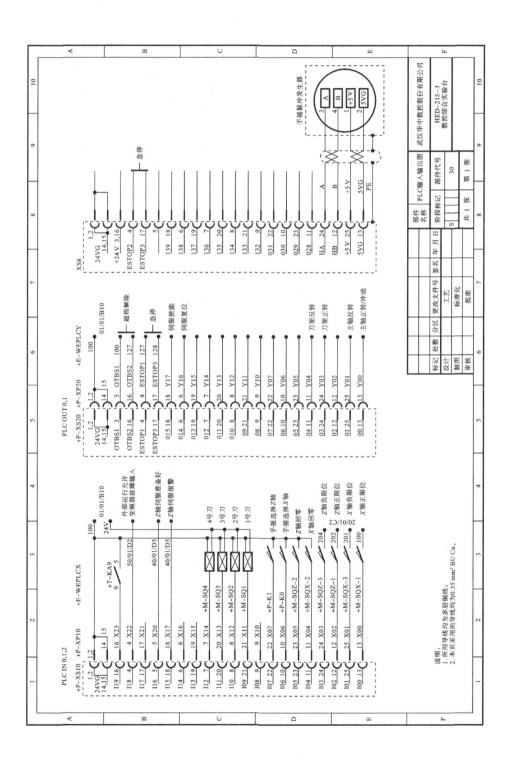

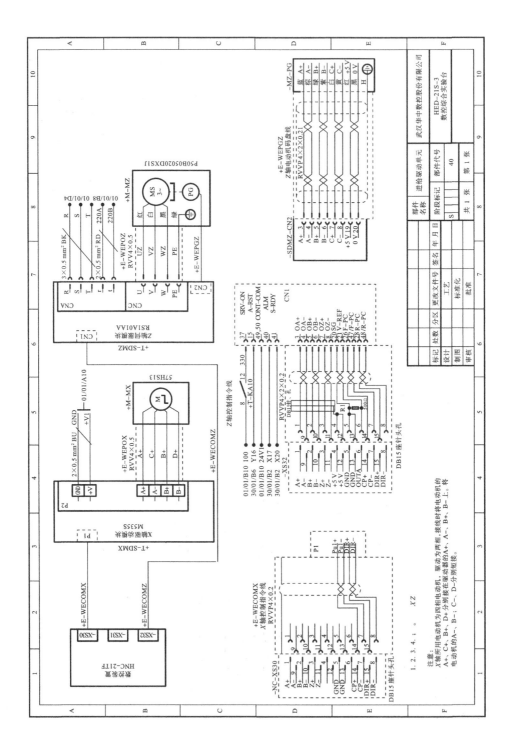

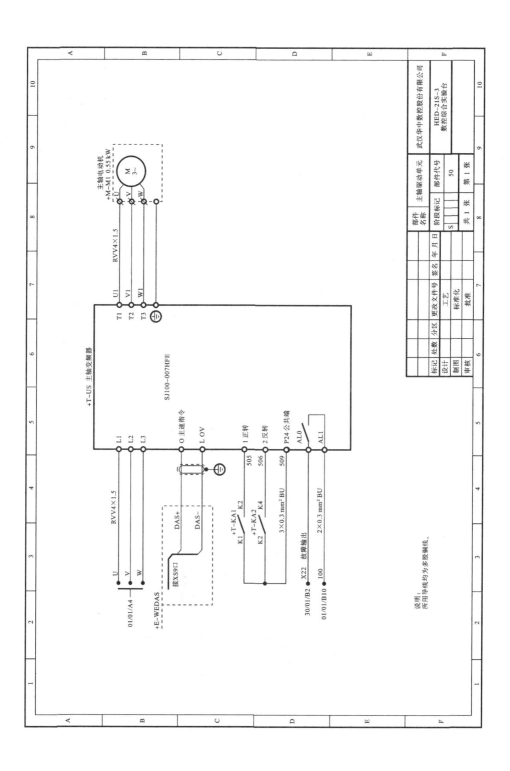

数控机床电气控制与联调(第二版)

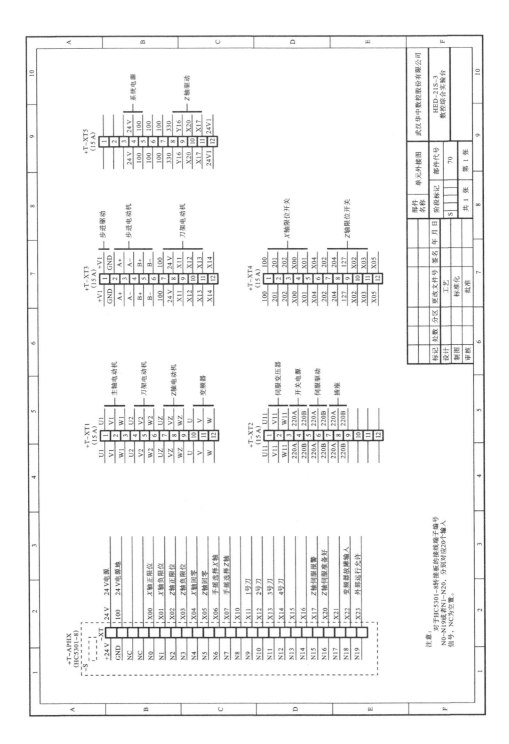

268

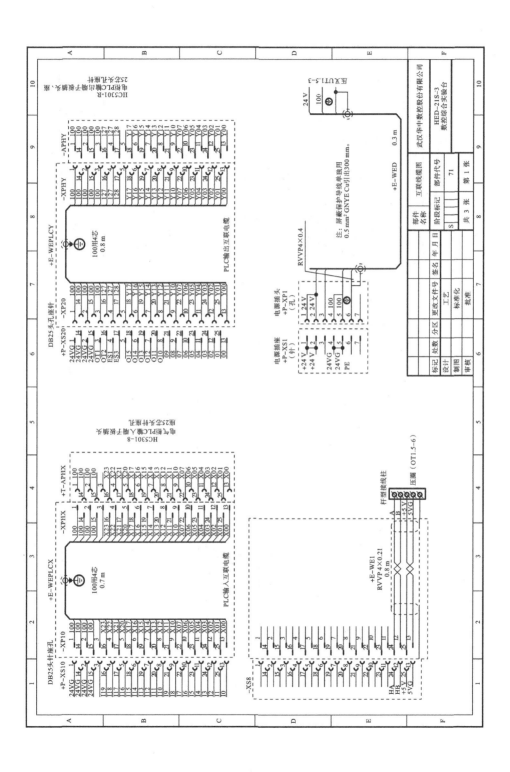

数控机床电气控制与联调(第二版)

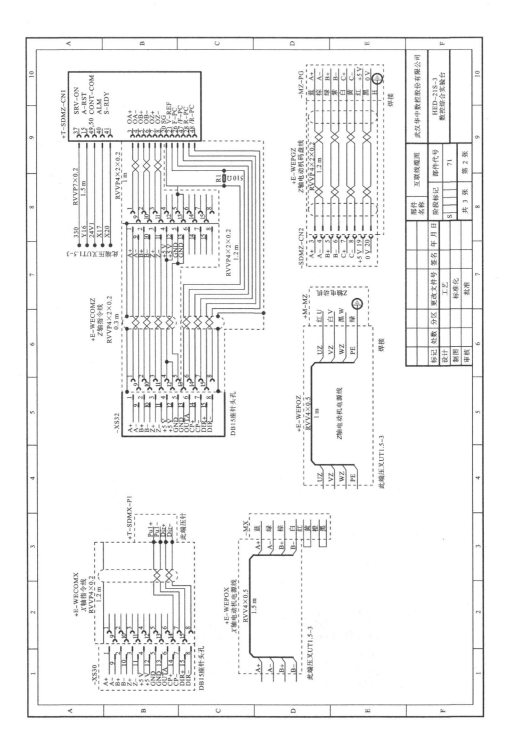

270

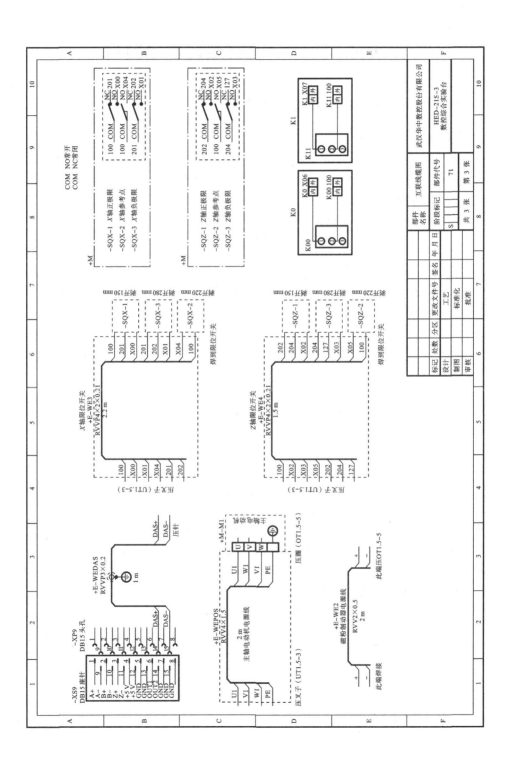

附录 B 数控试验台综合实验项目

一、数控机床的连接与调试试验

故障设置部分试验

在系统运行正常,实验台各个部件运行正常的情况下,进行一些常见故障现象的设置试验,记下设置故障后的故障现象,并得出相应的分析结论。

1. 电源类故障设置

将电源类故障现象分析和结论填入表 B-1。

表 B-1 电源类故障现象分析

序号	故障设置方法	故障现象分析	结论
1	将 HC5301-8 输入接线板的外接 24 V 电源断开		
2	将 HC5301-R 继电器板的外接 24 V 电源断开		
3	将实验台的三相电源中的三相任意减掉一相,运行机床,观察记录故障现象,分析故障原因,得出正确结论		
4	将实验台的三相电源中的三相减掉另外一相,运行机床,观察记录故障现象,分析故障原因,得出正确结论		
5	将伺服变压器的输出端拆掉一相(注意不要将电源端子接口裸露在外),运行机床,观察记录实验台出现的故障现象,分析故障原因,得出正确结论		
6	人为把实验台的供电电源电压调低 10%~20%		

分析:机床运行时,有可能出现缺相等故障,由于机床三相电源作用可能不同,当不同相序缺相时,机床表现的现象可能不同。

2. 输入/输出类故障设置

将输入/输出类故障现象分析和结论填入表 B-2。

表 B-2 输入/输出类故障现象分析

序号	故障设置方法	故障现象分析	结论
1	将输入点 X0.0(X 轴正限位)与 X0.1(X 轴负限位)进行互换,然后进行开机运行,手动将实验台 X 轴走到超程的位置,观察记录故障现象,分析故障原因,得出正确结论		

续表

序号	故障设置方法	故障现象分析	结论
2	将输入点 X0.4(X 轴回零)与 X0.5(Z 轴回零)从输入转接板上拆下,然后进行开机回零操作运行,观察记录故障现象,分析故障原因,得出正确结论		
3	将输出点 Y0.0(506 主轴正转)与 Y0.1(505 主轴反转)进行互换,然后开机运行主轴,观察记录故障现象,分析故障原因,得出正确结论		
4	将刀架电动机上的＋24 V 电源去掉,进行换刀运行,观察记录故障现象,分析故障原因,得出正确结论		
5	将输出点 Y0.0 与 Y0.1 任意拆掉一处,然后开机运行主轴,观察记录故障现象,分析故障原因,得出正确结论		

二、数控系统的参数设置与调整试验

在熟悉数控系统内部参数的结构机器相应的含义后,进行如下的一些参数的设置实验,并得出相应的结论。

1. 参数备份

在修改参数前必须进行备份,防止系统调乱以后不能恢复。

(1) 将系统菜单调至辅助菜单目录下,系统菜单显示如图 B-1 所示。

扩展功能								CT00	ST00
PLC		参数	版本信息	串口通信	注册	帮助信息		显示方式	基本功能
F1		F3	F4	F5	F6	F7		F9	F10

图 B-1　系统菜单显示(一)

按 F3 进入参数功能子菜单。

(2) 选择参数的选项 F3,然后输入密码,系统菜单显示如图 B-2 所示。

参数	密码正确							
参数索引	修改口令	输入权限				备份参数	装入参数	返回
F1	F2	F3				F7	F8	F10

图 B-2　系统菜单显示(二)

(3) 此时选择功能键 F7,系统菜单显示如图 B-3 所示,输入文件名确认即可。输入文件名进行命名,这样整个参数备份过程完成。

直径	毫米	进给	?	100%	~	100%	?	100%	M00	T0000
输入文件名	Ⅰ								CT00	ST00
参数索引 F1	修改口令 F2	输入权限 F3		串口通信 F5	注册 F6	备份参数 F7	装入参数 F8		返回 F10	

图 B-3　系统菜单显示(三)

2. 参数的恢复

参数的恢复过程如下。

首先执行参数备份的步骤(1)、(2),然后选择功能键 F8(装入参数),选择事先备份的参数文件,确认后即可恢复。

注意:华中数控系统参数在更改后一定要重新启动,修改的参数才能够起作用。

3. 调节轴参数里面的快移加减速时间常数、加工加减速时间常数及捷度时间常数

(1) 轴运动时观察各个轴的变化。

(2) 将系统显示切换至跟踪误差显示栏,观察在同一运行频率下,系统跟踪误差的大小变化并填入表 B-3。

表 B-3　轴参数设置

快移/加工加减速时间常数	快移/加工加减速捷度时间常数	进给速度 F /(m/min)	跟踪误差 /(mm/min)	轴运动状态,轴启动和停止时的状态(如轴运动时的声音,响应速度等)
256	128	1		
64	32	1		
16	16	1		
4	4	1		

4. 正确设置 X、Z 轴的正、负软极限

(1) 先将机床进行回零操作,当界面机床坐标显示为零时,机床回零成功。

(2) 在机床的手动或者是手摇模式下使机床轴运动至超程,记下此时机床坐标的轴位置,得出每个轴的正、负行程。

(3) 将所有的机床行程距离缩短 5～10 mm,输入机床参数。

(4) 重新启动系统,回零后,运行机床,检验所设极限是否有效。

5. 改变机床回参考点的方式

观察不同回零方式下,工作台的不同动作方式,通过修改参考点位置与参考点开关偏差来理解两者的不同含义,并完成表 B-4。

表 B-4 机床回零方式

回零方式	动作过程	结论
1 (+−)		
2 (+−+)		
3 (内部方式)		

6. 设置参数

将 X、Z 接口进行互换,使工作台能够正常运行,使 X 接口指令依旧控制 X 轴,Z 接口指令依旧控制 Z 轴。

(1) 将轴参数中 X 轴伺服单元部件号的改为 2,Z 轴的改为 0。

(2) 将硬件配置参数中的部件 0 的标识改为 45,配置[0]改为 48。

(3) 将硬件配置参数中的部件 2 的标识改为 46,配置[0]改为 2。

(4) 关机,将 X、Z 两指令线对调。

(5) 重新启动系统运行,检查是否运行正常。

7. 外部脉冲当量分子(μm)和外部脉冲当量分母的设置实验

通过调节外部脉冲当量来改变每个位置单位(脉冲信号)所对应的实际坐标轴移动的距离或旋转角度,即系统电子齿轮比。移动轴外部脉冲当量分子的单位为 μm;旋转轴外部脉冲当量分子的单位为 $0.001°$。外部脉冲当量分母无单位。通过设置外部脉冲当量分子和外部脉冲当量分母,可实现改变电子齿轮比的目的。也可以通过改变电子齿轮比的符号,达到改变电动机旋转方向的目的。

外部脉冲当量分子为 2、外部脉冲当量分母为 5 与分别设为 4 和 10 的等效。

$$\frac{外部脉冲当量分子(\mu m)}{外部脉冲当量分母}$$

$$= \frac{电动机每转一圈机床移动距离或角度所对应的内部脉冲当量}{10\,000(数字伺服和\,11\,型伺服)}$$

或

$$= \frac{电动机每转一圈机床移动距离或角度所对应的内部脉冲当量}{电动机每转一圈反馈到数控装置的脉冲数(模拟伺服)}$$

或

$$= \frac{电动机每转一圈机床移动距离或角度所对应的内部脉冲当量}{数控装置所发出的脉冲数(/脉冲伺服或步进单元)×细分数}$$

根据上面的公式,计算出实验台的两坐标轴的参数中的电子齿轮比,并给出相应的计算公式。

$$电子齿轮比 = \frac{外部脉冲当量分子(\mu m)}{外部脉冲当量分母} = \frac{L \times J}{N \times X_1 \times X_2} (公式A:步进电动机)$$

$$电子齿轮比 = \frac{外部脉冲当量分子(\mu m)}{外部脉冲当量分母} = \frac{L \times B \times J}{M \times X_1 \times X_2} (公式B:伺服电动机)$$

式中:L——丝杠螺距所对应的内部脉冲当量(对于世纪星系列的数控系统,在进行齿轮比计算的时候内部脉冲当量为 0.001 mm(1 μm)),导程 5 mm 时,L 取 5000 μm);

$\quad\quad$ J——机床进给轴的机械传动齿轮比;

$\quad\quad$ N——电动机每转一圈所需要的脉冲数;

$\quad\quad$ X_1——数控系统的细分数(内部脉冲当量,见表 B-5 固定。脉冲当量为 0.001 mm,即系统发一个脉冲轴走 1 μm;

表 B-5　内部脉冲当量细分数 X_1

数控装置	HNC-21/HNC-22		NHC-18i
	伺服驱动	步进驱动	HNC-19i
X_1	1	16	4

$\quad\quad$ X_2——对于步进电动机来说是指步进驱动器本身的细分数,对伺服电动机来说是指伺服驱动器的内部电子齿轮比;

$\quad\quad$ M——伺服电动机码盘的每转脉冲数,即电动机的码盘线数;

$\quad\quad$ B——数控系统对伺服电动机的码盘反馈的倍频数(对于世纪星系列的数控系统,电动机的码盘反馈的倍频数为 4)。

8. 刀架故障实验

(1) 首先确认刀架电动机运转正常,换刀、锁紧等动作都准确无误。

(2) 进入系统参数编辑状态,选择 PMC 系统参数,更改换刀锁紧时间、换刀超时时间、正转延时时间参数,观察刀架换刀动作是否正常,并用手扳动刀架,判断刀架是否锁紧,选择刀具是否到位。

$\quad\quad$ P_1——换刀超时时间(系统设定为 10 s);

$\quad\quad$ P_2——刀具锁紧时间(系统设定为 1 s);

$\quad\quad$ P_3——正转延时时间(系统设定为 0.1 s)。

(3) 测试完毕后将参数恢复。

将参数设置故障实验中的故障现象分析和结论填入表 B-6。

表 B-6　参数设置的故障实验

序号	故障设置方法	故障现象及分析	结论
1	将刀架电动机的电源线去掉一相,再次进行换刀		

续表

序号	故障设置方法	故障现象及分析	结论
2	将换刀超时时间更改为 3 s,观察换刀时有什么故障现象		
3	将换刀时间更改为 10 s,将刀具锁紧时间更改为 0.1 s,观察换刀时有什么故障现象,并用手扳动刀架,判断刀架是否锁紧,观察选择刀具是否到位		
4	将换刀时间更改为 10 s,将刀具锁紧时间更改为 1 s,将正转延时时间在 0~2 s 之间进行更改,观察有什么故障现象,并用手板动刀架,判断刀架是否锁紧,观察选择刀具是否到位		
5	将刀架电动机的电源线任意两相进行更换,观察有什么故障变化		
6	将坐标轴参数中的轴类型分别设为 1~3,观察机床坐标轴运动时坐标显示有什么变化		
7	将坐标轴参数中的外部脉冲当量的分子分母比值进行改动(增加或减小),观察机床坐标轴运动时坐标显示有什么变化		
8	将坐标轴参数中的外部脉冲当量的分子或分母的符号进行改变(+或-)		
9	将坐标轴参数中的正、负软极限的符号设置错误(正软极限设为负值或负软极限设为正值)		
10	将 X 轴的轴参数中的极对数(P0)设置为零,退出系统后进行 X 轴的回零操作,观察故障现象		
11	将坐标轴参数中的定位允差与最大跟踪误差的设置减小为原来的 1/3,并快速移动工作台		
12	将 X 坐标轴参数中的伺服单元型号设置为 45,Z 坐标轴设置为 46;重新开机观察系统运行状况		
13	将坐标轴参数中的伺服内部参数设置错误		
14	将 Z 坐标轴参数中的伺服内部参数 P[1]、P[2]的任意符号进行改动		

三、步进电动机实验

1. M535 步进电动机驱动器参数设计

(1) 本驱动器提供 2～256 细分(见表 B-7),在步进电动机步距角不能满足使用的条件下,可采用细分驱动器来驱动步进电动机,细分驱动器的原理是通过改变相邻(A、B)电流的大小,以改变合成磁场的夹角来控制步进电动机运转的。

表 B-7 步进电动机驱动器细分

	SW5	SW6	SW7	SW8
2	1	1	1	1
4	1	0	1	1
8	1	1	0	1
16	1	0	0	1
32	1	1	1	0
64	1	0	1	0
128	1	1	0	0
256	1	0	0	0

注意:如果驱动器的细分数发生了改变,那么系统轴参数中的脉冲当量分子、分母也要相应发生改变。根据公式,正确计算出系统轴参数中的脉冲当量分子、分母的比值,并简述轴参数中的脉冲当量分子、分母的比值对整个系统的影响,并完成表 B-8。

表 B-8 驱动器细分数对系统的影响

驱动器细分数	2	4	8	16	32
电子齿轮比					
运行状态					
结论					

(2) 步进电动机驱动器的电流选择,拨码开关 1、2、3 可以选择驱动器电流的大小,不同的拨码方式对应的电流大小也不同,通过表 B-9 可以看出其对应关系。

表 B-9 不同拨码方式对应的电流大小

	SW1	SW2	SW3
1.3	1	1	1
1.6	0	1	1
1.9	1	0	1
2.2	0	0	1

续表

	SW1	SW2	SW3
2.5	1	1	0
2.9	0	1	0
3.2	1	0	0
3.5	0	0	0

（3）另外，由于步进电动机静止时的电流很大，所以，一般驱动器都提供半流功能，当步进驱动器一段时间内没有接收到脉冲时，它就会自动将电流减半，用来防止驱动器过热。M535 驱动器也提供本功能。将拨码开关拨至 OFF，半流功能开；将拨码开关拨至 ON，半流功能关。

① 首先将半流功能打开，让驱动器带电的情况下静止 30 min，测出此时的电动机温度，并记录下来。

② 待电动机冷却后将半流功能关闭，让驱动器带电的情况下静止 30 min，测出此时的电动机温度，并记录下来与上次温度进行比较。

2. 测定步进电动机的空载启动频率

（1）让步进电动机空载，在步进电动机轴伸处做一标记，由世纪星设置步进电动机整数转的位移（例如 1 转×脉冲数/转）和速度。

（2）设置加减速时间常数，并将快移与加工速度的值分别设置为 6000、5000。

（3）步进电动机处于正常状态下，执行上述给定命令，突然启动并突然停止，从轴伸标记判断步进电动机是否失步或发生堵转现象。

（4）启动成功，则提高速度参数再测试，直至某一临界速度，将此速度换算为每秒的步数，即为电动机的空载启动频率。

（5）在工作台上增加一定的负载（将刀架放在实验台上），按上述步骤测定步进电动机的空载启动频率，并比较相同加减速的情况下，两者的启动频率有什么区别。

（6）将步进电动机驱动器的电流减为原来的 1/3，再次按上述步骤测定步进电动机的空载启动频率，并与前两次进行比较，看有什么区别，并完成表 B-10。

表 B-10   步进电动机空载启动频率测定

加工加减速时间常数	4 ms	16 ms	64 ms	128 ms
启动频率				
加负载的情况下的启动频率				
减小电流后的启动频率				
结论				

3. 步进驱动器装置的几种故障设置的实验

按表 B-11 完成步进驱动器装置的故障实验。

表 B-11　步进驱动器装置故障分析

序号	故障设置方法	故障现象及分析	结论
1	将步进电动机电源线 A＋与 A－进行互换，进入系统让手动 X 轴运行，观察记录故障现象，分析故障原因，得出正确结论		
2	将步进驱动器的电流设定值减小到原来的 1/3，运行 X 轴并与正常情况进行比较，观察记录故障现象，分析故障原因，得出正确结论		
3	将 X 轴的指令线中的 CP＋、CP－进行互换，运行 X 轴并与正常情况进行比较，观察记录故障现象，分析故障原因，得出正确结论		
4	将 X 轴的指令线中的 DIR＋、DIR－进行互换，运行 X 轴并与正常情况进行比较，观察记录故障现象，分析故障原因，得出正确结论		
5	将 X 轴的指令线中的 DIR＋、DIR－任意去掉一根，运行 X 轴并与正常情况进行比较，观察记录故障现象，分析故障原因，得出正确结论		
6	只将线圈 A、B 与步进驱动器连接，将 C、D 两线圈与步进驱动器断开，运行 X 轴并与正常情况进行比较，观察记录故障现象，分析故障原因，得出正确结论		
7	只将线圈 A、C 与步进驱动器连接，将 B、D 两线圈与步进驱动器断开，运行 X 轴，与正常情况进行比较，观察记录故障现象，分析故障原因，得出正确结论		

四、交流伺服系统调整及使用实验

(一) 世纪星 HNC-21TF 配伺服驱动时的参数设置

按表 B-12 对步进电动机有关参数设置坐标轴参数，按表 B-13 设置硬件配置参数。

表 B-12 坐标轴参数

参 数 名	参 数 值
外部脉冲当量分子	5
外部脉冲当量分母	4
伺服驱动型号	45
伺服驱动器部件号	2
最大定位误差	20
最大跟踪误差	12000
电动机每转脉冲数	2000
伺服内部参数[0]	0
伺服内部参数[1]	1
伺服内部参数[2]	1
伺服内部参数[3][4][5]	0
快移加减速时间常数	100
快移加速度时间常数	64
加工加减速时间常数	100
加工加速度时间常数	64

表 B-13 硬件配置参数

参数名	型号	标识	地址	配置[0]	配置[1]
部件 0	5301	带反馈 45	0	50	0

（二）伺服驱动器的调节实验

实验台所选用的三洋驱动器操作面板有五个按键,其功能如表 B-14 所示,可以通过这五个按键来进行参数的修改和调试。

表 B-14 驱动器面板按键功能

键名	标志	输入时间	功 能
确认键	WR	1 s 以上	确认选择和写入后的编辑数据
光标键	▶	1 s 以内	选择光标位置
上键	▲	1 s 以内	在正确的光标位置按键改变数据,当按下 1 s 或更长时
下键	▼	1 s 以内	间,数据上下移动
模式键	MODE	1 s 以内	选择显示模式

注意:确认键"WR"与选择光标位置的光标键是同一个按键,按的时间长短不同,功能也不同。

1. 空载下调试与运行

松开伺服电动机与负载的联轴器,接通伺服驱动器的电源。通过修改伺服驱动器的系统参数 RU08,设置伺服驱动器的不同工作方式

RU08＝01　速度控制方式

RU08＝02　位置控制方式

在速度控制方式下,选择手动控制方式,检测伺服电动机的好坏,具体调试步骤如下。

(1) 按下"MODE"键显示监控模式〈Ad---〉,然后选择页面屏幕〈Ad 0〉,通过上下键来增加和减少数值。

(2) 按下"WR"键 1 s,显示起初屏幕页面。当按下"MODE"键时,返回页面选择屏幕。再次按下"MODE"键,转换到下一组模式。

(3) 将系统参数"RU08"设置为速度控制方式 01H。

(4) 然后进入选择测试调试模式"Ad05"手动操作,按下"WR"键 1 s 以上,D 数码显示为"y_ _ _n"后选择"yes"。数码显示为"rdy",然后按"up"键电动机按正转方向运转,按键时电动机按"down"反转方向运转,松开手电动机则停止运转。

2. 通过修改伺服驱动器的通用参数,改变驱动器的运动性能

1) PA000 位置比例增益(30)

(1) 设定位置调节器环增益。

(2) 设置值越大,增益越高,刚度越大,相同频率指令脉冲条件下,位置滞后量越小。但数值太大可能会引起振荡或超调。

(3) 参数数值由具体的伺服系统型号和负载情况确定。下面可以对驱动器的位置比例增益进行更改,然后让系统以一个固定的频率给驱动器发送脉冲,即让 Z 轴以一个固定的速度运行,然后选择系统跟踪误差值,填入表 B-15。

表 B-15　位置比例增益设置实验结果

位置比例增益值	5	20	30	200	500	1000	1500
系统跟踪误差值							
Z 轴运行状态							

2) PA002 速度比例增益(50)

(1) 设定速度调节器的比例增益。

(2) 设置值越大,增益越高,刚度越大。参数值根据具体的伺服驱动系统型号和负载值情况确定。一般情况下,负载惯量越大,设定值越大。

(3) 在系统不产生振荡的条件下,尽量设定较大的值。

根据实验数据完成表 B-16。

表 B-16 速度比例增益设置实验结果

速度比例增益值	5	20	30	200	500	1000	1500
系统跟踪误差值							
Z轴运行状态							

3) PA003 速度积分时间常数(20)

(1) 设定速度调节器的积分时间常数。

(2) 设置值越小,积分速度越快。参数值根据具体的伺服驱动系统型号和负载情况确定。一般情况下,负载惯量越大,设定值越大。

(3) 在系统不产生振荡的条件下,尽量设定较小的值。

根据实验数据完成表 B-17。

表 B-17 速度积分时间常数设置实验结果

速度环比例增益值	800	500	200	50	20	6	1
系统跟踪误差值							
Z轴运行状态							

通过修改参数,观察电动机的运行性能,观察什么情况下电动机会出现抖动、啸叫、超调,在参数不同的情况下,电动机运转时观察系统坐标的变化情况,系统跟踪误差的大小,回零时的不同现象,根据表 B-18 对伺服进行调试,把观察到的工作台的运行状态,伺服电动机的运行状态及系统的状态填入表中。

表 B-18 伺服电动机的运行状态及系统的状态

位置环比例增益值	5	15	30	50	150	300	600	1200	1500
速度环比例增益值	5	20	50	70	140	200	300	400	800
时间跟踪常数	1000	500	20	15	12	10	7	5	1
系统跟踪误差									
Z轴运行状态									
伺服电动机运行状态									

从以上实验中可以得出什么样的结论?

3. 更改伺服参数中的电子齿轮比

根据光栅尺读出实际位置与指令位置的倍数关系,得出伺服中的电子齿轮比对系统的影响。

4. 交流伺服驱动器的部分故障实验

根据表 B-19 完成交流伺服驱动器故障实验。

表 B-19　交流伺服驱动器故障分析

序号	故障设置方法	故障现象	结论
1	将伺服驱动器的强电电源中的三相任意取消一相,运行 Z 轴,观察系统及驱动器的现象		
2	将直流母线的短接端子取下,观察故障现象(注意安全)		
3	将伺服电动机的强电电源中的三相任意取消一相,运行 Z 轴,观察机床及驱动器的现象		
4	将伺服驱动器的控制电源中的 24 V 接线端断开,运行 Z 轴,观察系统及驱动器的现象		
5	将系统的输出信号 Y17(伺服允许)断开,运行 Z 轴,观察系统及驱动器的现象		
6	将伺服驱动器的码盘线人为地松动或断开,观察系统及驱动器的现象		
7	将系统参数中的硬件配置参数中的部件 2 的配置 0 由 50 更改为 2,运行系统		

参 考 文 献

[1] 杨克冲,陈吉红,郑小年.数控机床电气控制[M].武汉:华中科技大学出版社,2005.

[2] 王炳实.机床电气控制[M].北京:机械工业出版社,2004.

[3] 李方圆,李亚峰.数控机床电气控制[M].北京:清华大学出版社,2010.